本书受高等职业教育创新发展行动计划
和上海高职高专一流专业建设子项目资助

印后加工技术虚拟实训教程

（中英文）

编　　著：金　琳　肖　颖　秦晓楠
主　　审：汪　军

文化发展出版社
Cultural Development Press

图书在版编目（CIP）数据

印后加工技术虚拟实训教程 ：汉文、英文 / 金琳，
肖颖，秦晓楠编著. － 北京 ：文化发展出版社，2020.5
ISBN 978-7-5142-2978-3

Ⅰ.①印… Ⅱ.①金… ②肖… ③秦… Ⅲ.①书籍装帧－高等职业教育－教材 Ⅳ. ①TS88

中国版本图书馆CIP数据核字(2020)第052446号

印后加工技术虚拟实训教程（中英文）

编　　著：金　琳　肖　颖　秦晓楠
主　　审：汪　军

责任编辑：李　毅　　　　责任印制：邓辉明
执行编辑：杨　琪　　　　责任设计：侯　铮
责任校对：岳智勇
出版发行：文化发展出版社（北京市翠微路2号 邮编：100036）
网　　址：www.wenhuafazhan.com　www.keyin.cn　www.printhome.com
经　　销：各地新华书店
印　　刷：北京建宏印刷有限公司

开　　本：787mm×1092mm　1/16
字　　数：207千字
印　　张：14.875
印　　次：2021年1月第1版　2021年1月第1次印刷
定　　价：59.00元
ISBN：978-7-5142-2978-3

前言

印刷业“十三五”规划提出，鼓励印刷企业开发具有自主知识产权的产品，提高国际竞争力，围绕国家“一带一路”倡议，积极推进多种形式的国际印刷合作，支持传统印刷向文化艺术、创意设计、品牌咨询、VR（虚拟现实）、AR（增强现实）等领域发展。企业“走出去”离不开高技术技能人才的培养，人才的培养离不开教材的支撑，虽然传统的印刷培训教材种类很多，但绝大部分印刷类培训教材在语言方面无法满足“一带一路”学员的学习要求，因此借助前沿科技开发基于虚拟现实的印刷类双语培训教材是十分必要且紧迫的。

印后加工是整个印刷生产过程中最后一个重要环节，同时也是提升产品档次、凸显产品视觉效果、实现产品功能增值的重要工艺。印后加工技术课程主要培养从事印后加工工艺设计、印后生产组织实施及印后加工产品质量检测和故障排除的技术应用型专业人才。为实现课程培养目标，印刷媒体类学生需要熟练掌握印后加工生产工艺流程、印后生产质量弊病识别和故障排除、印后加工设备工作原理和维护方法等知识和技能。

然而，现代印后加工设备逐步向“光－机－电”一体化和数字化方向发展，其中一些高端的印后加工设备更是具有结构和工艺复杂、价格昂贵、体积庞大的特点。传统的印后加工技术实训教学受到实训室场地规模、印后加工设备技术情况和设备台数、实训工位等条件的制约。此外，实训设备更新换代缓慢，实训教学成本偏高以及实习过程中产生的能耗和环保等问题也严重限制了学生的“实操”机会和技能水平，使学生的实训质量和水平难以进一步提高。

虚拟现实技术的飞速发展及其在教育领域的应用，为打破传统实训教学的制约，进一步提高实训质量和水平提供了极佳机遇。利用虚拟现实技术可营造“自主学习”的环境，由传统的“以教促学”的学习方式取代为学习者通过自身与信息环境的相互作用来获取知识、技能的新型学习方式。

“印刷媒体技术虚拟仿真实训”将虚拟现实技术应用于印刷和印后设备及工艺实训

教学，采用虚拟现实建模语言 (VRML) 和国际先进的交互式 3D 虚拟现实仿真平台，进行印刷和印后设备及工艺虚拟仿真实训项目开发。先期实践表明，采用 VRML 软件技术和 zSpace 交互式全息 3D 虚拟仿真硬件平台，可将印刷和印后实体设备及工艺转换为具有高度真实感的 3D 可交互式、沉浸式虚拟设备场景和工艺操作过程；可在课堂、实训室等学习环境中实现在传统教学模式中无法实现的教学过程；可彻底打破时间、空间的限制，形成开放式、沉浸式的教学环境；真正实现设备及工艺理论教学与实际应用的无缝衔接，带动印刷类专业教学模式和教学方法改革。同时，还可以为印刷和包装产业从业人员提供技能培训和知识更新服务，进一步提升高等职业教育人才培养质量和社会服务能力。

本书选择以 zSpace 虚拟实训仿真平台为基础开发的印后加工技术虚拟实训系统为操作对象，采用项目驱动的形式，循序渐进，让学生逐步了解和掌握 zSpace 的操作环境，以及印后加工技术虚拟实训系统各功能的操作步骤。本书内容侧重实际操作，通过“做中学，学中做”来深入学习“印后加工技术虚拟实训系统”各部分的功能及相应的知识点。本书所列项目包含：模切压痕虚拟仿真实训操作、折页虚拟仿真实训操作、烫金虚拟仿真实训操作、覆膜虚拟仿真实训操作四个部分的内容。

本书结构清晰、讲解详细，项目之间相互独立，具有很强的实用性和可操作性，可作为印刷、包装类专业相关课程的实践教学教材或参考书，也可作为印刷和印后类企业员工入职培训的参考书。本书是“印刷媒体技术虚拟实训”系列书籍的后续篇章，在学习本教程之前，预先阅读《印刷媒体技术虚拟实训教程》，可以更好地理解虚拟技术在印刷和印后设备及工艺仿真实训中的应用。

本书编著为上海出版印刷高等专科学校的金琳，肖颖、秦晓楠，主审为汪军。上海出版印刷高等专科学校印刷包装工程系、印刷设备工程系、印刷实训中心等部门的部分老师为本书的编写提供了大力的支持和帮助，在此表示衷心的感谢！同时感谢上海融博信息技术服务有限公司的秦文江等工作人员为本书的编写提供的支持和帮助！

本书的编写和出版得到了教育部“高等职业教育创新发展行动计划（2015—2018 年）”印刷媒体技术虚拟仿真实训中心建设项目经费的支持和上海高职高专一流专业建设子项目——印刷媒体技术专业的支持，在此表示由衷的感谢！

由于作者理论知识和实践经验的局限性，本书在编写过程中存在不足及疏漏在所难免，期望使用本教材的广大读者随时提出宝贵意见，以便本书修订时补充更正，期待您的宝贵意见。

2020 年 3 月

上海

目　录

项目一　模切压痕虚拟仿真实训

项目二　折页虚拟仿真实训

项目三　烫印虚拟仿真实训

项目四　覆膜虚拟仿真实训

项目一 模切压痕虚拟仿真实训

教学目标

通过本项目的学习，掌握模切压痕设备的基本组成构件，模切压痕的工作原理和工艺步骤，模切压痕版的制作过程，以及使用虚拟实训软件拆装模切压痕设备的操作方法等。

能力目标

1. 了解模切压痕设备的基本构成；
2. 能够简单拆装模切压痕设备；
3. 能够排除模切压痕生产过程中的主要故障。

知识目标

1. 能够了解虚拟仿真设备的基本组成及功能；
2. 能够熟悉模切压痕的工作原理。

任务一　熟悉模切压痕虚拟仿真实训系统环境

一、模切压痕工艺

随着人们生活水平的提高，社会产品越来越丰富，各色各样印刷精美的礼品盒、包装盒等纸质容器市场需求量越来越高。在生产纸质或者塑料类包装盒最重要的一道工序就是模切压痕。

模切就是把特定用途的纸或纸板按一定规格，用钢刀轧切成一定形状的工艺方法；压痕则是利用钢线和压痕模，通过压力在纸或纸板上压出线痕，以便进行弯折成型的工艺方法。在大多数场合中，模切压痕往往是把钢刀和钢线组合在同一个模版内，在模切机上同时进行模切和压痕加工，因此常常将模切压痕简称为模压。

模切压痕主要用于包装盒、商标、吊牌、不干胶产品、纸箱等各类纸或纸板的成型加工，同时也可对皮革、塑料等材料进行模切和压痕加工。纸类产品通过模切或压痕加工，可以制成各种各样的平面或立体、直线或曲线形产品；包装类产品通过模切压痕可制成精美纸盒。模压加工操作简便、投资少、质量好、见效快，可增加产品的艺术效果、使用效果等，从而大幅度提高产品的档次，在提高产品包装附加值方面起着重要的作用。模压加工的这些特点，使其越来越广泛地应用于各类印刷纸板的成型加工中，已经成为印刷纸板成型加工不可缺少的一项重要技术。

模切压痕设备体型庞大，结构复杂，教材上很难形象生动地介绍模切压痕设备的结构；课堂上的讲解时间有限，无法全面具体地介绍每一部分零件；现场教学也很难直观地呈现出完整的模切压痕设备的整体结构，无法让每一个学习者动手体验拆装的操作过程，并从中发现问题、解决问题。本模块的内容结合新一代 MR 混合现实仿真技术，从结构组成、工作原理、模切版制作、模拟操作四个角度出发，基于虚拟现实设备向学习者呈现模切压痕设备每一部分的构造，了解设备的工作原理。让学习者在动手实践中学习、提升和巩固模切压痕设备的机构组成、模切压痕设备的故障排除方法和模切版制作的工艺等能力和知识。

二、软件启动与熟悉环境

1. 软件启动

打开印后虚拟实训软件安装文件包，将文件包拷贝到桌面或非中文路径文件夹中。打开软件文件夹，使用鼠标双击“开始”，即可打开印后虚拟实训软件系统，如图 1-1 所示。

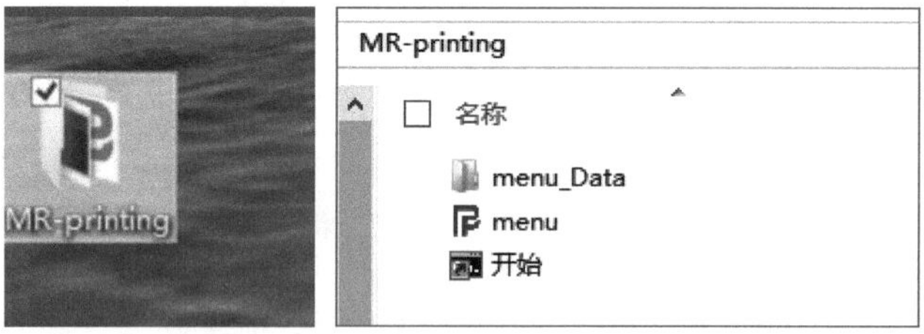

图 1-1　印后虚拟实训软件安装文件包

2. 软件运行环境介绍

为保证印后虚拟实训软件的正常运转，该软件运行环境需要满足下列要求如下。

（1）4+GB 系统内存（推荐 8GB）。

（2）Windows 7 or Windows 8.1（32/64 位）。

（3）NVIDIA Quadro 台式机 K2000 或更好显卡，便携机 K3100M 或更好显卡，任意 AMD Radeon 或 FirePro 显卡（带至少 2GB VRAM）。

（4）DVI-D (Dual Link) 或 DisplayPort 输出连接器。

（5）1920 × 1080 分辨率 @120Hz。

3. 交互硬件使用介绍

印后虚拟实训系统用到的交互硬件主要有：感应触控笔（也称为感应控制笔）、MR 眼镜、键盘等。通过学习交互硬件基本的操作方法，有利于后期深入的学习印后虚拟实训课程。

（1）感应触控笔安装使用说明

感应触控笔（如图 1-2 所示）通过 RJ45 接口与虚拟仿真机连接，其中感应触控笔包括如下几个控制按钮，其功能分别如下。

【主键】：选择或激活菜单及工具按钮，或者完成模型的拉近拉远以及翻转操作；

【左键】：功能按钮，完成模型的选择拆卸等功能；

【右键】：功能按钮，完成模型的选择安装等功能。

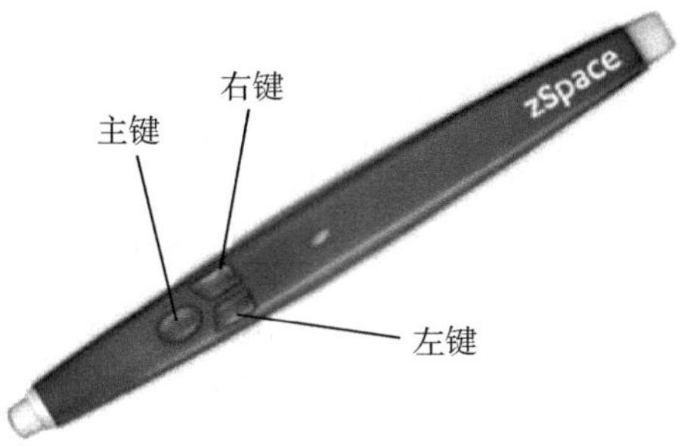

图 1-2　感应触控笔

（2）MR 眼镜

MR 是 Mediated Reality 的缩写，中文意思为“介导现实”。MR 采用视频透视技术，通过双目摄像头实时采集人眼看到的“现实”世界并数字化，然后通过计算机算法实时渲染画面，既可以叠加部分虚拟图像（AR）也可以完全叠加虚拟图像（VR），此外，还能摆脱现实画面的束缚对影像进行删减更改，人眼看到的将是经过计算机渲染后新的“现实画面”。

MR 眼镜采用了先进的“时分法”原理，将眼镜信息与显示器信号进行同步。操作者佩戴眼镜后，坐在机器正前方，眼镜和显示器之间不能有障碍物遮挡，主机通过捕捉眼镜上的四个点，如图 1-3 所示，实现头部信息的捕捉。当摆动头部位置时，主机捕捉头部位置信息，完成上下左右前后六个视角的场景位移变化。

（3）键盘操作说明

键盘只作为辅助输入工具，在操作的过程中，不参与操作使用，只有在软件退出时使用。按键盘上的【ESC】键，可退出相应运行的软件系统。

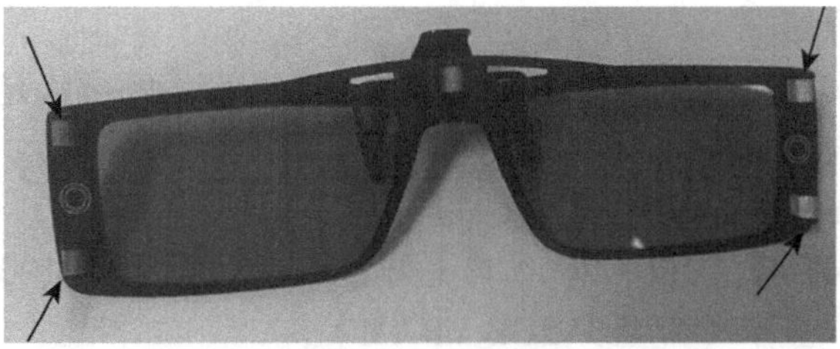

图 1-3　MR 眼镜

三、启动模切压痕虚拟仿真实训模块

进入印后虚拟仿真实训系统，系统主界面如图 1-4 所示。进入主界面之后，学习者戴上 MR 眼镜后，正对屏幕前端，屏幕上内容会随着学习者视角的变化产生视觉变化，同时要让佩戴眼镜的学习者在第一视角的位置。学习者拿起感应触控笔，在屏幕正前方的中心位置处，轻微晃动几下，屏幕上会出现一根连接感应触控笔和屏幕上内容的控制线。当用控制线点击至屏幕中的主体内容时，感应触控笔会出现轻微的震动，表示此时已锁定主体位置。

图 1-4　印后加工虚拟仿真实训系统主界面

在进入印后加工虚拟仿真实训系统界面后，按住触控笔上的圆形主键，左右移动可选择相应的系统模块，也可以选择按住控制笔上的左右键，依次选择实训系统模块。在选择系统各模块时，需要将控制线光标移动至模块右下角的三角形状控件处；如果三角形状控件发亮，说明该模块已被选中，然后点击触控笔主键，屏幕中显示“启动中，请稍后”字样，即表示正在进入对应的实训模块。进入后的模切压痕虚拟实训模块主界面如图 1-5 所示。

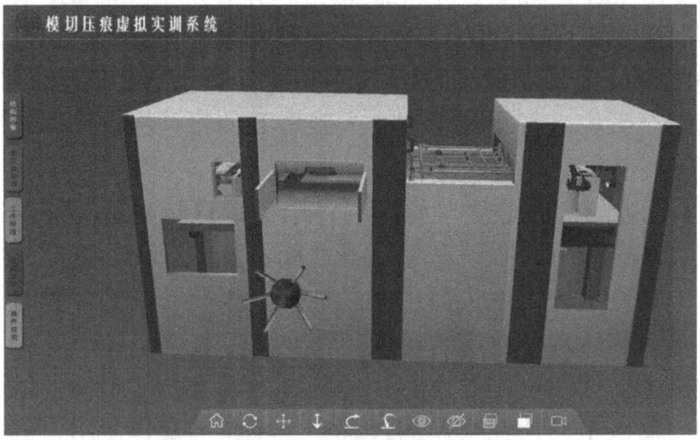

图 1-5　模切压痕虚拟实训模块主界面

四、学习模切压痕虚拟仿真实训模块构成

模切压痕虚拟仿真实训系统主界面一共分为三个部分，分别为界面视图左侧的功能模块区、中间的模型操作区、下方的工具按钮区，具体位置如图 1-6 所示。

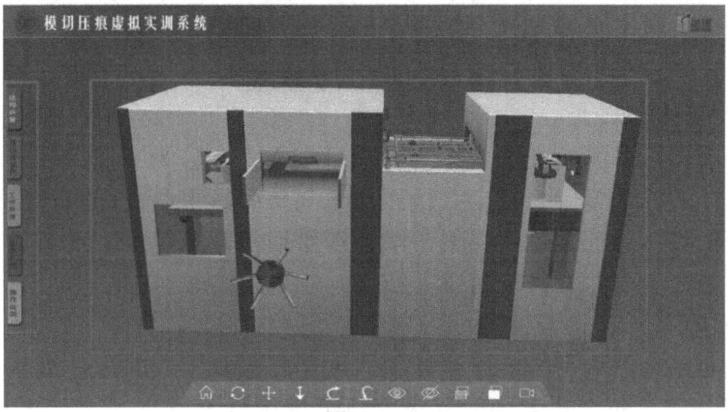

图 1-6　虚拟仿真实训系统模块组成

（1）模型操作区

在模切压痕虚拟实训系统中，模型操作区为主要操作区，其他模块的操作都围绕此模型操作区进行操作。

（2）功能模块区

在模切压痕虚拟实训系统中，功能模块区是功能操作的选择菜单。菜单中分别有五个不同颜色的按钮，分别是：结构拆装、模压版制作、工作原理、故障排除、操作说明。移动感应触控笔，选择相应的按钮，然后单击控制笔的主键，跳转至相应的操作界面。

（3）工具按钮区

在模切压痕虚拟实训系统中，工具按钮区是功能操作的执行按钮。工具按钮区总共有初始状态、旋转、移动、缩放、拆卸、安装、显示、隐藏、透明、不透明、摄影机共 11 个功能按钮，如图 1-7 所示。每个功能按钮都可以实现相应的功能操作，当移动感应触控笔到功能按钮上方时，功能按钮显示该按钮的功能，说明此时该按钮可使用，否则不可使用。

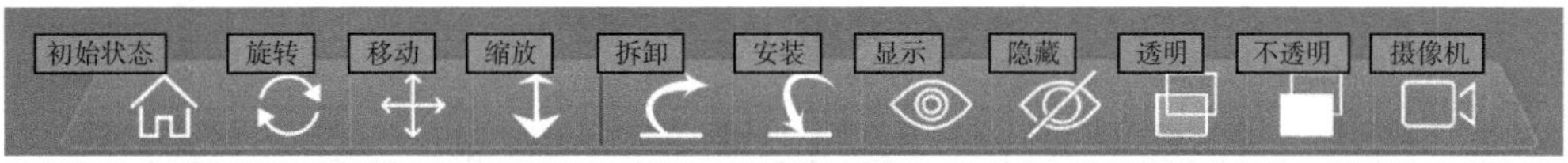

图 1-7　功能按钮

任务二　学习模切压痕设备的结构组成及工作原理

一、学习模切压痕设备的结构组成

模切压痕设备根据压印形式可分为：平压平型、圆压平型、圆压圆型三种，平压平型

模切压痕设备有立式和卧式两种，其中卧式平压平模切压痕机是主要机型，应用很广泛，本节以卧式平压平模切压痕机为例进行介绍。

移动感应触控笔，单击屏幕左侧选择区的【结构拆装】模块进入模切压痕设备的结构拆装，界面显示模切压痕设备的结构组成。模切压痕设备的结构主要由给纸装置、输纸装置、模切压痕装置、收纸装置等几个部分组成，以下对模切设备的几个重要部分的结构进行简要介绍。

1. 给纸装置

卧式平压平模切设备的给纸装置多为自动输纸方式，分为摩擦式和气动式两种。目前广泛使用的是气动式输纸装置，气动式输纸装置与单张纸平版胶印机给纸装置类似，主要由松纸吹嘴、压纸脚、分纸吸嘴、递纸吸嘴、压纸块等部分组成。本节以气动式给纸装置为例，对给纸装置的主要部分进行简要介绍。

（1）松纸吹嘴

松纸吹嘴主要是将纸堆上方的纸张吹松，便于压纸脚下摆时压住纸张，协同分纸吹嘴将最上面的纸张分离。松纸吹嘴一般要求能将纸堆表层 5 ～ 10 张纸吹松为宜。松纸吹嘴的形状一般有矩形和圆形两种，印薄纸选用矩形，印厚纸或纸板选用圆形，因为圆形的出风口更集中，有利于吹松厚纸，风量大小可以通过调节阀来控制。为适应不同纸张的要求，松纸吹嘴的高低和前后位置可根据不同要求进行调节，一般距纸堆后边缘 6 ～ 10mm。风量大小通过风量调节阀来控制，一般控制在纸堆最上面的 2 ～ 3 张纸刚好能和毛刷相接触为宜。松纸吹嘴工作示意图如图 1-8 所示。

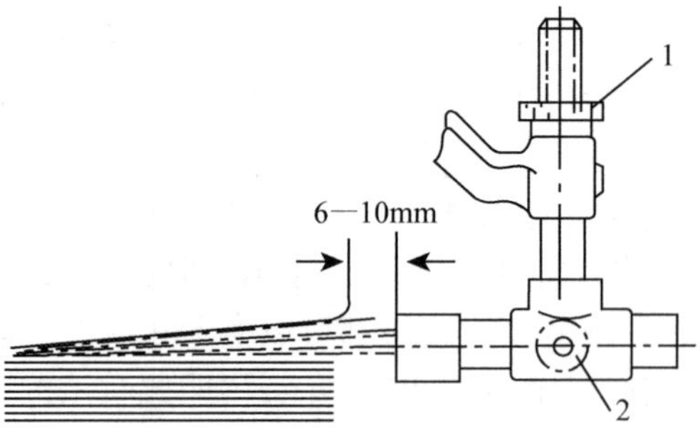

图 1-8　松纸吹嘴工作示意图

（2）压纸脚

压纸脚主要目的是压住纸堆第一张纸下面的纸张，防止分纸吸嘴在分纸的过程中将双张或者多张纸吸住；同时压纸脚还关联限位开关，当纸堆高度过低时，压纸脚触动限位开关，限位开关引发纸堆升降台上升，直至纸堆升降到合适的工作位置，限位开关断开，纸堆停止上升。压纸脚的工作示意图如图 1-9 所示。

（3）分纸吸嘴

分纸吸嘴的主要功能是：当松纸吹嘴吹松纸堆上方的纸张，分纸吸嘴向下移动，吸住最上面的一张纸，上抬并后翘，以防止吸住双张，并有利于压纸脚插入纸张下方。分纸吸嘴吸起薄纸的高度为 6 ～ 8mm 左右，厚纸的高度为 2 ～ 3mm 左右。分纸吸嘴的运动示意图如图 1-9 所示。

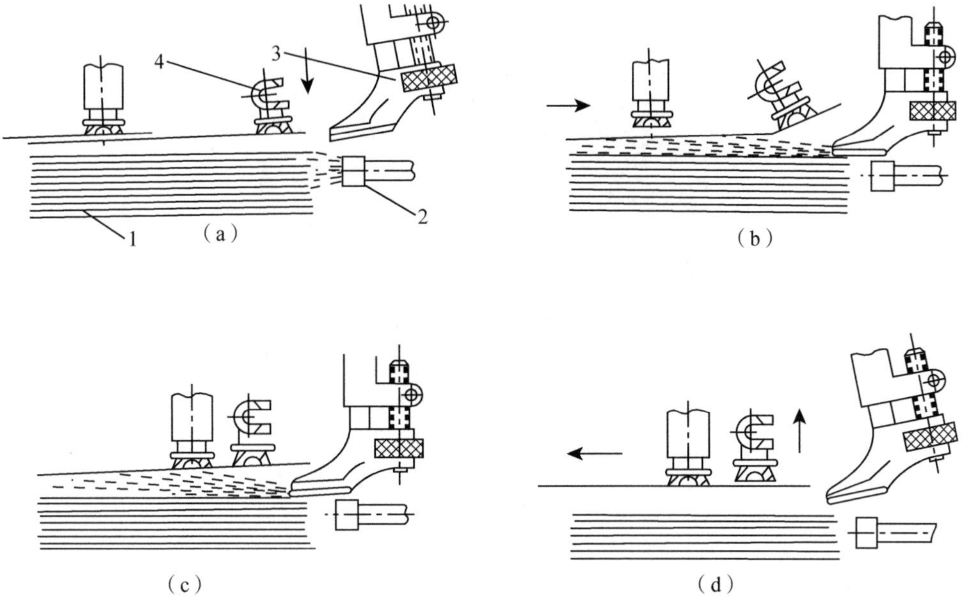

1- 纸堆；2- 松纸吹嘴；3- 压纸脚；4- 分纸吸嘴

图 1-9　分纸吸嘴的运动示意图

（4）递纸吸嘴

递纸吸嘴的主要功能是将分纸吸嘴分离出来的纸张吸住，并将纸张传递给接纸辊，递纸吸嘴吸住纸张后先向上运动，避免吸嘴碰到下面的纸张，上升高度一般为 15mm 左右。递纸吸嘴运动轨迹如图 1-10 所示。DA 段为送纸吸嘴下降至 A 点吸取纸张。AB 段为递纸吸嘴吸住纸张上升，完成与分纸吸嘴的纸张交接，即当递纸吸嘴吸住纸张上升过程中，在到达 B 点之前，分纸吸嘴也上升并进行放纸；AB 段的运动轨迹是纸张交接过程，在 AB 段递纸吸嘴与分纸吸嘴同时吸住纸张。BC 段为递纸吸嘴吸住纸张向左运动送纸，当递纸吸嘴到达 C 点时，纸张的左边缘已到达接纸辊，接纸辊接住纸张，递纸吸嘴松开纸张。CD 段为递纸吸嘴松开纸张后上升，并返回到 D 点，开始进入下一个工作循环。

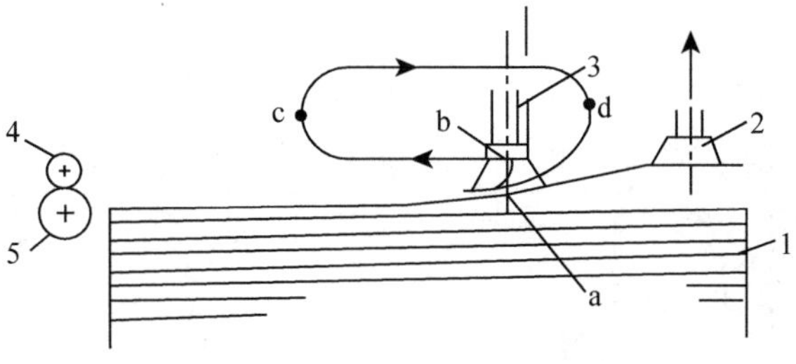

1- 纸堆；2- 分纸吸嘴；3- 递纸吸嘴；4- 上接纸辊；5- 下接纸辊

图 1-10　递纸吸嘴运动轨迹

（5）使用虚拟仿真系统熟悉给纸装置

移动触控笔，主键单击左侧选择区的【结构拆装】按钮，操作模块区显示模切压痕设备的结构组成部分。将移动触控笔对应光标放置到给纸装置中的某一个零部件时，零部件上方显示该零件的名称，主键单击工具栏下的隐藏工具按钮，移动感应触控笔将模型区处给纸装置外的其他零件隐藏掉，可得模切压痕设备给纸装置如图 1-11 所示。

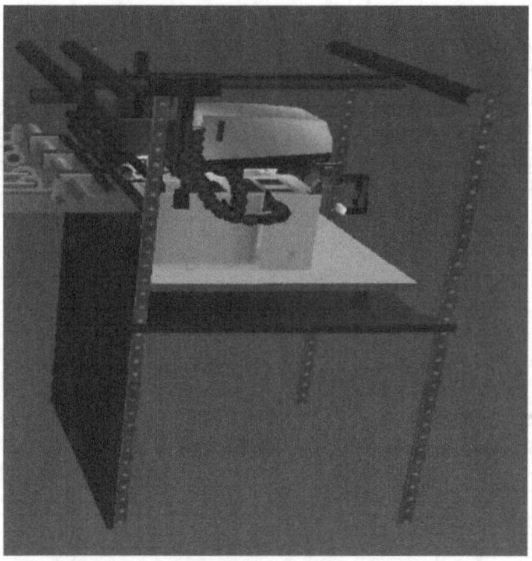

图 1-11　模切压痕设备给纸装置三维图

移动触控笔，将触控笔光标放置在零部件上方，左键单击零部件，可以对零部件进行拆卸，拆卸后的零部件可以移到机器周边，便于观察零部件的结构和外形，同时也便于观察机器内部结构，并对机器内部结构进行拆卸，如图 1-12 所示。拆卸完后，左键点击模块下面的功能按钮区内的安装按钮，拆卸完后的零部件按拆卸先后顺序完成零件回位或安装。

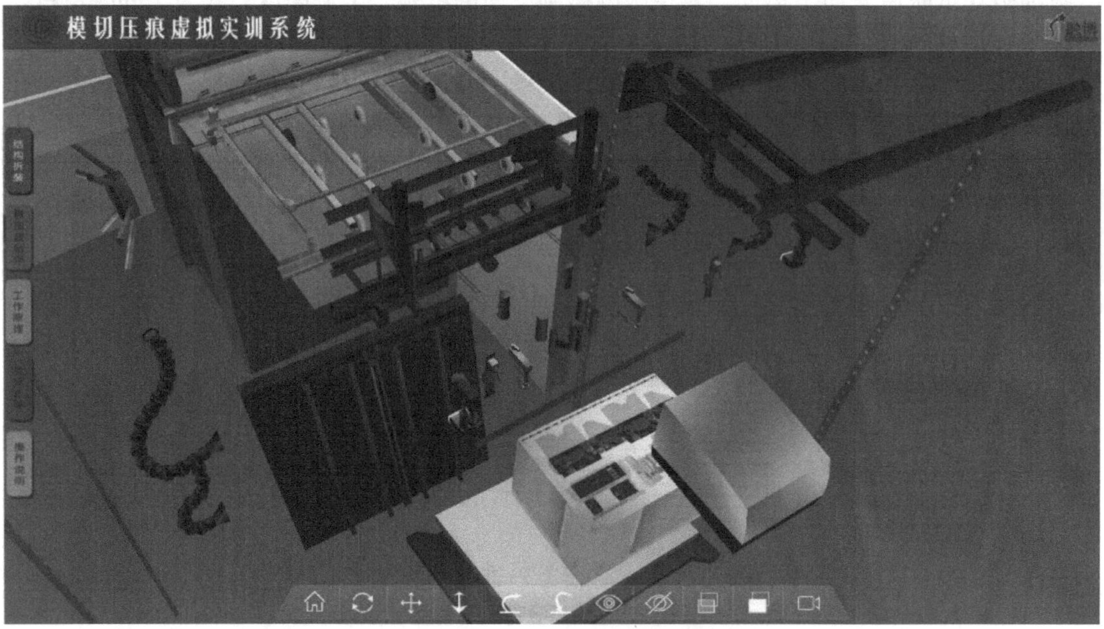

图 1-12　模切压痕设备给纸装置拆卸三维图

2. 输纸装置

平压平模切压痕设备输纸装置与单张纸胶印机输纸装置类似，主要功能为接收给纸装置分离出的纸张，平稳而准确地输送到定位部件，同时检测输纸过程中，纸张有没有弯斜，出现早到、晚到、多张、空张等故障。输纸装置主要分为输纸带输纸和吸气带输纸两种，输纸装置主要部件包括接纸压轮机构、输纸台板与输送带机构、检测和控制装置、使用虚拟仿真系统熟悉输纸装置等。本章节以输纸带输纸方式为例，对主要部件进行简要介绍。

（1）接纸压轮机构

接纸压轮机构由接纸辊、压纸轮、凸轮、摆杆等组成。其主要功能为：当给纸装置将纸张分离出来时，接纸辊和压纸轮相互配合，将递纸吸嘴递送给接纸辊的纸张以一定速度向前输送给输纸台，形成一定的输纸步距。接纸压轮机构示意图如图 1-13 所示。

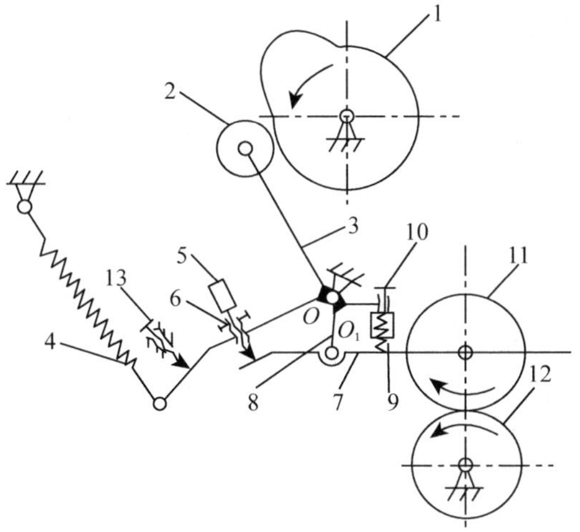

1- 凸轮；2- 滚子；3- 摆杆；4- 拉簧；5- 螺钉；6- 螺母；7- 摆杆；8- 支撑座；9- 弹簧；10- 调节螺钉；11- 压纸轮；12- 接纸辊；13- 定位螺钉

图 1-13　接纸压轮机构示意图

（2）输纸台板与输送带机构

输纸台板与输送带机构主要功能是将纸张平稳地向前输送，同时不产生相对滑动。输纸台上有压纸框架、压纸毛刷、压纸毛刷滚轮、压纸球、压纸片、输送线带等部件，如图 1-14 所示。

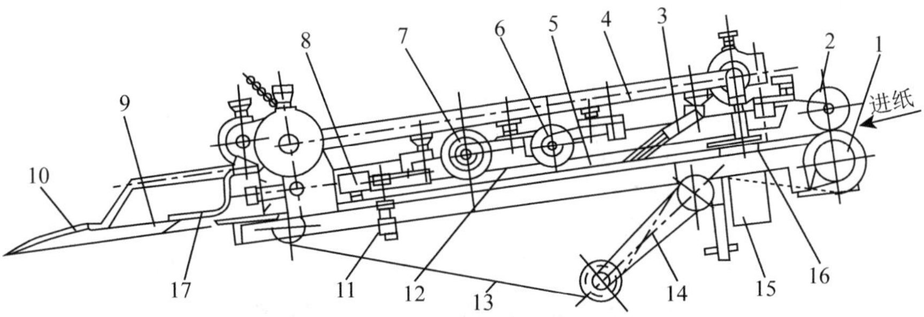

1- 接纸辊；2- 压纸轮；3- 压纸毛刷；4- 压纸框架；5- 输纸板；6- 压纸滚轮；7- 压纸毛刷滚轮；8- 压纸球；9- 递纸牙台；10- 压纸片；11- 吸气嘴；12- 杆；13- 传送带；14- 张紧臂；15- 阀体；16- 卡板；17- 侧规压纸片

图 1-14　输纸板台结构示意图

（3）检测和控制装置

检测和控制装置主要用于检测输纸部件工作是否正常，如是否出现空张、双张、早到、晚到等输纸故障。常用的检测装置有双张检测装置、空张检测器、侧规装置、前规装置等。空张检测器主要用于检测纸张在输送过程中是否有空张、残页、折角、早到、晚到等现象。常见的空张检测器有电触片式空张检测器、光电片式空张检测器、光栅片式空张检测器。电触片式空张检测器结构示意图如图 1-15 所示。

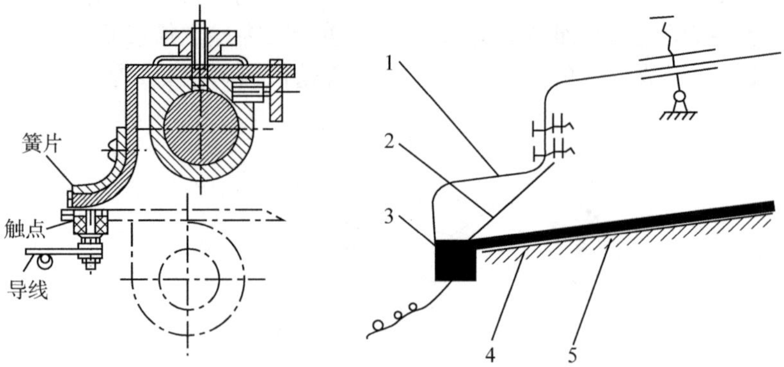

（a）结构　　（b）工作原理

1- 前规；2- 弹簧片；3- 触点；4- 纸张；5- 输纸板

图 1-15　电触片式空张检测器

双张检测器主要用于检测纸张在输送过程中是否同时出现双张或者多张现象，常见的双张检测器有机械式双张控制器、光电式双张控制装置器、固定式双张控制器、双轮式双张控制器。双轮式双张控制器结构示意图如图 1-16 所示。

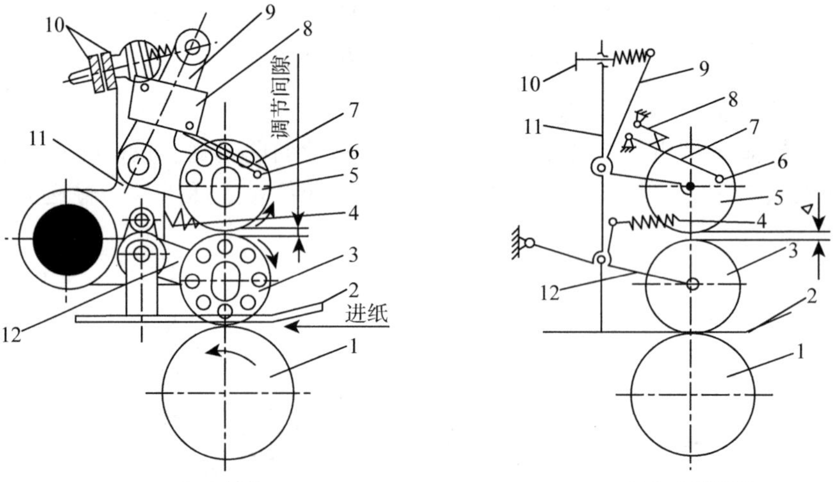

（a）结构　　（b）工作原理

1- 接纸辊；2- 挡纸板；3- 检测轮；4- 弹簧；5- 滚轮；6- 销轴；7- 板簧；8- 触头；9、11、12- 摆杆；10- 螺钉

图 1-16　双轮式双张控制器结构示意图

侧规和前规装置主要用于固定纸张横向和纵向的位置，使纸张在模切前具有固定位置，从而得到高精美的产品。侧规和前规定位的原理：采用两个前规、一个侧规进行定位，两点确定一条直线，三点确定一个平面，定位时先由前规进行前后（上下）方向的定位，再由侧规进行左右（来去）方向的定位。

（4）使用虚拟仿真系统熟悉输纸装置

移动触控笔，主键单击左侧选择区的【结构拆装】按钮，操作模块区显示模切压痕设备的结构组成部分。将移动触控笔对应光标放置到输纸装置中的某一个零部件时，零部件上方显示该零件的名称，主键单击工具栏下的隐藏工具按钮，移动感应触控笔将模型区处给纸装置外的其他零件隐藏掉，可得模切压痕设备输纸装置如图 1-17 所示。

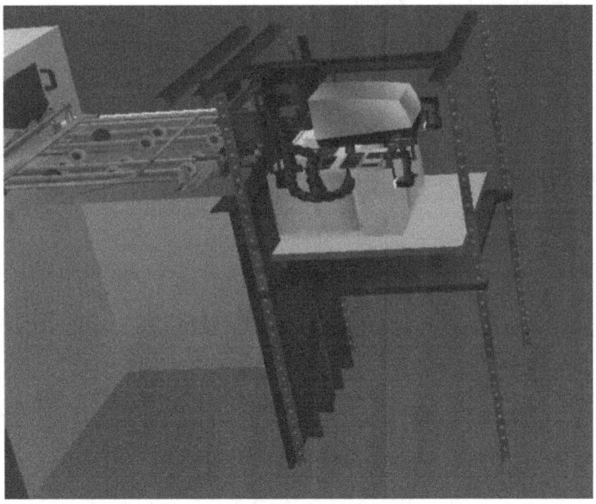

图 1-17　模切压痕设备输纸装置三维图

移动触控笔，将触控笔光标放置在零部件上方，左键单击零部件，可以对零部件进行拆卸，拆卸后的零部件可以移到机器周边，便于观察零部件的结构和外形，同时也便于观察机器内部结构，并对机器内部结构进行拆卸，如图 1-18 所示。拆卸完后，左键点击模块下面的功能按钮区内的安装按钮，拆卸完后的零部件按拆卸先后顺序完成零件回位或安装。

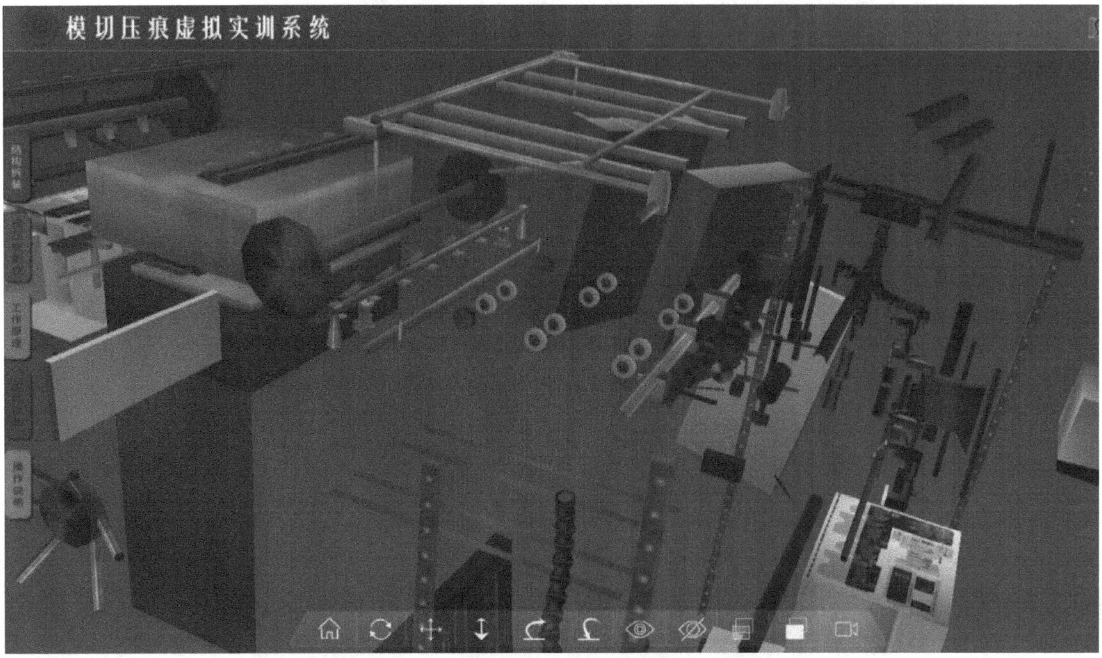

图 1-18　模切压痕设备输纸装置拆卸三维图

3. 模切压痕装置

平压平模切压痕设备模切装置主要功能为：把特定用途的纸或纸板按一定规格，用钢刀轧切成一定形状，并用钢线和压痕模，将纸或纸板压出线痕，以便进行弯折成型。模切压痕装置由上部压盘、下部压盘和传动机构组成。上部压盘用于安装模切压痕版，下部压盘用于安装压痕底模，传动机构为压力实施部件，通常由曲柄轴带动四组连杆上下移动压印板来实施压力，从而完成模切压痕作业。

（1）上部压盘

上部压盘主要用于安装模切压痕版，模切压痕版主要由钢刀、钢线、衬空材料、海绵胶条等材料组成。钢刀主要是对坯料进行轧切成型，钢线主要是使坯料受压变形，压出折痕线。海绵胶条的作用是使成品或废品易于从模切刀刃上分离出来。

a. 模切刀具

模切刀具也称钢刀（见图 1-19），刀口锋利，能将纸板切断，得到所要求的纸盒胚料形状。通常要求钢刀应具有锋利、耐磨损、弯曲方便等特性。根据不同模切材料的要求，钢刀材料分为硬性、中硬性和软性三种，可根据需要灵活选用。由于被模切产品形状各异，需要将钢刀弯成各种各样的形状，硬性钢刀弯曲性能较差，中硬性钢刀弯曲性能较好，软性钢刀弯曲性能最好，操作者可依据实际要求进行选择。

图 1-19　模切刀示意图

b. 压痕刀具

压痕刀具也称钢线、压痕线。与钢刀的要求相类似，钢线也要求具有良好的耐磨性、弯曲方便等特性。钢线的高度略低于钢刀的高度，被模切材料的不同厚度对钢线的厚度选择也不相同。钢线的厚度和钢刀的厚度规格相同，但钢线厚度的选择除根据被模切材料的厚度有关外，还与压痕模的类型有关。根据不同压痕需要，钢线的形状有单圆头、双圆头、尖圆头、双半圆、方头和 V 形，如图 1-20 所示为各种钢线的形状。

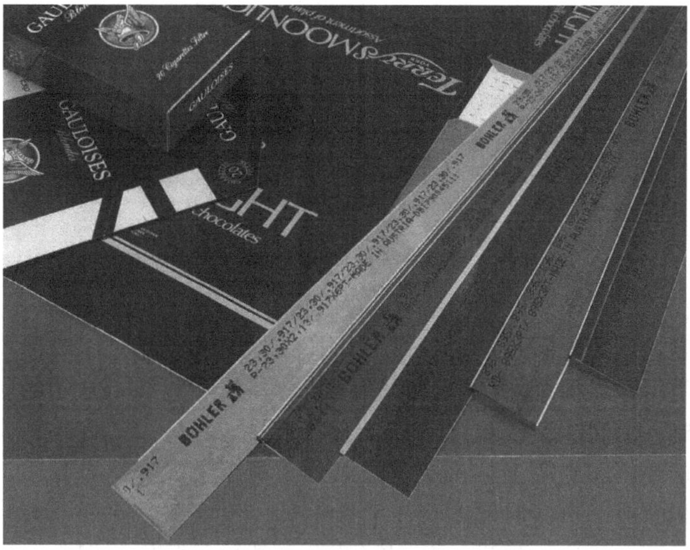

图 1-20　钢线的形状

c. 衬空材料

衬空材料也称填空材料，用于固定模切压痕刀具。常见的有铅衬空材料、木板衬空材料、纤维塑胶板衬空材料和钢质板衬空材料。无论是何种衬空材料均要求有加工方便、平整性、坚固性好，材质尽可能轻且硬。同时还要求保证多次更换钢刀、钢线后仍能保持良好的结合性，且尺寸不发生变化。

铅衬空材料包括各种规格的空铅、衬铅和铅条等，铅衬空材料的主要特点是排版操作简单方便，改版灵活性好，重复使用率高，成本低，实用性强，但排刀技术难度高于木板类衬空材料。

木材衬空材料包括各类木板、胶合板等。多层胶合板作为衬空材料时，制版精度较高，加工方便，成本低，质量轻，装拆刀版省时省力，操作方便，是最常用的一类衬空材料。木材衬空材料受环境温湿度变化的影响较大，木材吸水膨胀，脱水萎缩，易产生变形，尺寸不稳定，影响模切压痕精度。

纤维塑胶版是一种含高无机成分的材料，此类材料不受温湿度变化，尺寸稳定性好，是较好的模切压痕衬空材料。

钢质版如钢型刻版、钢板刻版等，作为衬空材料同样不受温度和湿度的影响，尺寸稳定性好，但制版时需经机械加工，因而工艺复杂，难度较高，重复使用率低，成本高，制作周期长；但坚固耐用，比较适用于大批量或定型产品的模切。

d. 海绵胶条

钢刀和钢线安装完毕后，为防止模切刀在模压过程中粘住纸张，保证走纸顺畅，需要在钢刀两侧粘贴海绵胶条。海绵胶条在模切压痕工艺中起到的作用非常重要，它直接影响模切操作时的速度以及模切产品的质量。

海绵胶条可分为透气型海绵胶条、密封型海绵胶条、微孔密封型海绵胶条、固体型海绵胶条和拱形海绵胶条，如图 1-21 所示，其中前面四种胶条均为方形胶条。每一类胶条都有不同的硬度和尺寸以供选择，不同模切机可根据模切速度、模切产品的要求以及其他相关条件选择合适的海绵胶条。

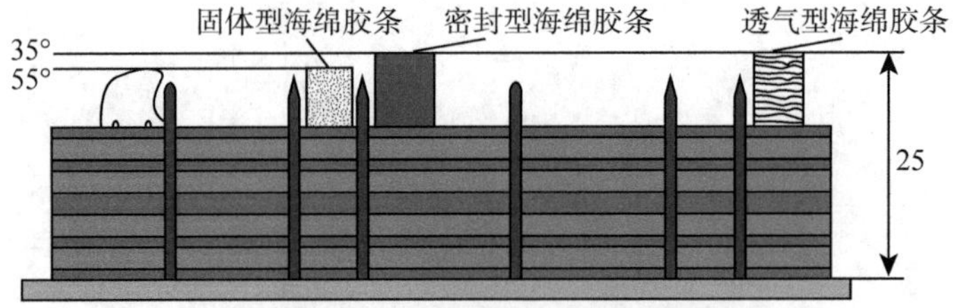

图 1-21　各类海绵胶条安装示意图

（2）压印版

压印版的主要功能为安装压痕模，同时垫住模切刀和纸张。压痕模是固定在压印底版上，与钢线配合使用，以保证产品压痕线清晰，容易折叠成型。常用的压痕模有石膏压痕模、纤维板压痕模、钢制压痕模和自粘式压痕模。

石膏压痕模是在压印底版上粘一层黄板纸，黄板纸上涂一层石膏浆，石膏浆由细净石膏粉拌入胶水调和而成，石膏层厚度与压痕纸板的厚度相关。涂好石膏浆层后，将压印底版连同石膏层一起装入模切压痕机，并固定位置，然后安装模压刀版，启动机器并在石膏层上压出印痕，经修整后即成压痕模。石膏压痕模适用于较厚承印物的压痕。

纤维板压痕模是把耐磨的纸板用黏合剂粘贴在纤维材质的底版上，纸板的厚度约等于承印物的厚度。将粘贴好纸板的压痕底版装入模切压痕机，启动机器并在纸板上压出印痕。取出压痕底版，用刻刀把压出痕迹部分的纸板刻掉。纤维板压痕模较坚固耐用，一般用于长版活的模切。

钢制压痕模是使用专用设备在钢制底版上加工出所需的压痕模槽。此类压痕模具有很好的尺寸稳定性和机械强度，但加工时间长，成本较高，适合产品批量较大的情况。

自粘式压痕模也称速装压痕模，是模切压痕加工中最常用的压痕模。它由压痕模、定位塑料条、强力底胶条和保护胶贴组成，图 1-22 为自粘式压痕模断面结构示意图。

压痕模为自粘式压痕模的重要部分，用于完成承印物的压痕功能；定位塑料条用于压痕模的定位；强力底胶条主要功能是将压痕模粘贴于模压底版上；保护胶贴主要是用来保护底胶，防止在日常运输和保存中损坏和失去黏性。

常见的自粘式压痕模种类有普通型、超窄型、单边狭窄型、连坑型和斜角型。普通型压痕模适合于大多数情况下的压痕，超窄型压痕模用于钢刀和钢线距离较近的位置，单边狭窄型压痕模用于钢线与钢线距离较近的位置，连坑型压痕模适用于两条以上较近距离的压痕线，斜角型压痕模适用于瓦楞纸板的压痕。

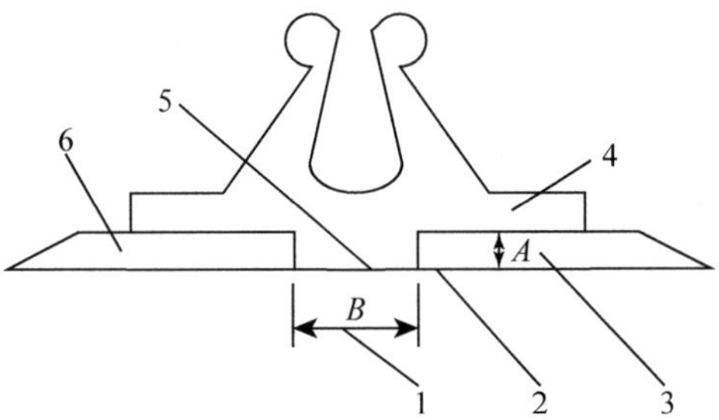

1- 压痕模槽宽；2- 保护胶贴；3- 压痕模厚度；4- 定位塑料条；5- 强力底胶条；6- 压痕模

图 1-22　自粘式压痕模断面结构示意

二、学习模切压痕设备的工作原理

移动感应触控笔，单击模块左侧选择区的【工作原理】按钮进入模切压痕设备的工作原理，界面以动画的形式显示模切压痕设备的整个工作流程。模切压痕设备机器盖会默认隐藏，此时可以清晰地看到模切压痕设备内部每个零部件的运作过程，如图 1-23 所示。

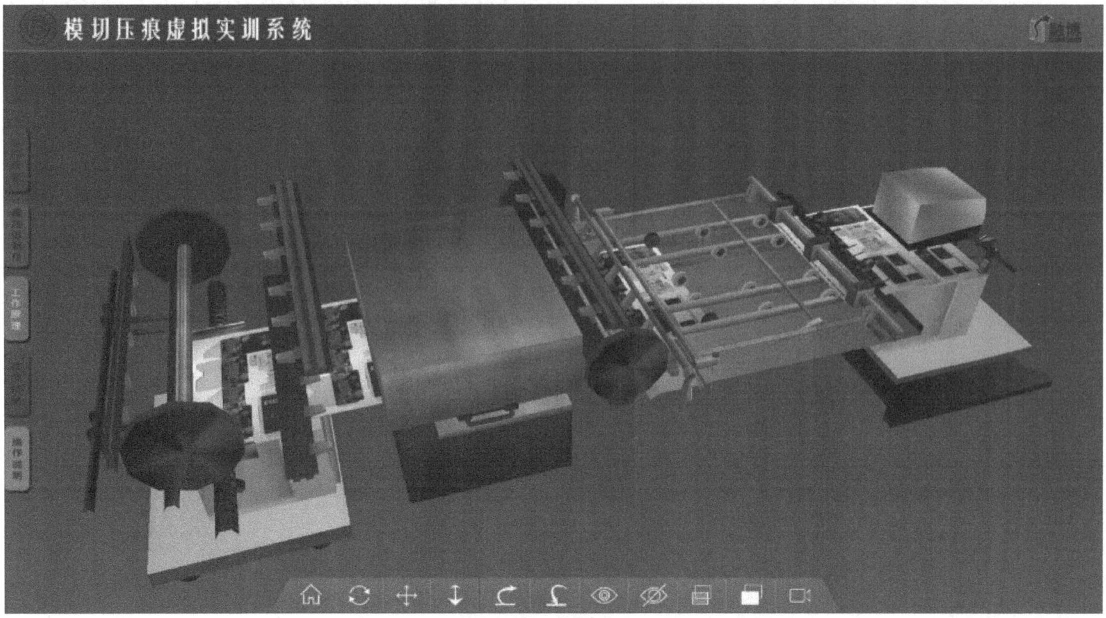

图 1-23　模切压痕设备工作过程

模切压痕设备开始工作后，给纸装置上的分纸吹嘴和压纸脚对纸堆上的纸张进行分离，分离后的纸张被递纸吸嘴输送给接纸辊，接纸辊接过纸张，通过输纸板台，输送到前规处进行定位，输纸板台上的双张检测器和侧规对纸张的厚度和位置进行检测，保障纸张顺利输送到前规处。输纸链条上的叼牙咬住前规处的纸张咬口，将纸张输送到模压单元下方，模压单元上下运动，对纸张进行模切和压痕，模压完成后的纸张被输纸链条输送到收纸台上方。收纸台上的齐纸装置对纸张进行齐纸，输纸链条返回，开始下一个循环工作。整个模切压痕设备工作过程以动画的形式呈现纸张从分离到输送、定位、模压、收纸等一系列的模切压痕工作的动作，操作者配合工具按钮，可进行内部观察，进行模切压痕的细致探究。

任务三　学习模切压痕设备模压版制作过程

一、模切压痕版制作工艺流程

模切压痕版的种类主要有两种：平式模压版和圆式模压版，常用的是平式模压版。模切压痕版的制作也称为排刀，是指将钢刀、钢线、压痕模、衬空材料等按照规定的要求，制作成模压版的过程。平式模压版的制作工艺流程如下。

绘制轮廓图→底版开槽→钢刀、钢线裁切成型→装刀、固刀→开连接点→粘贴反弹海绵→上版→安装底线模→试模切，并调整版面压力→签样。

1. 模切压痕轮廓图的绘制

绘制模切压痕轮廓图时，为使模压版的钢刀、钢线具有较好的模切适性，产品设计时应注意以下几点要求。

（1）开槽开孔的刀线应尽量采用整线，线条转弯处应带圆角，或带有一定弧度，防止出现相互垂直的刀具拼接，如图 1-24（a）。

（2）两条线的接头处应避免出现尖角现象，如图 1-24（b）。

（3）避免多个相邻狭窄废边的联结，应增大其连接部分，以便于清废，如图 1-24（c）。

（4）防止出现连续的多个尖角，对无功能性要求的尖角，可改成圆角，如图 1-24（d）。

（5）防止尖角线截止于另一个直线的中间段落，这样会使固刀困难、钢刀易松动，并降低模切适性，应改为圆弧或加大其接触角，如图 1-24（e）。

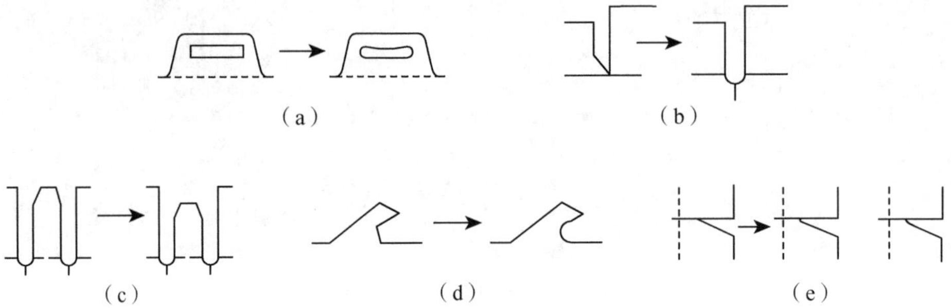

图 1-24　产品设计搭接处示意图

设计好的模压版面要求如下。

（1）确保模压版面的大小与所选用设备的规格和工作能力相匹配，这样既保证加工质量，又保证较好发挥设备的能力。

（2）保证模压版的格位应与印刷格位相符。

（3）工作部分应居于模版的中央位置，线条、图形的移植，要保证产品所要求的精度。

（4）版面刀线要对直，纵横刀线互成直角并与模切版侧边平行，短刀、短线要对齐。

模切压痕轮廓图是整个产品的展开图，是模压版制作的第一个关键环节。如果产品的印前制作是采用整页拼版系统，可以在制版工序中直接输出模压版轮廓图，这样能有效保证印刷版和模压版的一致性。如果印前过程中采用的是手工拼版，就需要根据印样的实际尺寸绘制模切压痕轮廓图，注意在大面积封闭图形部分中留出若干处“过桥”，“过桥”的宽度根据版面的大小来确定。

2. 底版开槽

绘制好轮廓图后，按实样大小比例，准确无误地将图复制到底版上，并制出镶嵌刀线的狭缝，而图样复制的准确性及嵌缝的优劣是影响模压工艺质量的关键。底版即衬空材料，切割底版主要有手工切割法、锯床切割法、激光切割法、高压水喷射切割法。手工切割法即将图样绘制或粘贴到底版上，再用线锯工具锯缝，模版的准确度完全取决于操作者个人的技术水平。

锯床切割法是目前中小型企业自行加工模切版的主要方法。其工作原理是利用锯条的上下和往复运动，在模版上加工出可装模切刀和压痕线用的窄缝，锯条的厚度等于相应位置模切刀或压痕线的厚度，常用厚度为 0.7 ～ 2.0mm，宽度为 1.5 ～ 3.0mm 的锯条。锯床上配有电钻，可以在模版上钻孔，钻孔后将锯条穿过底版再进行切割。随着技术的发展，锯床的功能也越来越完善，能配置吸尘系统，能与 CAC/CAM 技术相连接通过计算机来控制完成切割，使开槽质量大为提高。图 1-25 为锯板机。

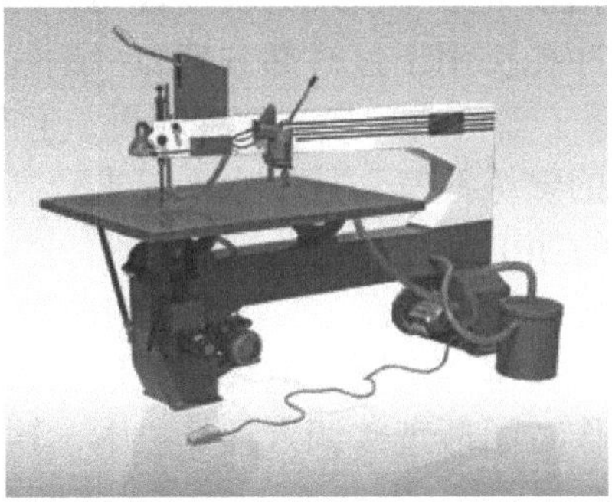

图 1-25　锯板机

图 1-26　激光切割机

激光切割法首先是将产品的规格、形状等参数输入计算机，利用计算机编制模切压痕程序，控制单个图形设计，自动加桥位，配合模切压痕机确定版面，为模压版编号，输出激光切割图形。然后由计算机控制激光刀头，在底版上切割出任意复杂的切缝。这种方法制成的底版精度高，但制作成本高，通常由专业厂家来生产，用户直接定做。图 1-26 为激光切割机。

高压水喷射切割法是用于纤维塑胶板的切割。对于纤维塑胶板来说，采用锯板机或激光切割机切割时会产生烟雾、粉尘、刺激性气体等有害物质，会污染环境、影响操作者的身体健康。高压水束类似于激光束，也可以通过电脑精确控制切割的模切轮廓图，没有污染，切割的质量较高。图 1-27 为高压水喷射切割机。

此外，还有一种新的技术即利用激光使材料蒸发，以完成各种产品的模切加工，这种方法称为激光数字模切。激光数字模切操作灵活，可以模切出任意复杂的形状，实现模切的个性化。激光数字模切精度非常高，最高可达 0.05mm，可以弥补待模切产品在印刷和印后加工过程中的尺寸误差。激光数字模切过程中不产生压力，不破坏模切材料，适合于不干胶、电子电路版等材料的模切。图 1-28 为激光数字模切机。

图 1-27　高压水喷射切割机

图 1-28　激光数字模切机

3. 钢刀、钢线的成型

在完成模切压痕版排刀工序之前，首先要将钢刀、钢线按照设计打样的规格和造型进行裁切与成型加工，即根据要求把钢刀、钢线裁切弯曲成相应的长度和形状。常见的成型加工方法有：手工单机成型加工和自动弯刀机成型加工。

（1）手工单机成型加工

这种加工方法需要配备专用的刀片裁切机、刀片成型机（弯刀机）、刀片冲孔机（过桥切刀机）、刀片切角机等。其中，刀片裁切机用于钢刀、钢线的长度裁切，刀片成型机用于钢刀、钢线的圆弧或角度的精确成型，刀片冲孔机用于过桥部分钢刀、钢线的冲孔，刀片切角机用于钢刀、钢线相交处切角的裁切。手工单机成型加工速度较慢，生产效率低，不能加工精细复杂的图案，重复性差，对操作者的熟练程度和技术水平要求较高。但生产成本较低，适合低质量、工期不紧的模切压痕版的加工。

（2）电脑自动弯刀机成型加工

电脑自动弯刀机成型是和激光切割机一同配合使用，共同完成模切压痕版的制作。其中自动弯刀所用的图形取自产品的图形设计，工作时图形直接调入计算机中，输入要成型的数量，自动弯刀机即可完成弯刀成型。

4. 装刀、固刀

钢刀和钢线成型加工后，将切割好的底版放在平台上，根据拼装要求组合成模切压痕版。如果是利用金属铅作为衬空材料，排刀时按一定的工艺要求，用铅块直接将刀线固定在模压版的指定位置上，其操作类似于活字印刷中的排版操作。这时要求工作人员能够灵活自如地运用各种规格的铅块，排出的模压版不能在工作时松动。

如果是以多层胶合板作为衬空材料，排刀时，钢刀、钢线镶嵌入底版的锯缝后，应与底版的平面垂直，不应在嵌入或加工中出现变形或扭动等现象。在安装过程中，要将钢刀、钢线背部朝下对准相应的底版位置，用专用的倒模锤锤打上部的刃口，将其镶入底版。注意锤打时一定要使用专用的刀模锤或木锤，刀模锤头部应为高弹橡胶或铜制成，这样在锤打刀线刀口时不伤刃口。

5. 开连接点

连接点就是在模切刀刃口部开一定宽度的小口，确保在模切后废品边仍有局部连接在整个印张上而不会散开、掉落，以便于下一步走纸顺畅。开连接点不能使用锤子和锭子进行操作，否则容易损坏钢刀，并在连接部分易产生毛刺，所以需要使用专门的刀线打孔机（砂轮）来打连接点。连接点宽度有 0.3mm、0.4mm、0.5mm、0.6mm、0.8mm、1.0mm 等规格，其中常用宽度为 0.4mm。

开连接点时，要考虑打在成型产品的隐蔽处，如果需要在成型产品的外观处开连接点，则连接点要越小越好，以免影响产品的外观。此外，过桥的位置和涂胶处不能开连接点。

6. 粘贴反弹海绵

排好钢刀和钢线后，为了防止钢刀在模切时嵌入纸张，需要在钢刀的刃口两侧边粘上海绵胶条，利用海绵胶条的弹性作用将模切的产品从刀口间推出，保证走纸顺畅。

7. 安装底线模

模切压痕版制作好后，需要在压印底板上安装压痕底模。压痕底模和钢线一起作用，以保证压痕清晰。在选择压痕底模时，要根据不同的模压产品来选择不同宽度和高度的压痕底模。自粘式压痕底模的安装流程如下。

（1）按照产品的尺寸，量取所需压痕底模的长度并进行裁切，裁切后底模两端成 90° 尖角。

（2）把压痕底模上的定位塑料条连同底模卡在模压版的钢线上。

（3）剥离压痕底模上的保护胶条。

（4）将装好压痕底模的模压版安装在模切压痕机上，定位固紧，然后开动模压机，让压痕底模固定在压印底板上。

（5）压痕底模固定后，撕掉定位条。

（6）用橡胶锤轻轻敲打压痕底模，进行加固处理，同时可以用砂纸对与走纸方向相反的压痕底模尖角进行打磨处理。

8. 试切，并调整版面压力

模切压痕版加工完毕，需要安装在模切机上进行试切，如果发现样品局部切断或局部不能切断时，则需要通过垫版操作，来调节模切版压力的均匀性。

垫版操作是使用 0.05mm 厚的垫纸版粘贴在模切版底部，对模切刀的高度进行补偿，当局部垫版后仍有个别部位切不透时则进行位置垫版。位置垫版就是使用 0.02mm、0.03mm、0.05mm 厚度的窄条垫纸直接粘贴在模切刀底部进行刀线高度的补偿。

检查模压版版面压力是否均匀可以采用以下方法。

（1）纸板或牛皮纸试压。用大于版面的纸板或牛皮纸覆盖在模压版上，进行试压，如发现纸板上有压痕浅的部位，则需进行垫版；如发现有压痕深的部位则不需垫版或少垫版。

（2）涂墨。用墨辊在模压版上涂墨，然后试压，墨迹深的地方不需垫版或少垫版；墨迹浅的地方则必须垫版。

（3）压复写纸。在复写纸下面铺上白纸，然后将模压版压在复写纸上，试压后观察白纸上的复写痕迹。复写痕迹深的地方压力大，则不需垫版或少垫版；复写痕迹浅的地方压力小，则需要进行垫版。

二、使用虚拟仿真系统学习模切版制作过程

移动感应触控笔，单击模块左侧选择区的【模压版制作】按钮进入模切压痕设备的模压版制作，模拟操作区显示模切版的制作桌面，桌面上放置有模切衬空板和模切板固定框，屏幕右侧为模切版虚拟制作工艺流程步骤，工艺步骤分别为：底板开槽→装刀→固刀→粘贴反弹海绵→上版→安装底线模→调整版面压力。如图 1-29 所示。

（1）底板开槽

移动感应触控笔，左键单击屏幕右侧工艺步骤中的【底板开槽】，屏幕中央桌面上的衬空木板开始进行割缝，如图 1-30 所示，割缝结束后，衬空木板上显示包装盒模切轮廓展开图。

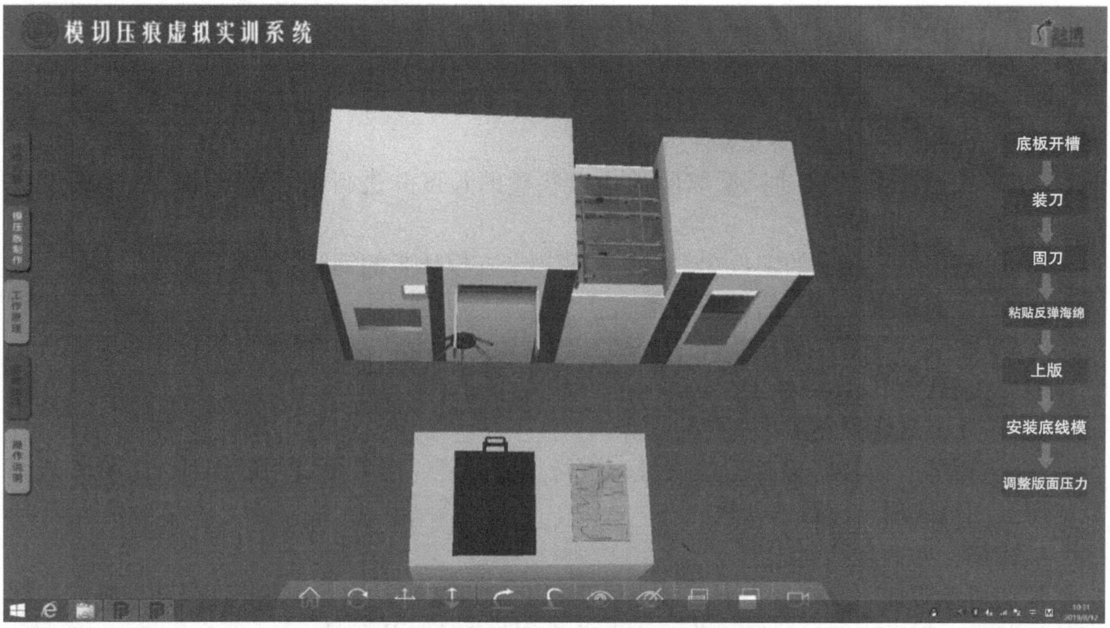

图 1-29　模切版制作工艺步骤主界面

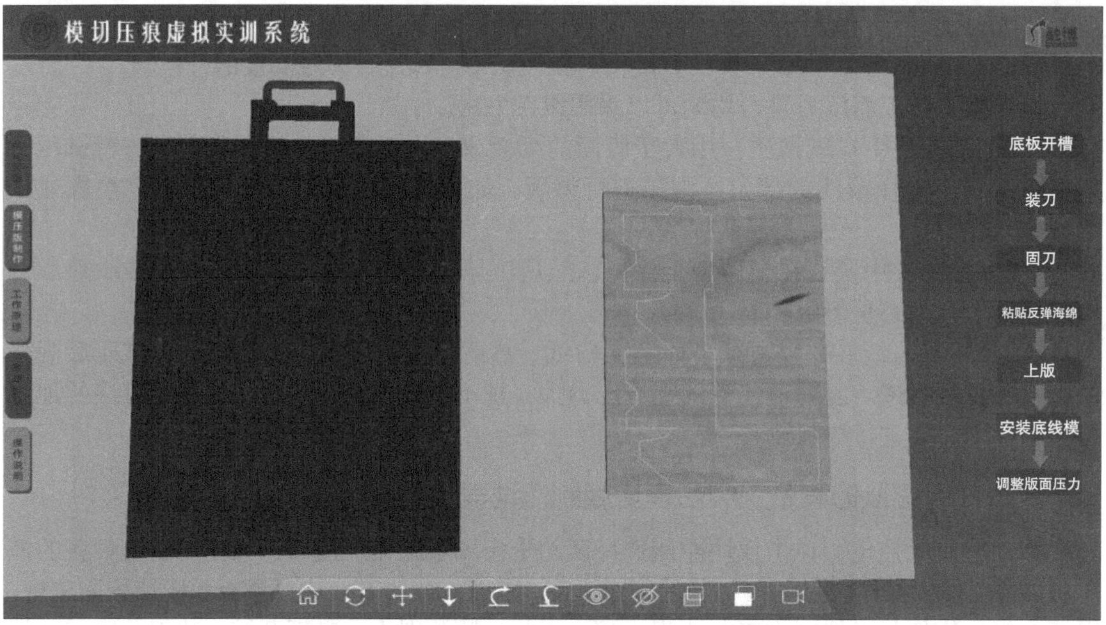

图 1-30　衬空木板开槽

（2）装刀

移动感应触控笔，左键单击屏幕右侧工艺步骤中的【装刀】，屏幕中央桌面上的衬空木板中的缝隙开始插入钢刀和钢线，如图 1-31 所示，装刀完成后，衬空木板上模切轮廓成黑色。

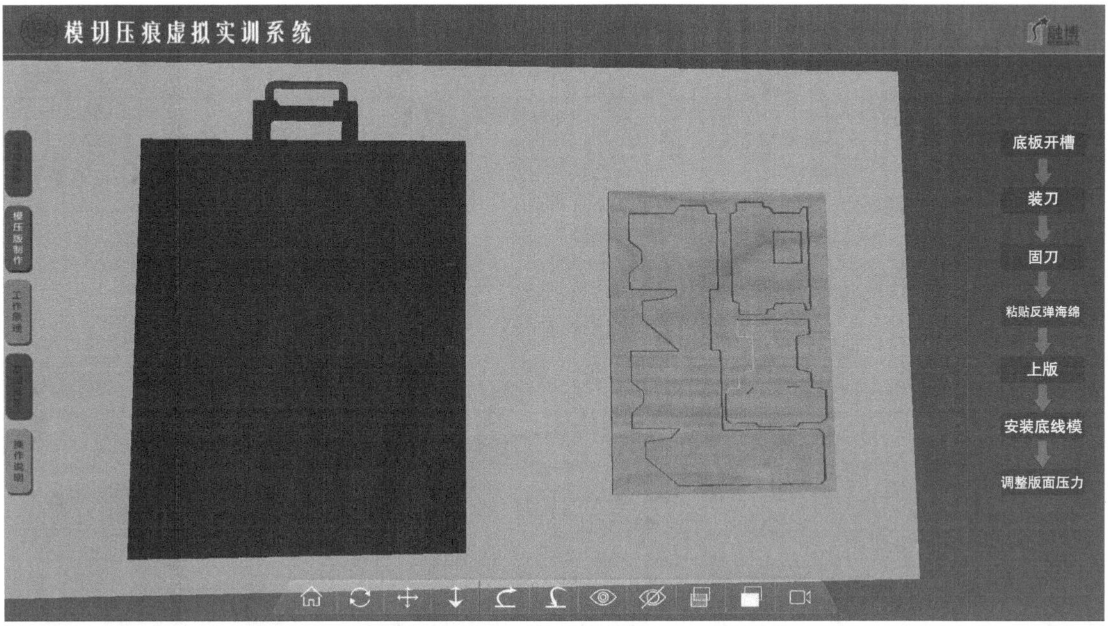

图 1-31　衬空木板中的缝隙插入钢刀和钢线

（3）固刀

移动感应触控笔，左键单击屏幕右侧工艺步骤中的【固刀】，屏幕中央桌面上方会出现塑料榔头轻轻敲打钢刀和钢线使钢刀钢线更加固定。如图 1-32 所示。

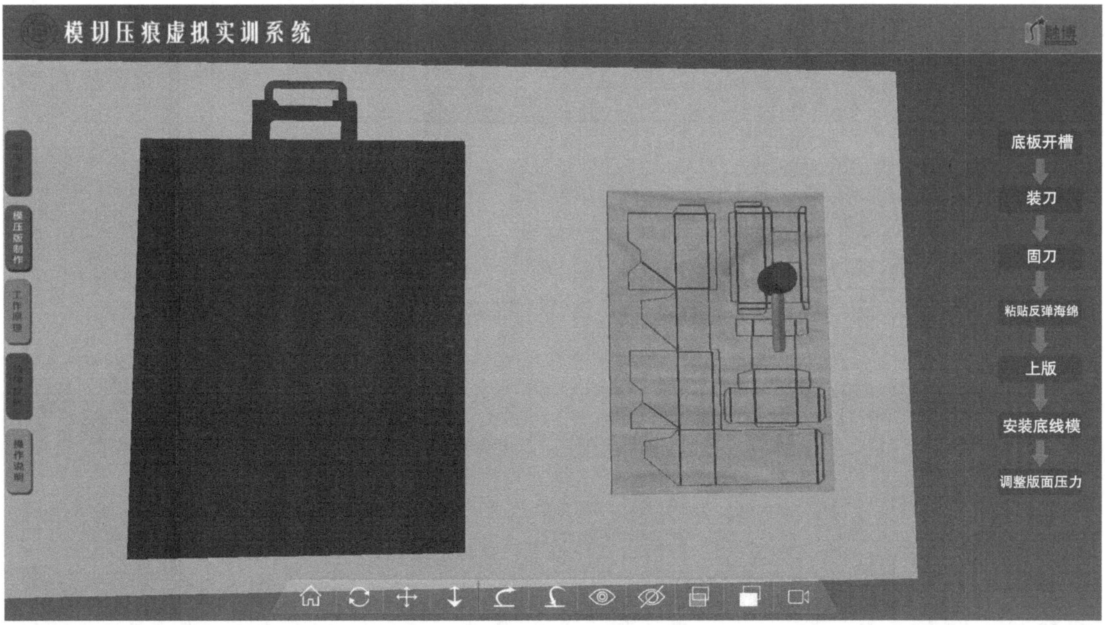

图 1-32　固刀示意图

（4）粘贴反弹海绵

移动感应触控笔，左键单击屏幕右侧工艺步骤中的【粘贴反弹海绵】，屏幕中央的衬空木板中的钢刀两边开始粘贴海绵条，如图 1-33 所示，只在钢刀两边粘贴海绵条，海绵条与钢刀之间的间隙为 1mm 左右，钢线两侧不粘贴海绵条。

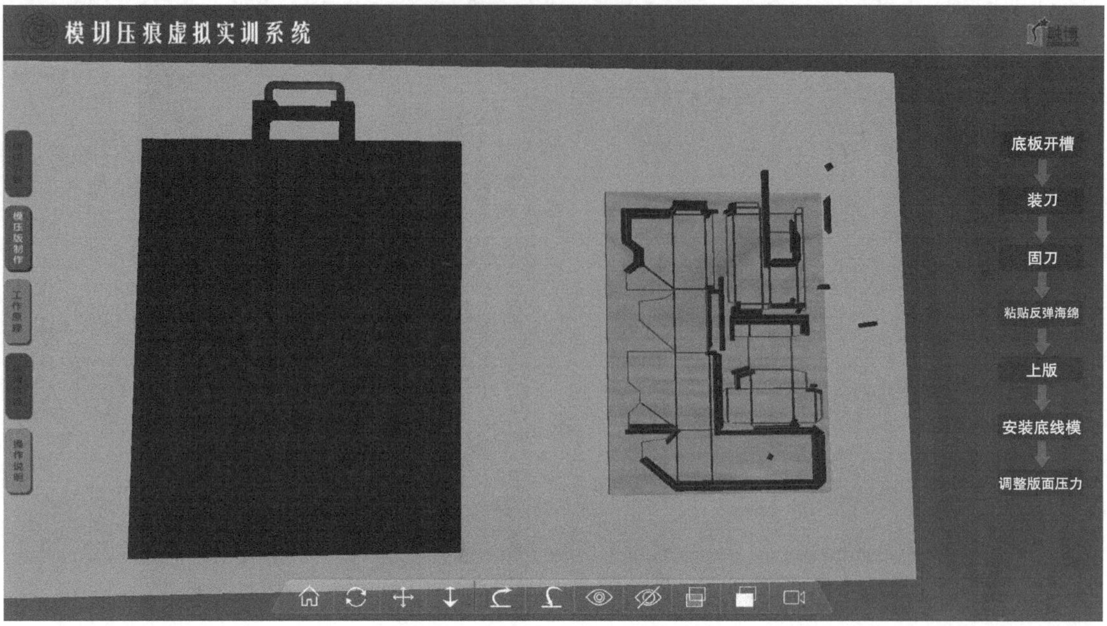

图 1-33　衬空木板上粘贴海绵条

（5）上版

移动感应触控笔，左键单击屏幕右侧工艺步骤中的【上版】，屏幕中央上方的衬空木板被固定到金属版框内部，如图 1-34 所示。

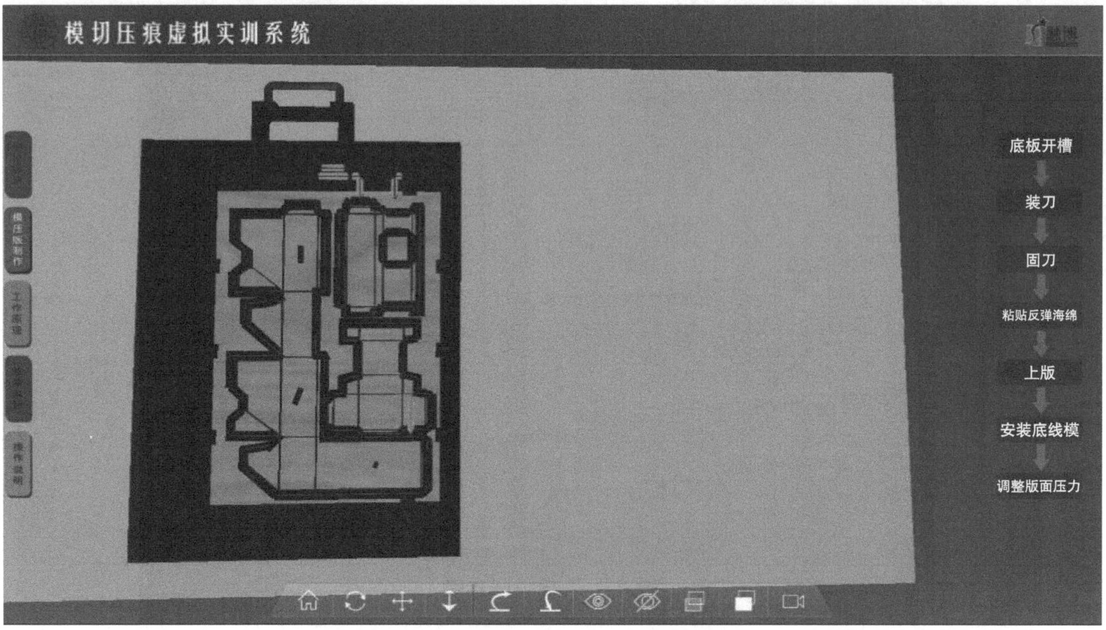

图 1-34　衬空木板固定到板框

（6）安装底线模

移动感应触控笔，左键单击屏幕右侧工艺步骤中的【安装底线模】，底线模通过定位条卡在钢线上，如图 1-35 所示，粘贴底线模时，先撕开底线模上方的保护胶贴，然后将模切版与底板合压，合压后并离压，此时底线模被粘贴到底板上，然后揭掉底线模上的定位条，对底板上的底线模的边角进行修剪，完整的底线模安装完成。

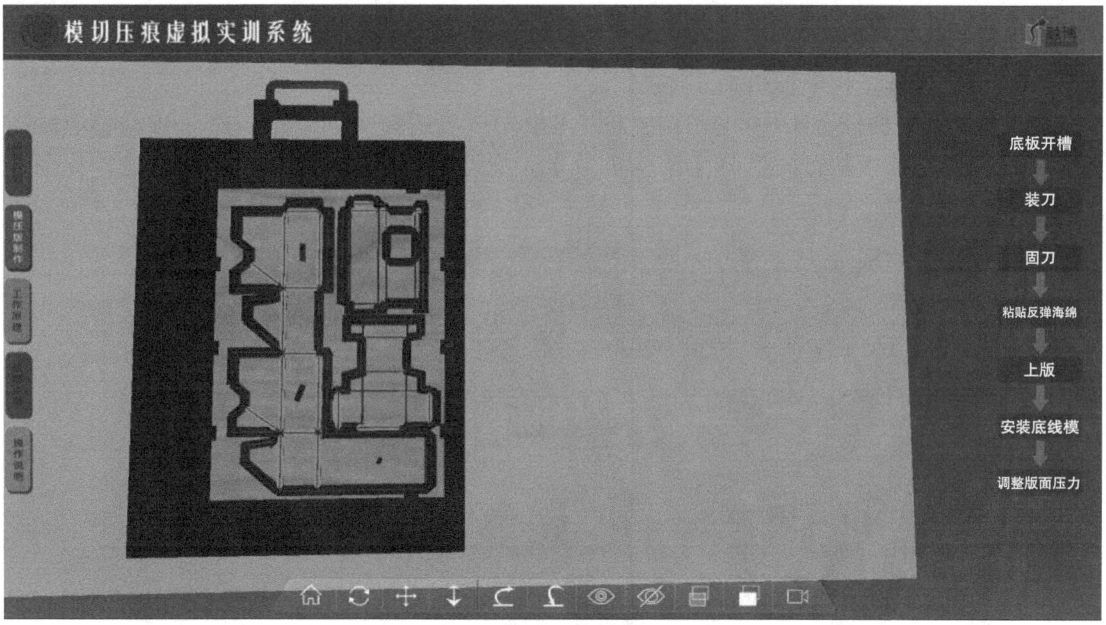

图 1-35 粘贴底线模过程

（7）调整版面压力

移动感应触控笔，左键单击屏幕右侧工艺步骤中的【调整版面压力】，版面压力调整过程，如图 1-36 所示。

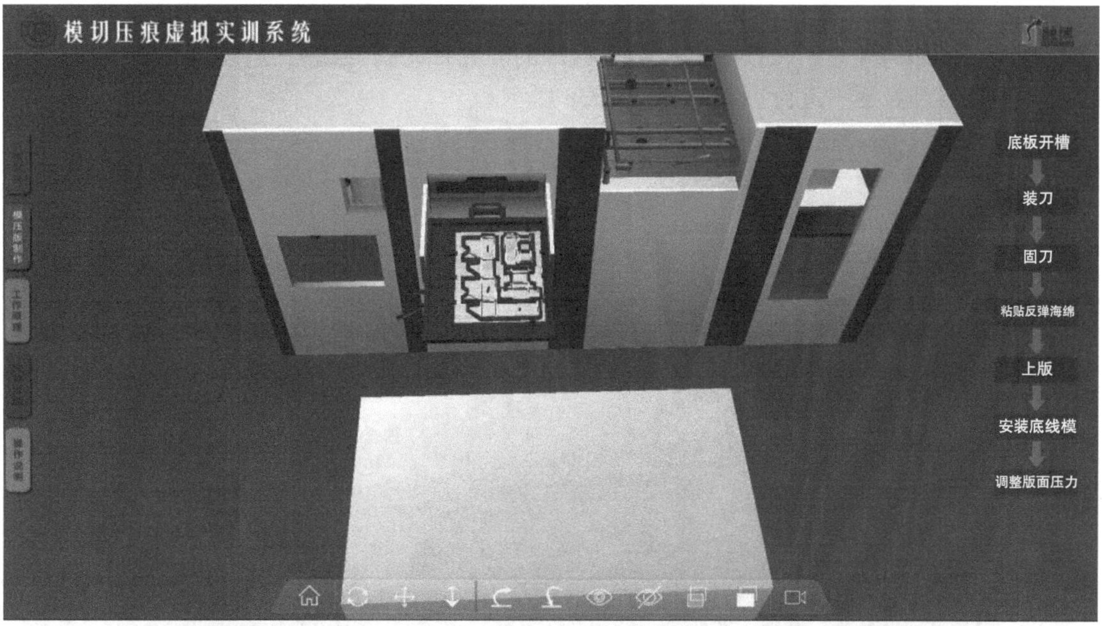

图 1-36 版面压力调整过程

任务四　学习模切压痕设备结构模拟拆装

模切压痕设备结构模拟拆装步骤如下：

（1）首先根据任务 1 中的操作方法进入模切压痕虚拟实训系统，然后移动感应触控笔至界面左侧功能模块区，选择【结构拆装】，主键单击，进入结构拆装模拟操作界面，如图 1-37 所示。

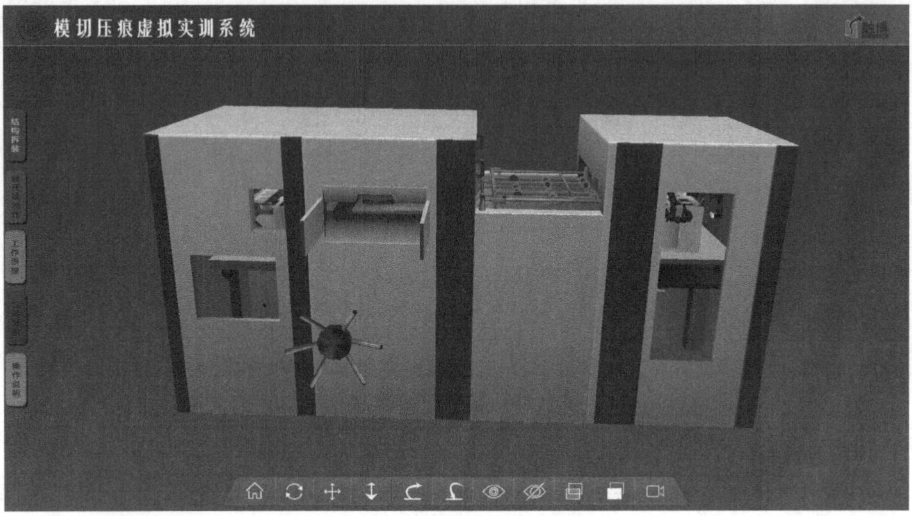

图 1-37　结构拆装模拟操作界面

（2）外壳拆卸，首先使用感应触控笔选择工具栏下方的拆卸按钮，然后使用感应触控笔选择要拆卸的外盒，长按主键，将要拆卸的外壳移动到合适的位置，根据纸张的运动线路，将机器外壳逐一进行拆装，如图 1-38 所示。

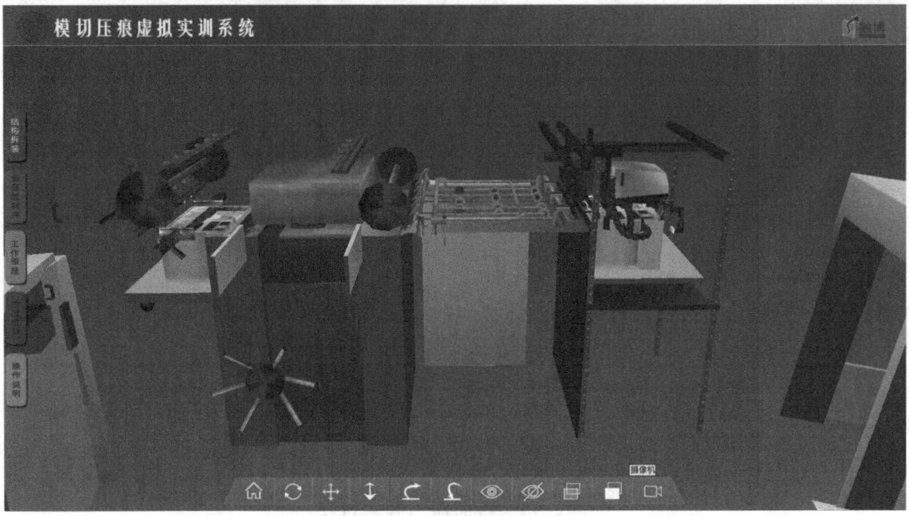

图 1-38　拆除机器外壳

（3）给纸单元拆卸。首先使用感应触控笔选择工具栏下方的拆卸按钮，然后使用感应触控笔选择要拆卸的给纸装置，主键长按，将要拆卸的给纸装置零部件移动到合适的位置，给纸单元拆卸完后如图 1-39 所示。

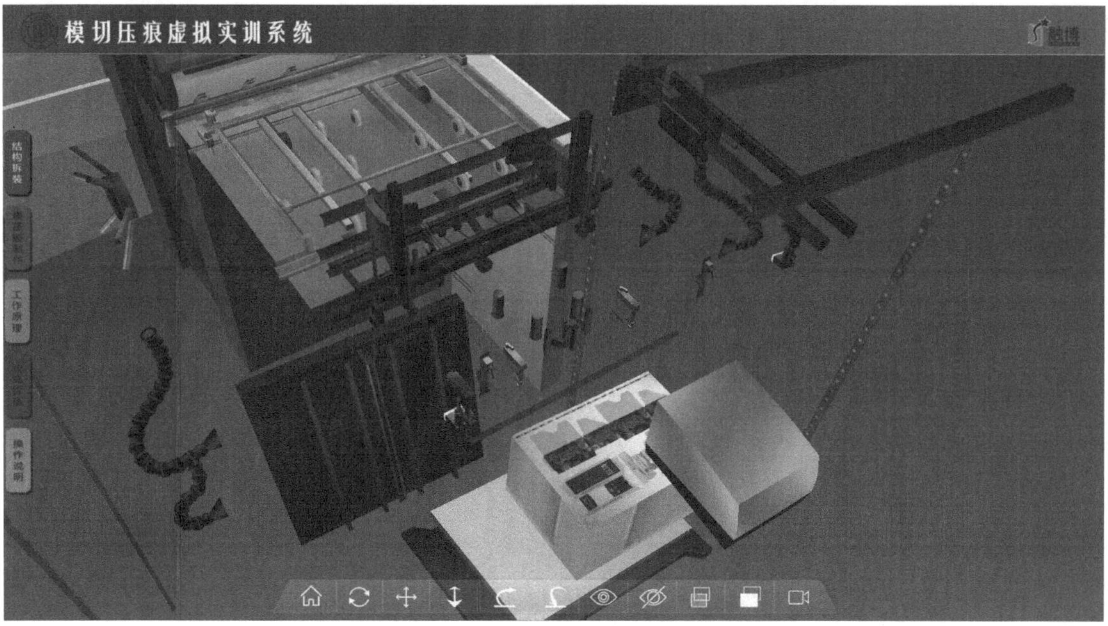

图 1-39　给纸单元拆卸

（4）送纸单元拆卸。首先使用感应触控笔选择工具栏下方的拆卸按钮，然后使用感应触控笔选择要拆卸的送纸装置，主键长按，将要拆卸的送纸装置零部件移动到合适的位置，送纸单元拆卸完后如图 1-40 所示。

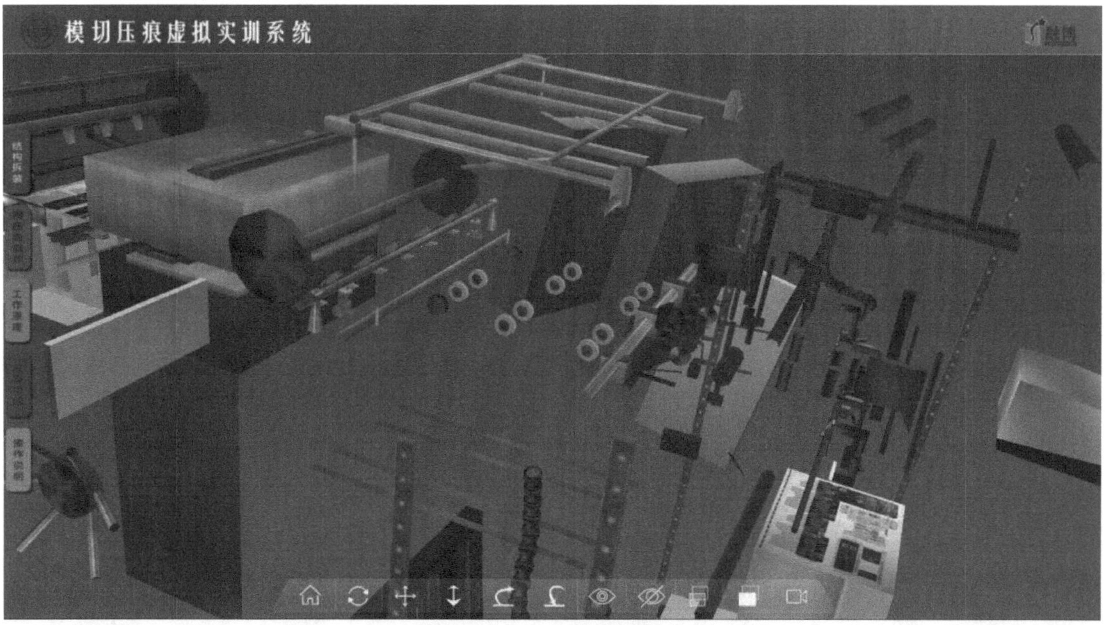

图 1-40　送纸单元拆卸

（5）模切单元拆卸。首先使用感应触控笔选择工具栏下方的拆卸按钮，然后使用感应触控笔选择要拆卸的模切装置，主键长按，将要拆卸的模切装置零部件移动到合适的位置，模切单元拆卸完后如图 1-41 所示。

图 1-41　模切单元拆卸

（6）收纸单元拆卸。首先使用感应触控笔选择工具栏下方的拆卸按钮，然后使用感应触控笔选择要拆卸的收纸装置，主键长按，将要拆卸的收纸装置零部件移动到合适的位置，收纸单元拆卸完后如图 1-42 所示。

图 1-42　收纸单元拆卸

（7）模切设备装配。所有零部件拆卸后如图 1-43 所示，使用感应触控笔选择工具栏下方的安装按钮，拆卸后的零部件自动完成安装。

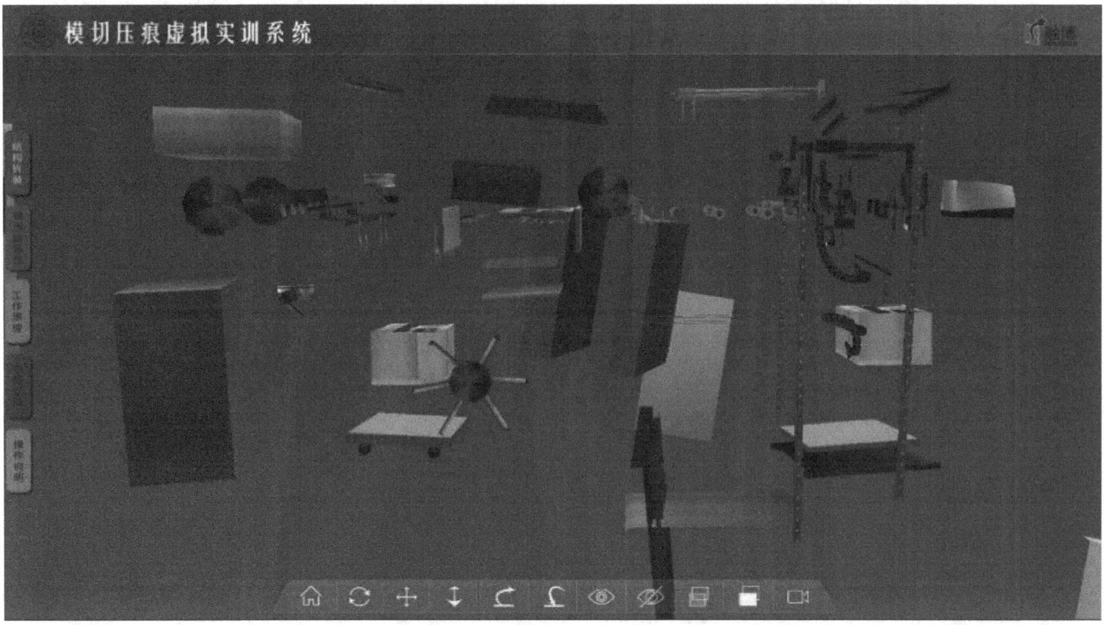

图 1-43　模切装置拆卸全览图

任务五　学习模切压痕故障排除模拟操作

模切压痕过程中常见的质量故障有：产品模切太轻、有暗线和炸线、模切位置不准确、模切刃口不光滑、纸板粘连刀版、压痕不清晰、折痕处开裂等。本书以有暗线和炸线产品故障和模切太轻产品故障为例，进行模拟操作演示。

一、有暗线和炸线产品故障排除模拟操作

1. 产生暗线和炸线的原因及解决办法

暗线是指不应有的压痕，炸线是指由于压痕压力过重导致纸板表面破裂的现象。

（1）产生原因

钢线垫纸厚度计算不准确，垫纸过低或过高；钢线选择不合适；模压机压力调整不当；纸质太差，纸张含水量过低，使其脆性增大，韧性降低等。

（2）解决方法

重新计算并调整钢线垫纸厚度，检查钢线选择是否合适，适当调整模切机的压力大小；根据模压纸板状况，调整模切压痕工艺，使两者尽量适应。压痕槽设计时，与纸张纤维方

向平行的压痕槽宽可选择略窄些，与纤维方向垂直的压痕槽宽可选择略宽些。

2. 暗线和炸线故障排除模拟操作

（1）首先根据任务 1 中的操作方法进入模切压痕虚拟实训系统，然后移动感应触控笔至界面左侧功能模块区中的【故障排除】按钮，主键点击【故障排除】按钮，屏幕初始状态显示如图 1-44 所示，此时可以开始进入故障排除模拟操作。

图 1-44　故障排除模拟操作初始界面

（2）移动感应触控笔，主键单击右侧的故障：【暗线炸线】。字体颜色变黄，故障提示按钮处弹出红色提示字体，具体操作结果如图 1-45 所示。

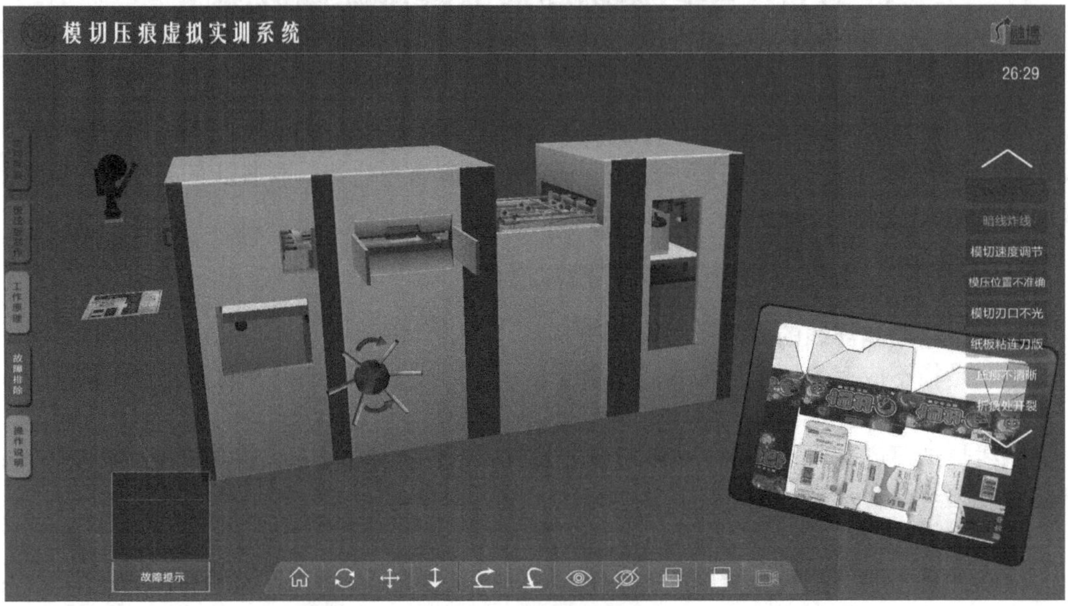

图 1-45　故障排除提示

（3）故障提示为减小压力，移动感应触控笔，主键单击模切设备旋转杆上方的逆时针旋转箭头，减小压力，如图 1-46 所示。

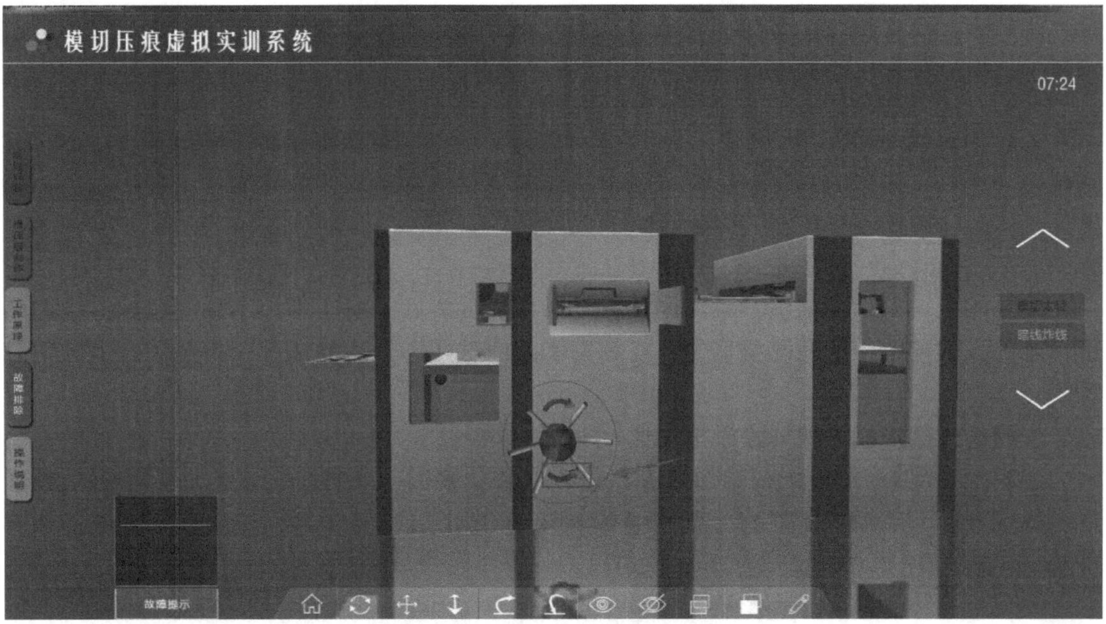

图 1-46　减小压力模拟操作

（4）故障提示字体变成白色，故障【暗线炸线】变成背景色，界面中央弹出故障排除提示，即完成故障排除操作。如图 1-47 所示。

图 1-47　故障成功排除

二、模切太轻故障排除模拟操作

1. 产生模切太轻产品故障的原因及解决办法

模切太轻主要指产品在模切压痕过程中，钢刀裁切的部位没有将产品进行完全裁切，钢线在压痕的部位压痕线不够清晰等。

（1）产生原因

在模切过程中模切压力太小，会导致产品裁切部位不能完全切断，压痕部位压痕线不清晰等故障；选用钢刀和钢线高度不够也会导致模切太轻故障，此外模切过程中钢刀和钢线压力不均，也会产生压力太轻等故障。

（2）解决办法

对于压力不足的模切版，采用增加模切版压力的方式；对于压力不均的情况，采用局部填补的方式使整个版面受压均匀；对钢刀和钢线选用不合适的情况，要选用合适的钢刀钢线进行模切。

2. 模切太轻产品故障排除模拟操作

（1）首先根据任务 1 中的操作方法进入模切压痕虚拟实训系统，然后移动感应触控笔至界面左侧功能模块区中的【故障排除】按钮，主键单击【故障排除】按钮，屏幕初始状态显示如图 1-48 所示，此时可以开始进入故障排除模拟操作。

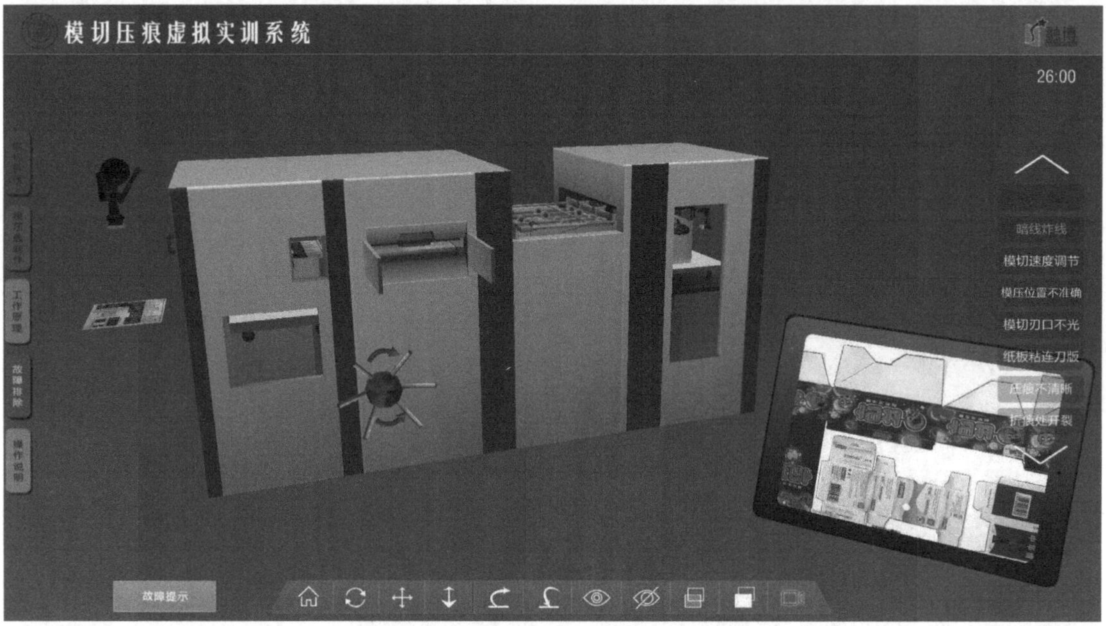

图 1-48　故障排除模拟操作初始界面

（2）移动感应触控笔，主键单击右侧的故障：【模切太轻】。字体颜色变黄，故障提示按钮处弹出红色提示字体，具体操作结果如图 1-49 所示。

（3）故障提示为“加大压力”，移动感应触控笔，主键单击模切设备旋转杆上方的顺时针旋转箭头，增大压力，如图 1-50 所示。

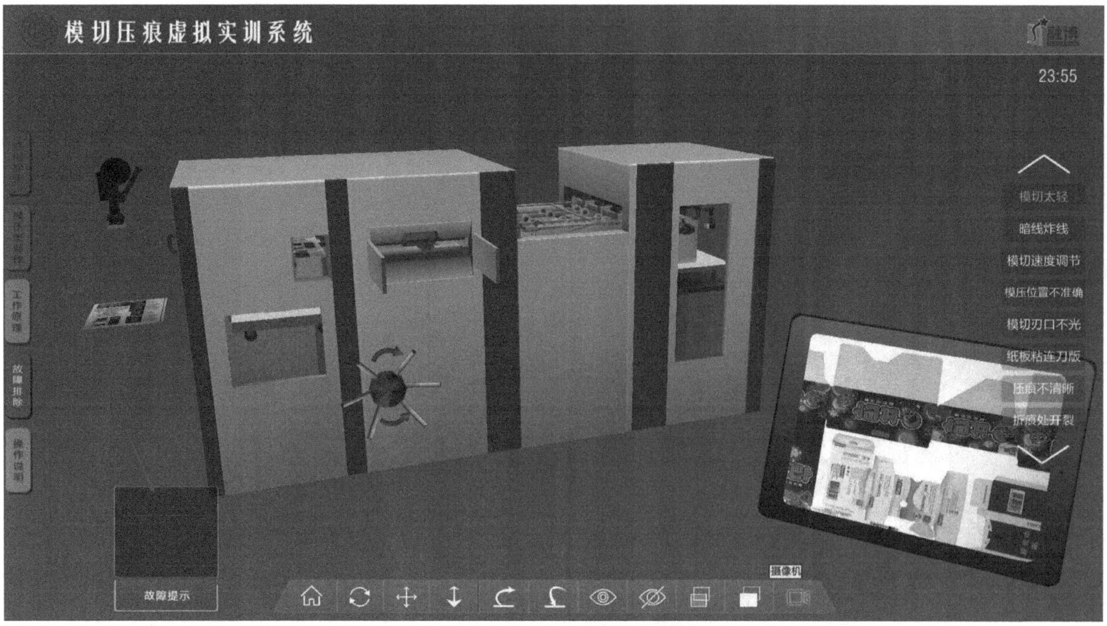

图 1-49　故障排除提示

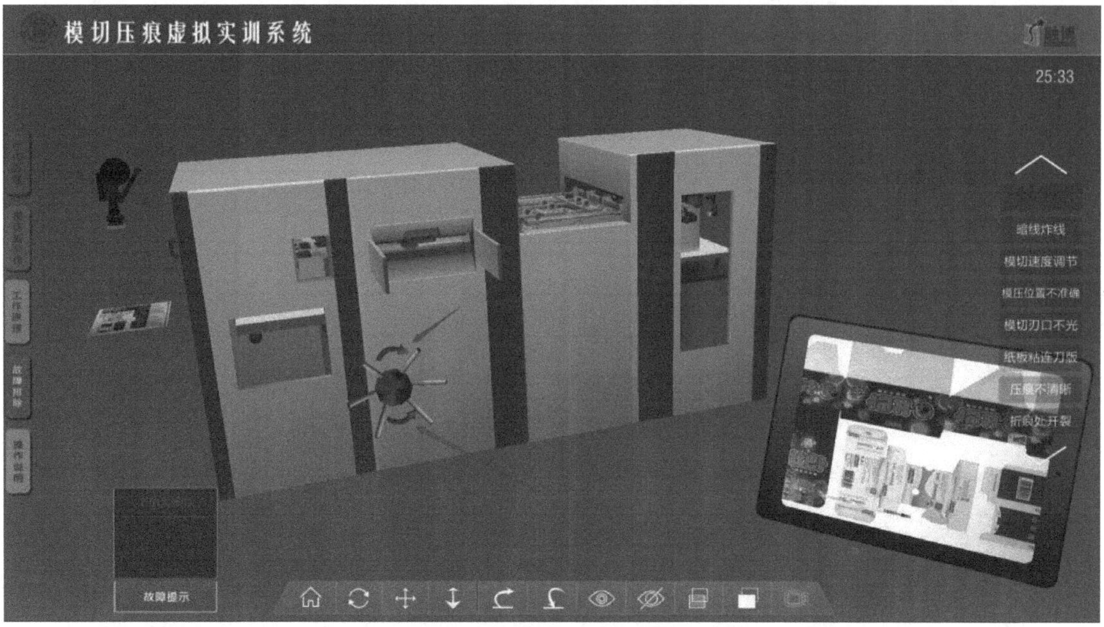

图 1-50　增大压力模拟操作

（4）故障提示字体变成白色，故障一【模切太轻】字体变成背景色，弹出故障排除恭喜提示，即表示完成故障排除操作。如图 1-51 所示。

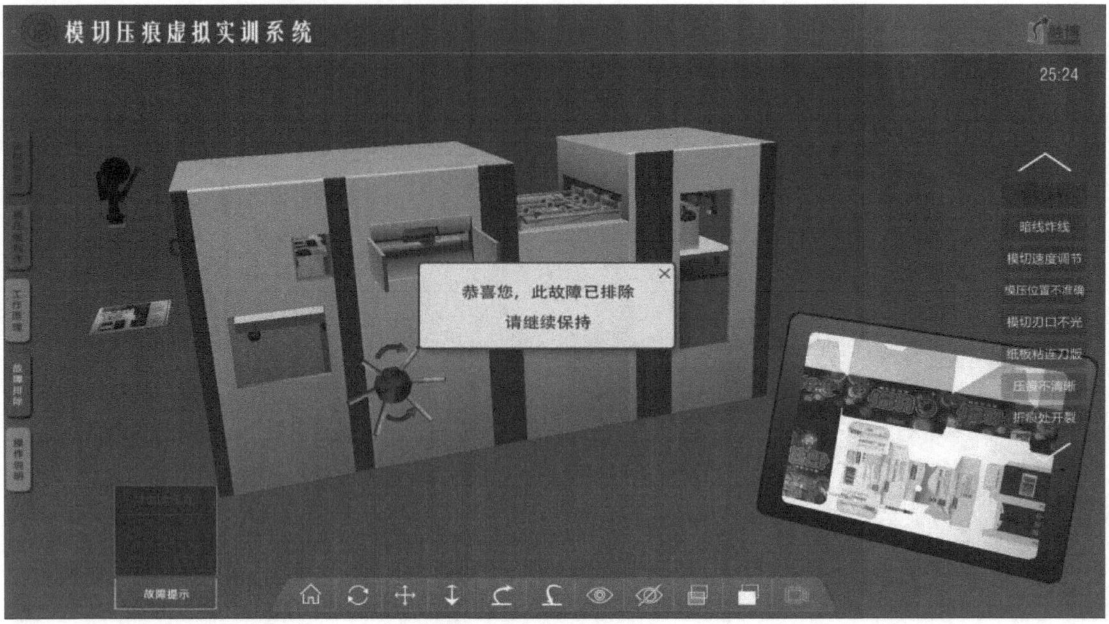

图 1-51　故障成功排除

项目小结

项目二 折页虚拟仿真实训

教学目标

通过本项目的学习，掌握折页设备的基本组成构件，折页设备的工作原理和结构拆装方法，以及折页设备的故障排除方法等。

能力目标

1. 了解折页设备的基本构成；
2. 能够简单拆装折页设备；
3. 能够排除折页生产过程中主要的故障。

知识目标

1. 能够了解虚拟仿真设备的基本组成构件及功能；
2. 能够熟悉折页设备的工作原理；
3. 了解折页故障产生的原因和排除办法。

任务一　学习折页设备的工作原理及主要结构

一、学习折页设备种类及主要结构

折页设备根据纸张类型可以分为单张纸折页设备和卷筒纸折页设备，卷筒纸折页设备根据结构原理可分为冲击式折页装置和滚折式折页装置，单张纸折页设备根据结构原理可分为刀式折页装置、栅栏式折页装置、栅刀混合式折页装置。本章节以刀式折页装置和栅栏式折页装置为例进行简要介绍。

1. 刀式折页装置

（1）工作原理

刀式折页装置主要由折刀、折页辊、盖板、挡规四部件组成，如图 2-1 所示。刀式折页机结构较复杂，所占空间大，惯性大，折页速度较低，但在进行较厚印张多折折页时，精度高。

印张由输送机构送至折页辊上面的盖板上，经挡规定位后，折刀下落，将印张压入两根折页辊之间，折刀下落到距离折页辊中心线大约 4mm 时，开始向上返回。印张在折页辊带动下，继续向下完成后续的折页。

两折页辊中，一根是固定折页辊，只作旋转运动，另一根是浮动折页辊，除做旋转运动外，还随印张的厚度变化相应浮动，以保证折页精度。如果是多折折页，在折页机上需安装多个折页装置。如上述原理，第一折页完成后，切断刀在印张中间进行切断，打孔刀在二折线上进行打孔，被切断和打孔的一折书帖由传送带传送到二折工位，重复一折过程，如此反复完成三折和四折的工艺。

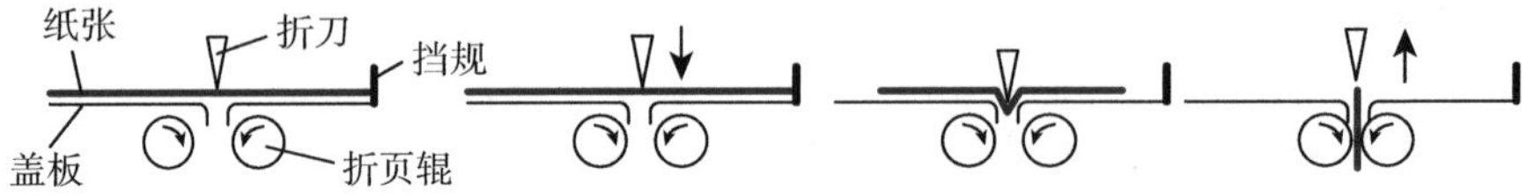

图 2-1　刀式折页装置工作原理

（2）主要结构

a. 折刀

折刀运动形式很多，一般有往复摆动式、往复移动式两种。往复摆动式主要是利用凸轮摆杆机构使折刀往复摆动，凸轮转动推动滚子，使摆杆往复摆动，折刀安装在摆杆上，也随摆杆往复摆动，完成折页工作。

往复摆动式折刀结构简单，占空间小，但往复摆动惯性大，精度低，主要用在四折页组成的刀式折页机的第三、四折页组。往复移动式折刀结构复杂，占空间大，往复移动惯性较小，控制精度高，多用于大幅面的第一、二折页组。小型刀式折页机一般采用往复摆动式折刀。

b. 折页辊

刀式折页机每个折页组都有两个折页辊，一个是固定折页辊，另一个是浮动折页辊，以适应书页厚度的变化。固定折页辊做旋转运动，浮动折页辊既做旋转运动又做平移运动。

2. 栅栏式折页装置

栅栏式折页机结构简单，占地少，速度高，但在进行较厚印张的多折折页时，折页精度较低。

（1）工作原理

栅栏式折页机的折页机构由折页辊、折页栅栏和挡规组成，折页机构每组有 3 个折页辊，当输纸机构将印张送到折页机构后，折页辊将印张高速送入栅栏内，在挡规和折页辊的配合下完成折页，如图 2-2 所示。

图 2-2（a）为两个相对旋转的折页辊将印张高速送入栅栏中，纸头撞到挡规上；

图 2-2（b）为印张在折页辊 A、B 作用下继续前进，被迫折弯；

图 2-2（c）为印张在折弯处进入相对旋转的折页辊 B、C 之间向下运动，完成折页。重复上述过程可完成两折或多折，如图 2-3 所示。

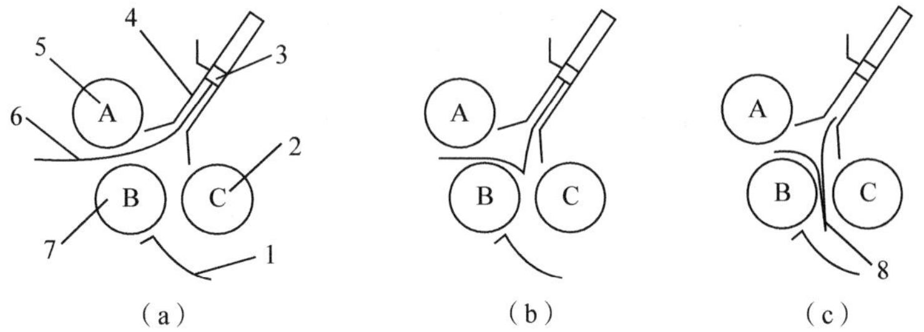

图 2-2　栅栏式折页机工作原理

1- 收帖导板；2、5、7- 折页辊；3- 挡规；4- 栅栏；6- 印张；8- 书帖

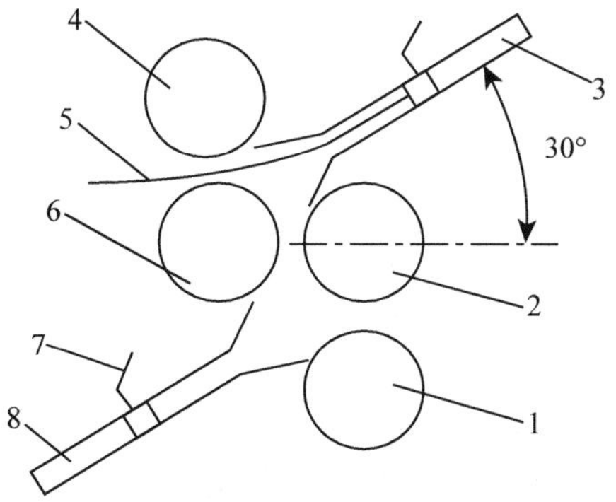

图 2-3　二折折页原理

1、6- 固定折页辊；2、4- 浮动折页辊；3- 上栅栏；5- 印张；7- 挡规；8- 下栅栏

（2）主要结构

a. 折页栅栏

折页栅栏又称篱笆，由上栅栏和下栅栏组成。两片栅栏之间安装有挡规，用来控制纸页宽度，挡规可进行高度和水平调整，还可使栅栏封闭不用，如图 2-4 所示。折页栅栏倾斜安装，一般安装角度为 30° 。栅栏可以升降，一般角度保持不变。这样既可减少折页机高度，又使印张顺利进入栅栏。栅栏的宽度大于印张最宽尺寸，印张进入栅栏后与栅栏两侧保持一定空隙，使之自由移动。

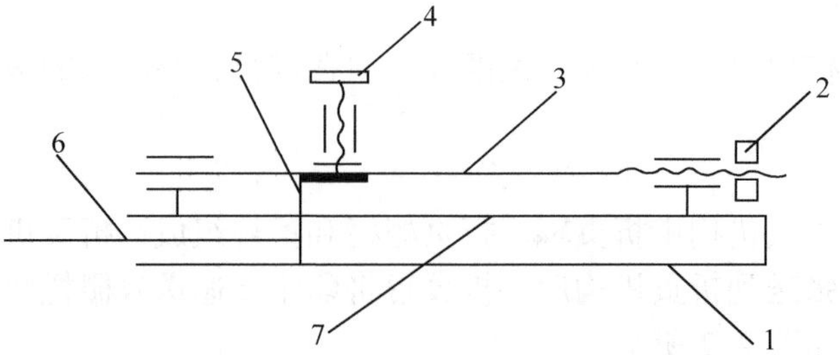

图 2-4　折页栅栏和挡规示意图

1- 下栅栏板；2- 微调螺母；3- 滑杆；4- 螺钉；5- 挡规；6- 印张；7- 上栅栏板

b. 折页辊

栅栏式折页机每组折页辊共有 3 根，如图 2-5 所示，辊 2、1、7 为一组，辊 2、7、6 为一组。由于被折印张或书页厚度变化，辊间间隙可调，因此每对折页辊中有一个轴套是可以移动的浮动辊，浮动辊可周向转动也可调节间隙；另一根折页辊为固定辊，只能作周向转动。浮动辊轴套安装在可移动的滑座中，滑座装有弹簧，由于弹簧的作用，使浮动辊与固定辊间始终保持一个极小的间隙，在工作时产生对被折书帖的挤压力，从而带动印张随折页辊运动，完成折页。

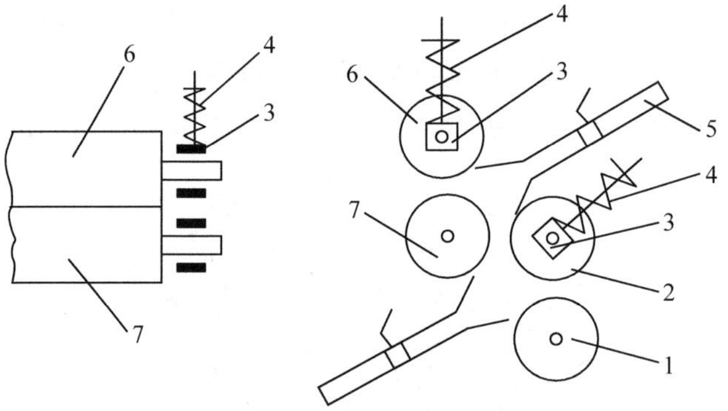

图 2-5　栅栏式折页机折页辊示意图

1、7- 固定折页辊；2、6- 浮动折页辊；3- 滑座；4- 弹簧；5- 栅栏

二、使用虚拟仿真系统学习栅栏式折页装置

1. 熟悉栅栏式折页装置虚拟操作环境

在进入印后加工虚拟仿真实训系统界面后，按住感应触控笔上的圆形主键，左右移动可选择相应的系统模块，也可以选择按住感应触控笔上的左右键，选择实训系统中的折页机模块。在选择折页机模块时，需要将控制线光标移动到模块的右下角的三角形状控件上方；如果三角形状控件发亮，说明该模块已被选中，然后点击触控笔主键，屏幕中显示“启动中，请稍后”字样，即表示正在进入折页机实训模块。进入后的折页机实训模块界面如图 2-6 所示。

图 2-6 启动折页机实训模块

移动感应触控笔，主键单击左侧选择区的【结构拆装】按钮，操作模块区显示折页设备的结构组成。将移动感应触控笔对应光标放置到折页装置中的某一个零部件时，零部件上方显示该零件的名称，主键单击工具栏下的隐藏工具按钮，可以选择性隐藏零部件，操作者可根据学习要求，选择是否需要隐藏零部件，隐藏后的零部件如图 2-7 所示。

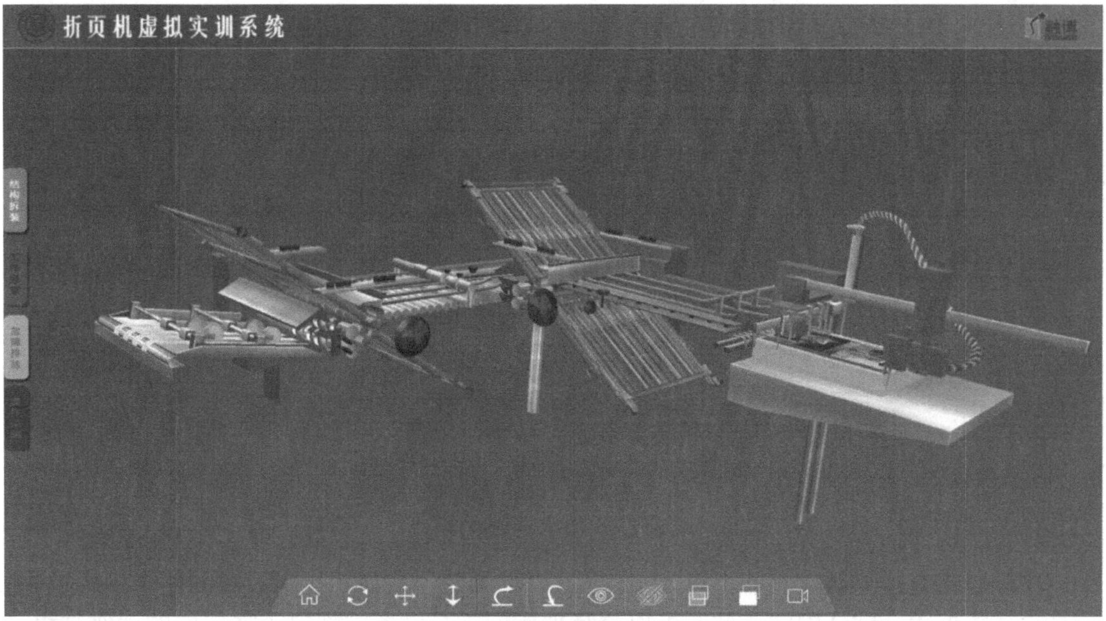

图 2-7 隐藏外壳后的栅栏式折页机

移动感应触控笔，将感应触控笔光标放置在零部件上方，左键单击零部件，可以对零部件进行拆卸，拆卸后的零部件可以移到机器周边，便于观察零部件的结构和外形，同时也便于观察机器内部机构，并对机器内部结构进行拆卸，如图 2–8 所示。拆卸完后，左键点击模块下面的功能按钮区内的安装按钮，拆卸完后的零部件按拆卸先后顺序完成零部件回位或安装。

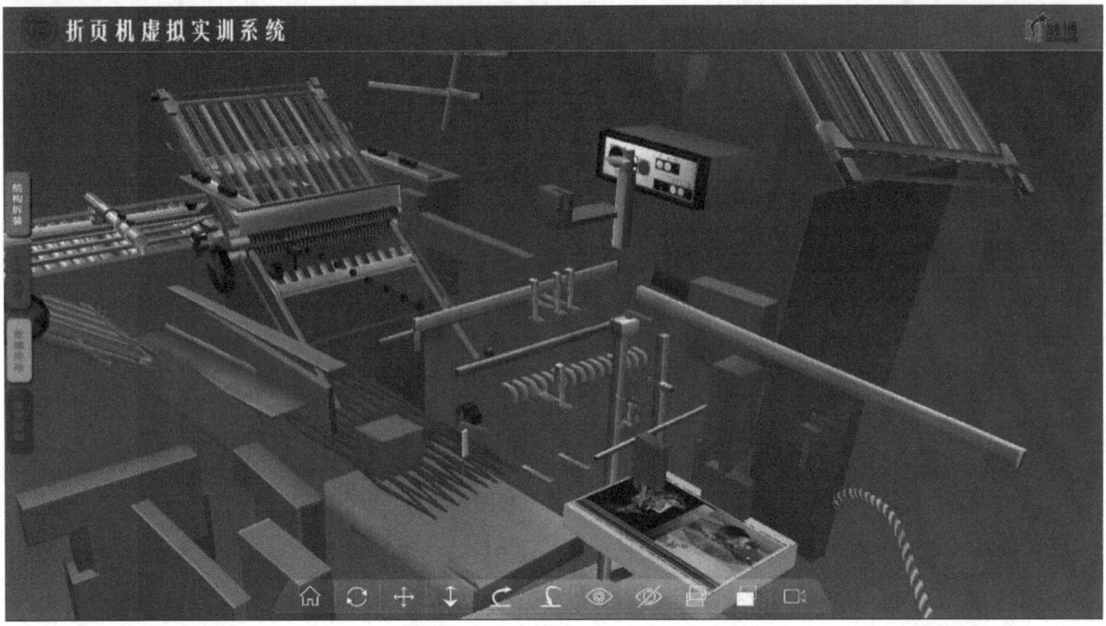

图 2–8 折页设备拆卸三维图

2. 学习折页设备工作原理

移动感应触控笔，单击模块左侧选择区的【工作原理】按钮进入折页机的工作原理界面，工作原理界面右侧显示平行折页、垂直折页、混合折页三种类型的折页原理，如图 2–9 所示。

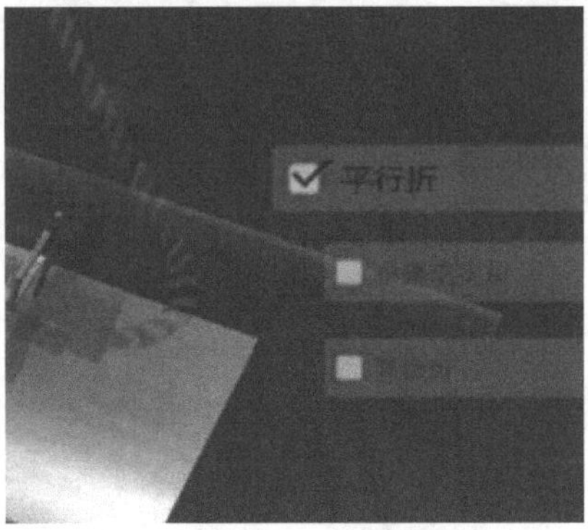

图 2–9 折页方式选择

主键单击选择界面右侧的折页方式，界面以动画的形式显示折页设备的整个工作流程。折页设备机器盖会默认隐藏，此时可以清晰地看到折页设备内部每个零部件的运作过程，如图 2–10 所示。

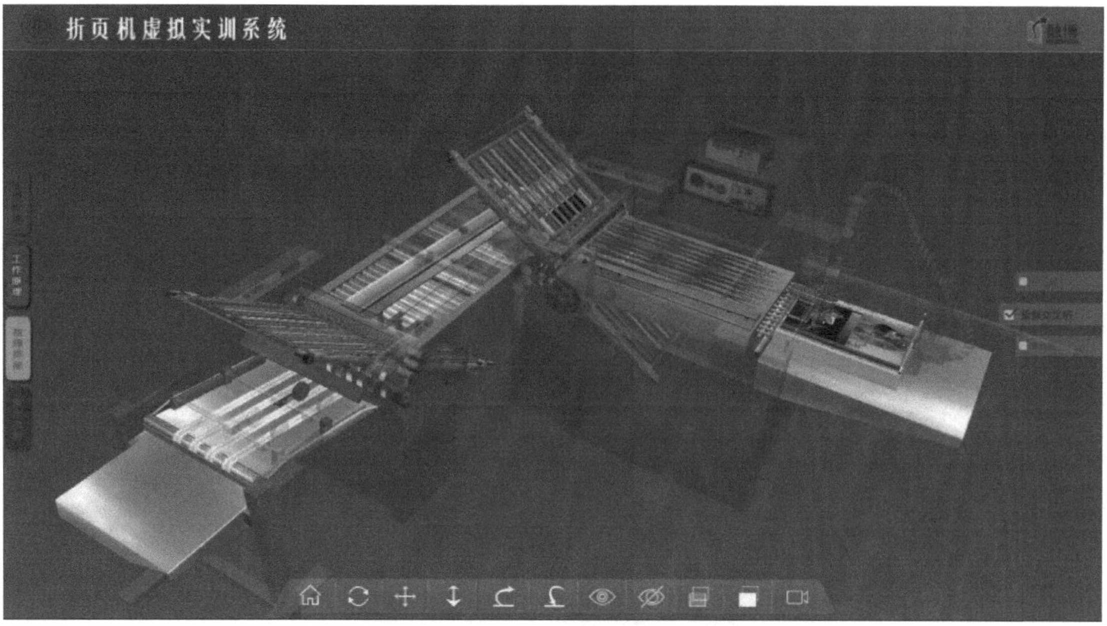

图 2-10　折页设备垂直折页工作原理图

折页设备开始工作后，给纸单元上的分纸吸嘴吸住纸堆上的第一张纸张，并进行分离，分离后的纸张被递送给接纸轮，接纸轮接过纸张，通过输纸板台，输送到栅栏上的挡板进行定位，纸张遇到栅栏里面的挡板后停止运动并产生抖动，但纸张的抖动传递到折页辊之间的空挡时，纸张弯曲变形增大，弯曲后的纸张跟导纸辊接触，在导纸辊摩擦力的作用下，使纸张完成一次折叠，折叠后的纸张落入下方的输纸平台，进入下一次折页过程。

整个折页设备工作过程以动画的形式呈现纸张从分离到输送、折页、收帖等一系列的折页过程，操作者配合工具按钮，可进行内部观察，进行折页的细致探究。

任务二　学习折页设备结构模拟拆装

折页设备结构模拟拆装步骤如下。

（1）首先根据任务 1 中的操作方法进入折页机虚拟实训系统，然后移动感应触控笔至界面左侧功能模块区，选择【结构拆装】，主键单击，进入结构拆装模拟操作界面，如图 2-11 所示。

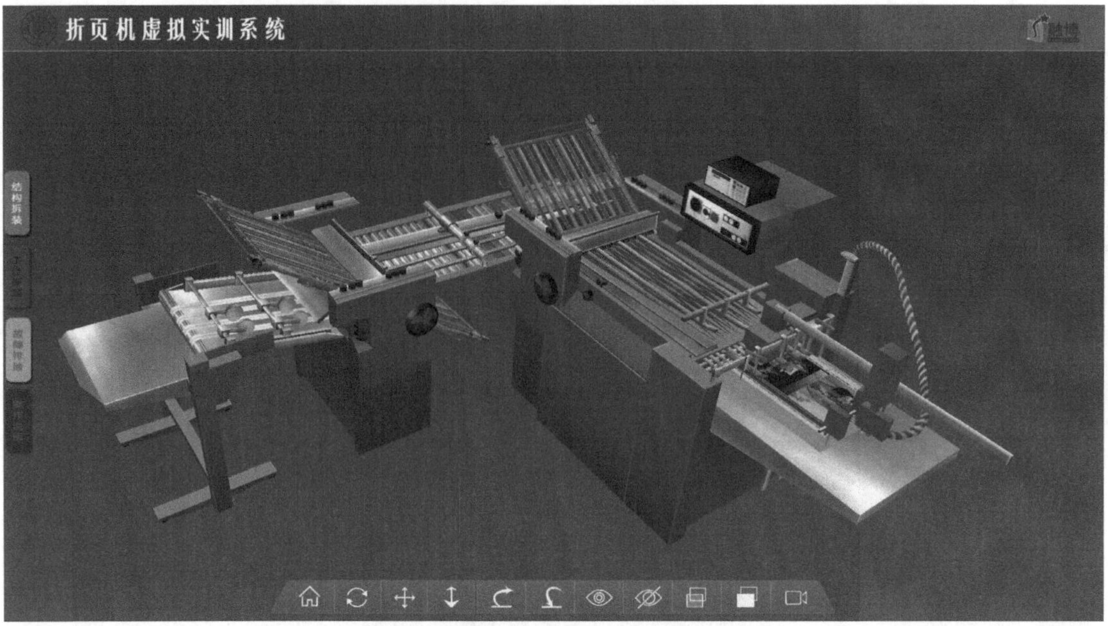

图 2-11　折页设备结构模拟拆装操作界面

（2）外壳拆卸，首先使用感应触控笔选择工具栏下方的拆卸按钮，然后使用感应触控笔选择要拆卸的外盒，主键长按，将要拆卸的外壳移动到合适的位置，根据纸张的运动线路，将机器外壳逐一进行拆装，如图 2-12 所示。

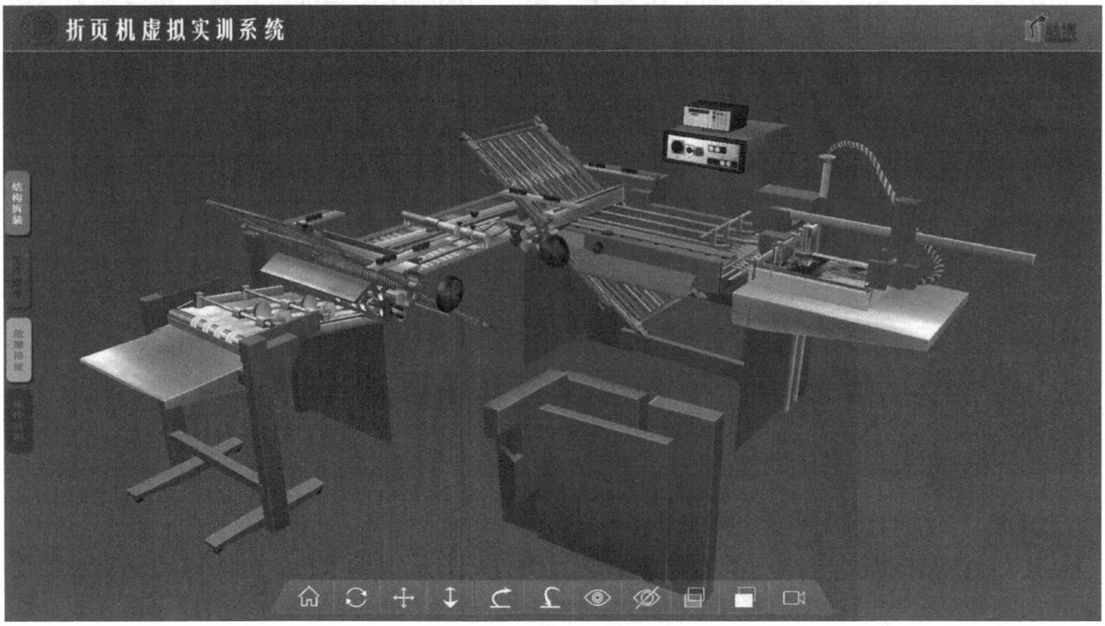

图 2-12　拆除机器外壳

（3）给纸单元拆卸。首先使用感应触控笔选择工具栏下方的拆卸按钮，然后使用感应触控笔选择要拆卸的给纸装置，主键长按，将要拆卸的给纸装置零部件移动到合适的位置，给纸单元拆卸完后如图 2-13 所示。

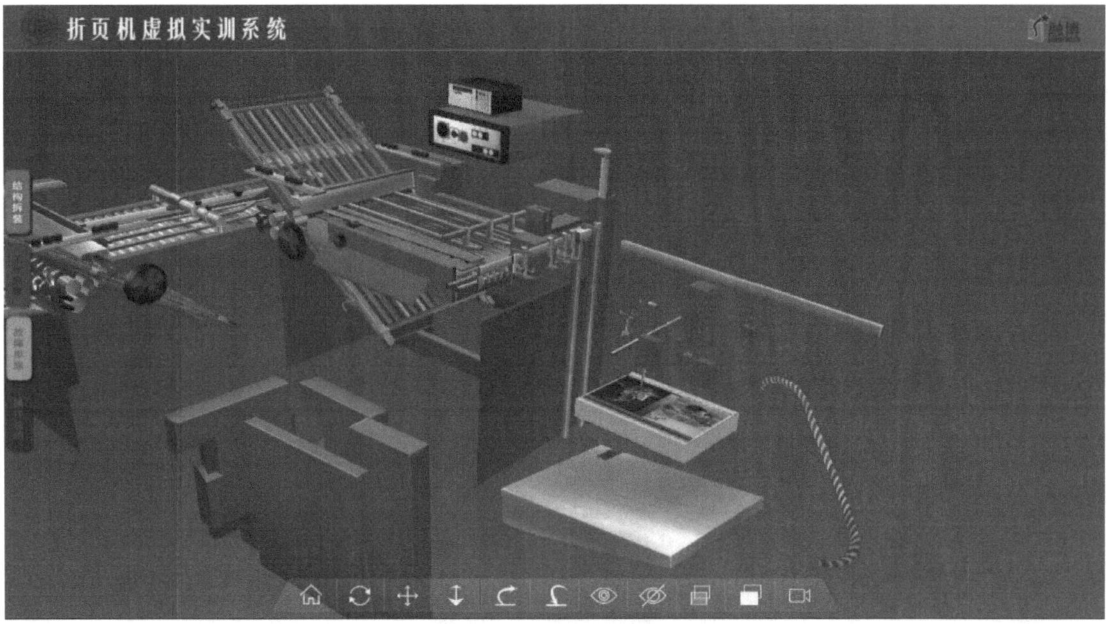

图 2-13　给纸单元拆卸

（4）输纸单元拆卸。首先使用感应触控笔选择工具栏下方的拆卸按钮，然后使用感应触控笔选择要拆卸的输纸装置，主键长按，将要拆卸的输纸装置零部件移动到合适的位置，输纸单元拆卸完后如图 2-14 所示。

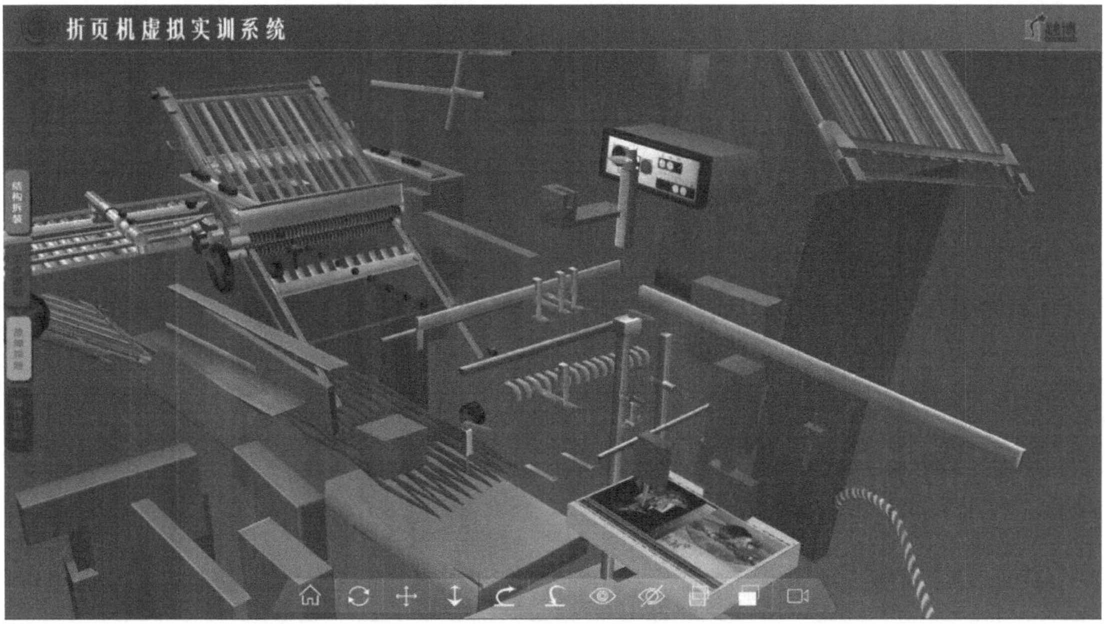

图 2-14　输纸单元拆卸

（5）折页辊拆卸。首先使用感应触控笔选择工具栏下方的拆卸按钮，然后使用感应触控笔选择要拆卸的折页辊，主键长按，将要拆卸的折页辊零部件移动到合适的位置，折页辊拆卸过程如图 2-15 所示。

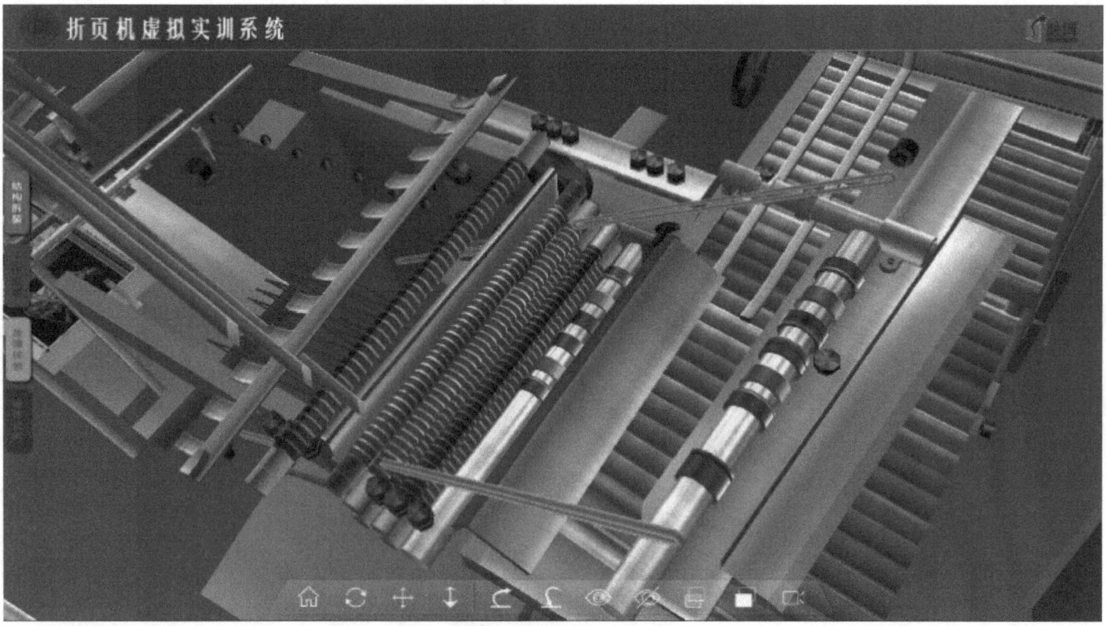

图 2-15　折页辊拆卸

（6）收纸单元拆卸，首先使用感应触控笔选择工具栏下方的拆卸按钮，然后使用感应触控笔选择要拆卸的收纸装置，主键长按，将要拆卸的收纸装置零部件移动到合适的位置，收纸单元拆卸完后如图 2-16 所示。

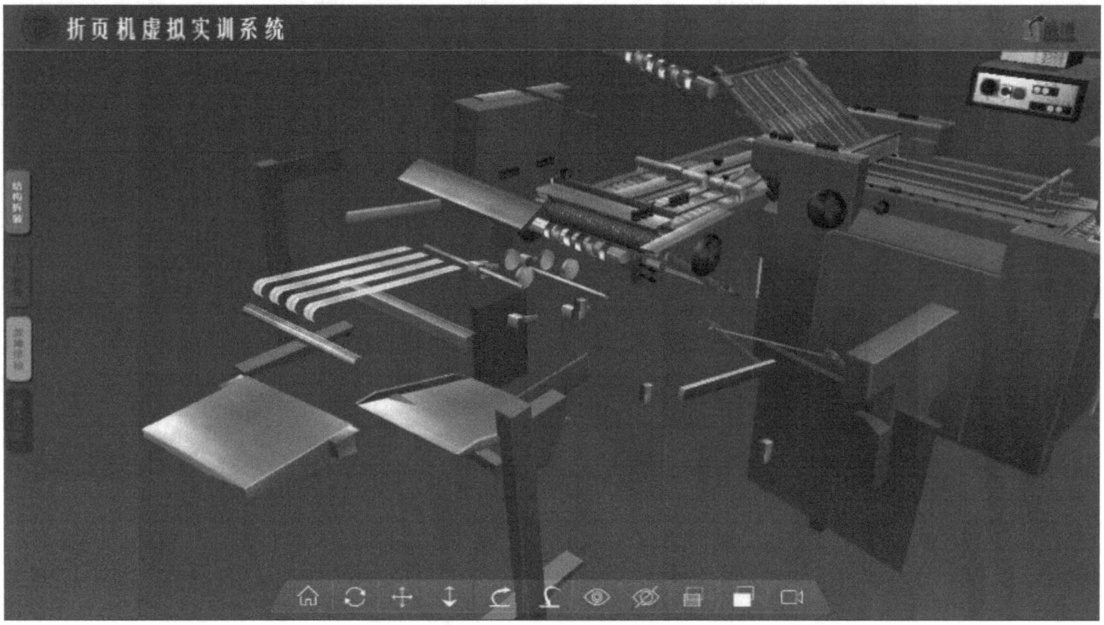

图 2-16　收纸单元拆卸

（7）折页设备装配。所用零部件拆卸后，使用感应触控笔选择工具栏下方的安装按钮，单击感应触控笔右键，所选中的模型部件会立刻安装回折页机模型，如图 2-17 所示。

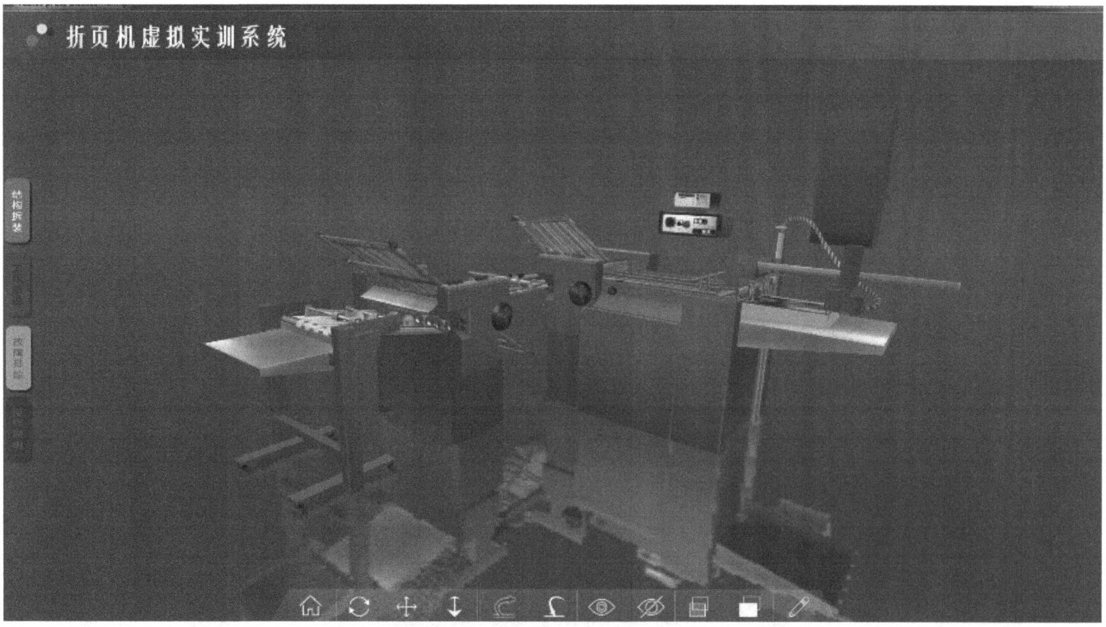

图 2-17　折页装置安装后效果

任务三　学习折页机故障排除模拟操作

折页过程中常见的质量故障有：纸堆不平整、吸嘴上下运动不畅（已成为吸嘴上下不灵）、风轮吸纸不畅、吸嘴吸纸不畅、风轮处阻纸、输纸速度不均匀、送纸不顺利、一二三折故障、输纸双张或多张、折痕不准、纸张在折线处开裂、破损等。本章以纸堆不平整、吸嘴上下运动不畅、输纸过程中出现双张或多张、折痕不准、折线处开裂或破损为例，进行简要说明和模拟操作演示。

一、纸堆不平整故障排除模拟操作

1. 产生纸堆不平整的原因及解决办法

（1）产生原因

纸张产品质量差，产品尺寸稳定性不好，导致纸张的厚度不均匀，从而导致纸堆不平整。此外，纸张在仓库放置过程中，环境温湿度不稳定，湿度太大导致纸张起皱，湿度太低导致纸边弯曲，从而导致纸堆不平整。纸堆在放置过程中产生静电，导致纸张蓬松，纸边发翘，同样也会导致纸堆不平整。

（2）解决办法

可在纸堆的底部或者中间插入楔形块，楔形块插入的位置根据纸堆的不平整位置来确定。对于环境温湿度不稳定导致纸堆发翘的情况，可以使用抖纸方式使纸张表面平整。对于静电的原因导致纸边蓬松的情况，可使用通过去除静电的方式使纸张平整。

2. 纸堆不平整故障排除模拟操作

（1）首先根据任务 1 中的操作方法进入折页虚拟实训系统，然后移动感应触控笔至界面左侧功能模块区中的【故障排除】按钮，主键单击【故障排除】按钮，屏幕初始状态显示如图 2-18 所示，此时开始进入故障排除模拟操作。

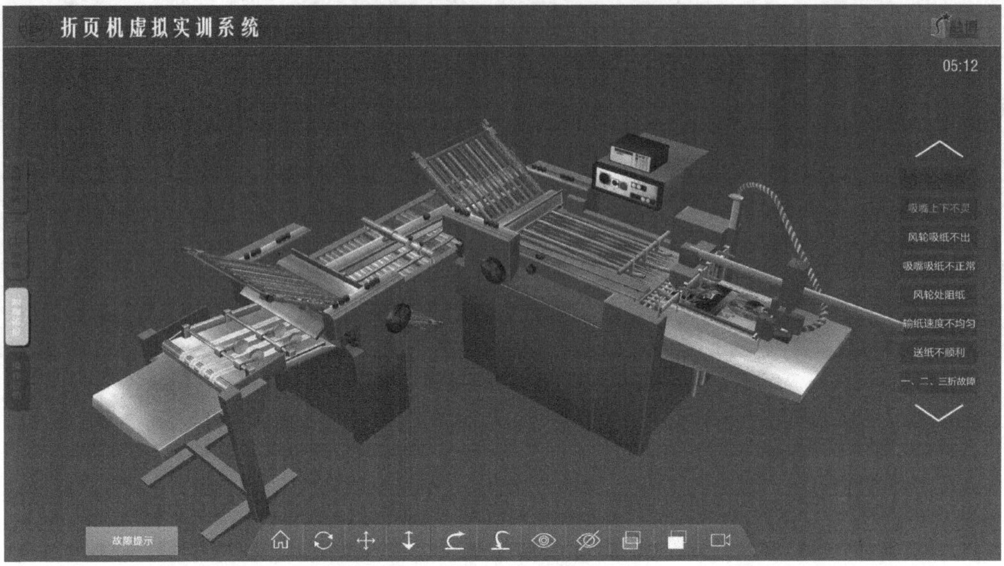

图 2-18　故障排除初始界面

（2）移动感应触控笔，主键单击右侧故障菜单栏中的故障【纸堆不平整】，然后字体颜色变黄，界面右下角出现一块红色的小木块，感应触控笔主键单击故障提示，弹出红色字体的故障提示内容，操作结果如图 2-19 所示。

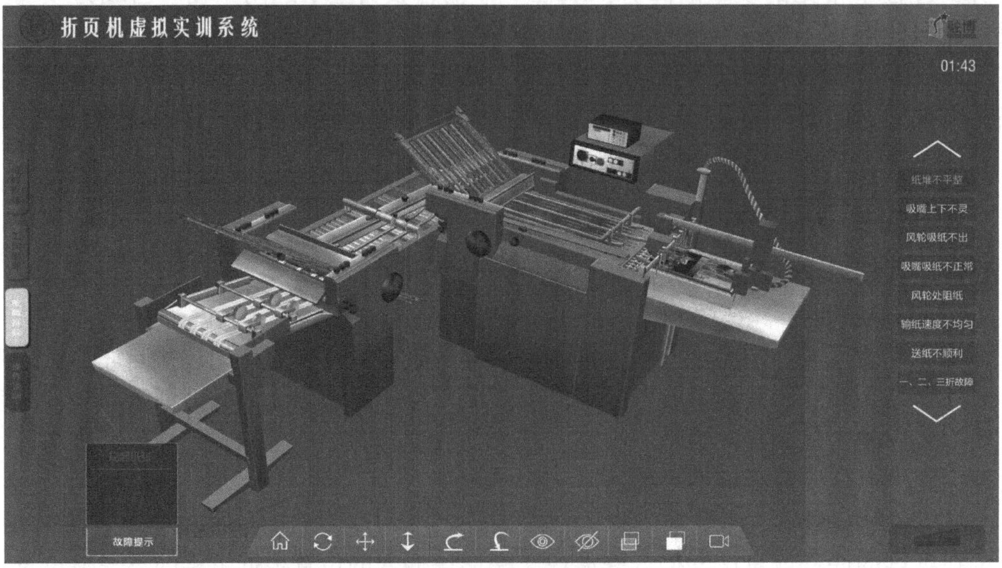

图 2-19　纸堆不平整故障

（3）根据故障提示，利用感应触控笔移动操作模型，将纸堆调整到第一视角下，具体操作结果如图 2-20 所示。

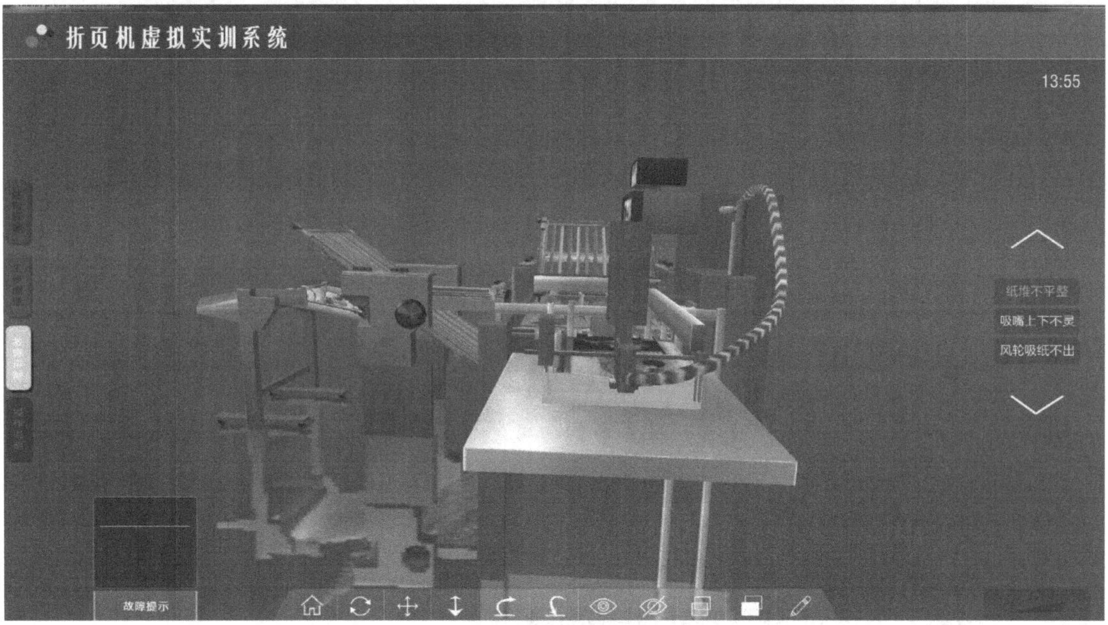

图 2-20　调整视角

（4）利用感应触控笔主键，单击右下角的红色小木块，同时按住主键，移动至纸堆下方，将纸堆垫平整，如图 2-21 所示。

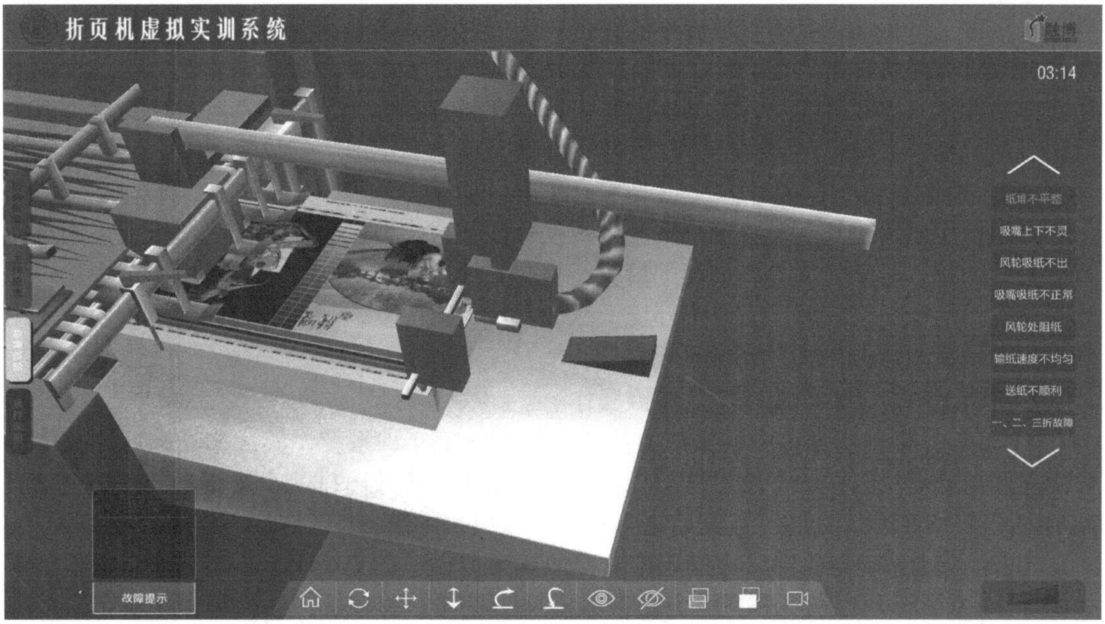

图 2-21　垫平整纸堆

（5）将纸堆垫平整后，折页机正常出纸，界面提示故障成功排除，故障字体颜色由黄变蓝，故障提示字体由红色变成白色，即故障已经排除。如图 2-22 所示。

图 2-22　故障排除

二、吸嘴上下运动不畅故障排除模拟操作

1. 产生吸嘴上下运动不畅故障的原因及解决办法

（1）产生原因

吸嘴使用次数过多、时间过长，导致吸嘴的伸缩金属管磨损严重，吸嘴漏气，导致吸嘴无法正常上下运动；吸嘴管道内部弹簧使用时间过长，弹簧弹性降低，回弹力不足，也容易导致吸嘴无法正常上下运动；此外，因使用时间过长或使用次数过多，吸嘴的橡皮老化，弹性降低，导致吸嘴上下运动不顺畅。同时，折页环境比较恶劣，环境中灰尘过多，纸张表面粗糙，纸屑过多时也会堵塞活塞，导致吸嘴上下运动不畅故障。

（2）排除方法

对于使用时间过长、发生老化现象，或使用次数过多、发生磨损的吸嘴，应采用更换新活塞的办法；对于弹簧弹力不足的情况，也要更换新的弹簧；对于因环境中灰尘过多导致吸嘴上下运动不畅故障，应改善环境，提高环境的洁净度，增加环境的湿度，同时采用表面相对光滑的纸张，减少纸粉的产生。

2. 吸嘴上下运动不畅故障排除模拟操作

（1）首先根据任务 1 中的操作方法进入折页虚拟实训系统，然后移动感应触控笔至界面左侧功能模块区中的【故障排除】按钮，主键单击【故障排除】按钮，屏幕初始状态显示如图 2-18 所示，此时可以开始进入故障排除模拟操作。

（2）移动感应触控笔，主键单击右侧故障菜单栏中的【吸嘴上下不灵】，操作结果如图 2-23 所示，同时在屏幕左下方出现故障提示按钮，移动感应触控笔，主键单击故障提示按钮，可得故障提示为：更换吸嘴，如图 2-23 所示。

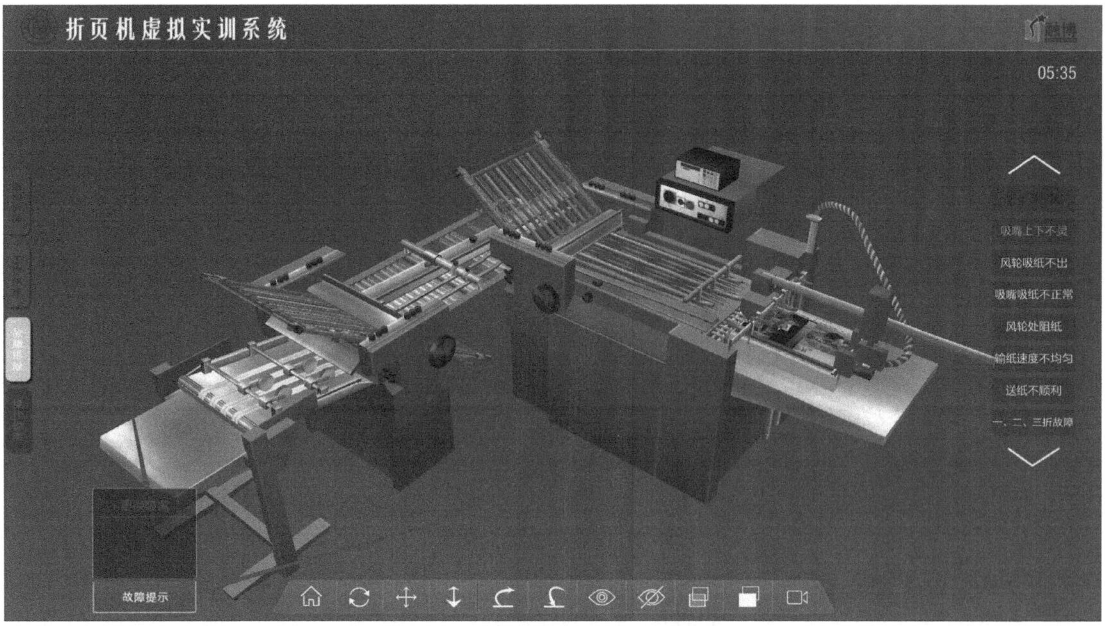

图 2-23　吸嘴上下运动不畅故障

（3）根据操作提示：更换吸嘴。利用感应触控笔，将吸嘴调整到第一视角下，操作结果如图 2-24 所示。

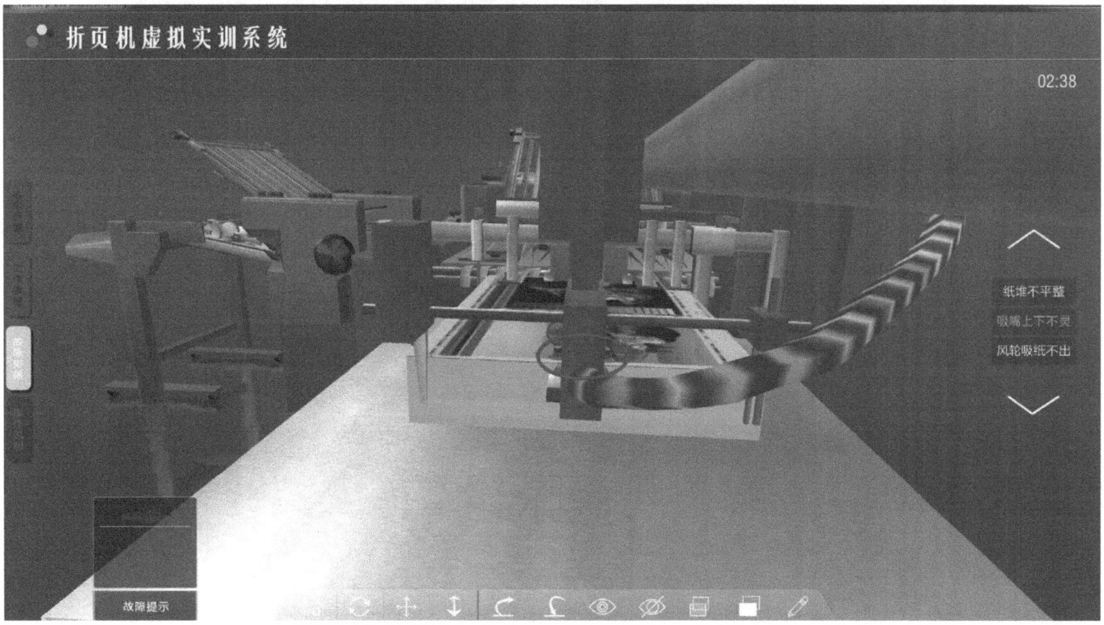

图 2-24　调整视角

（4）移动感应触控笔，主键单击模型中的吸嘴，更换操作如图 2-25 所示。

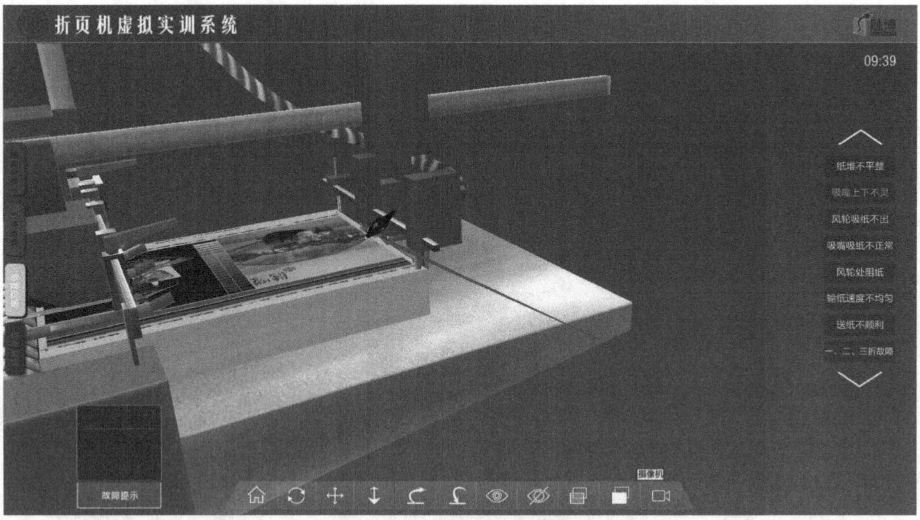

图 2-25　点击更换吸嘴

（5）吸嘴更换完成后，界面提示故障排除成功，操作结果如图 2-26 所示。

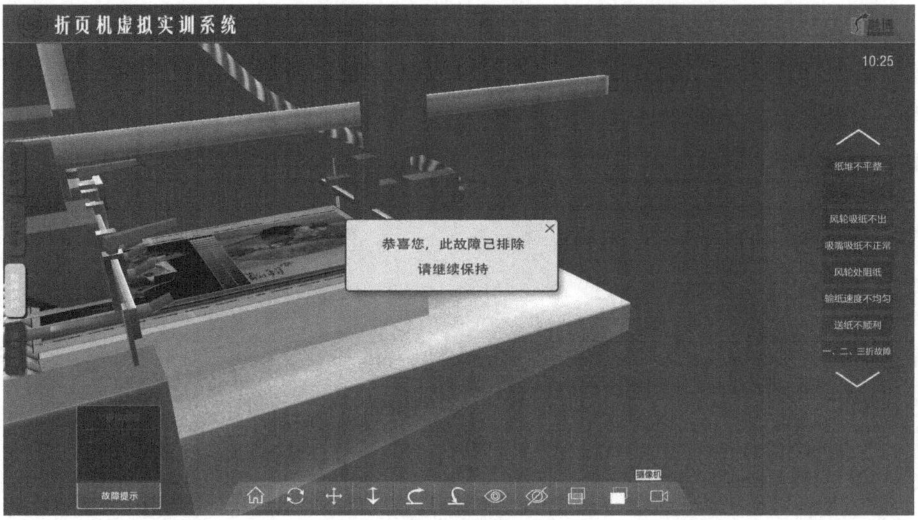

图 2-26　故障排除成功

项目小结

项目三 烫印虚拟仿真实训

教学目标

通过本项目的学习，掌握烫印设备的基本组成构件，熟悉烫印设备的工作原理和结构拆装方法，以及烫印设备的模拟操作和故障排除方法等。

能力目标

1. 了解烫印设备的基本构成；
2. 能够简单拆装烫印设备；
3. 能够完成烫印设备的模拟操作；
4. 能够排除烫印生产过程中主要的故障。

知识目标

1. 了解虚拟仿真设备的基本组成及功能；
2. 熟悉烫印设备的工作原理；
3. 了解烫印故障产生的原因和排除办法。

任务一　学习烫印设备的工作原理及工艺流程

一、学习烫印种类及工艺流程

烫印也称烫金、烫箔，是指以金属箔或颜料箔为烫印材料，通过热压或其他方式，将烫印材料转印到印刷品或其他物品表面，提高产品装饰效果的一种印后加工工艺。烫印可分为金属箔烫印、电化铝烫印和粉箔烫印，目前大部分印后企业采用的是电化铝烫印工艺。由于印刷品的用途、要求不同，烫印的形式也有所不同。根据烫印温度的不同可分为冷烫工艺和热烫工艺；根据烫印效果可分为平面烫印、立体烫印和全息烫印；根据烫印材料的不同可分为金箔烫印、银箔烫印、铜箔烫印、铝箔烫印、粉箔烫印、电化铝烫印。其中，较为常见的为电化铝烫印。

1. 烫印材料种类

烫印材料是指在纸张、织品、皮革、涂布面料等材料上，用热压方法烫粘上各种图文的材料，如金属箔、电化铝箔、粉箔等。下面对几种烫印材料进行简要介绍。

（1）金箔

金箔也称赤金箔，是用纯金延展成的极薄箔片烫印材料。纯金外表十分华丽、质地柔软、化学性能稳定，不容易氧化而失去光泽，而且延展性能是金属中最好的一种，用于烫金的金箔其延展的厚度仅有 1μm 左右。

采用金箔进行烫印难度较大，需要有一定的操作技能和经验，烫印出的产品颜色和光泽具有很长的持久性，但金箔价格昂贵，因此限制了它的使用范围，只限于在有价值的贵重书籍、珍贵画册和一些高档的包装品上进行装饰使用，而一般书刊和包装品的金色均用电化铝替代。

（2）银箔

银箔是以纯白银经延展成箔的烫印材料。白银质软，延展性仅次于纯金，因此纯银箔比赤金箔略厚。白银外表华丽、化学性能较稳定、宜长久保存，但价格比金便宜得多，也是一种贵重材料。在没有电化铝箔以前，银色的印迹都是用白银制箔烫印的。

（3）铜箔

铜的延展性不如纯金和白银，因此铜箔的制作方法是在用树脂或蜡类物质浸润过的透明纸基上，压上一层树脂黏结料，并在树脂黏结料上面涂撒黄铜粉，再用胶辊将其压匀，待树脂粘结层干燥后，铜粉成为薄片状，制成铜箔烫印材料。

铜在空气中易被氧化而变成暗褐色，烫印后的图文经过一段时间后会失去原有光泽。因为铜箔的铜粉是涂在纸基的树脂胶层上被黏结的，所以容易因摩擦而脱落。因此，常把铜箔烫印在封面的凹处，或加大烫印压力使印迹压深，以减少摩擦，确保铜粉不会脱落。

（4）铝箔

铝箔是用金属铝直接压延成薄片的一种烫印材料。在没有电化铝箔以前，除需要用白银烫印银色外，其余均用铝箔代替，因此铝箔也称假银箔。

铝的质地柔软、延展性能好，具有银白色的光泽，如果将铝压延后的薄片，用硅酸钠等物质裱糊在胶版纸上，制成铝箔片，还可在上面印刷油墨，作为各种高级包装纸使用。但铝箔本身易氧化颜色变暗，摩擦触摸也会使铝箔掉色，因此铝箔不宜用在需长久保存的包装品上。

（5）电化铝

电化铝箔是目前烫金加工中使用最为广泛的材料，它是一种在薄膜片基上真空蒸镀一层金属材料而制成的烫印材料。电化铝箔可代替金属箔作为装饰材料，具有色泽鲜艳、金属光泽性好、使用方便等特点，适用于纸张、塑料、皮革、涂布面料、有机玻璃、塑料等材料上进行烫印。常用的电化铝箔由 5 层不同材料构成，如图 3-1 所示。

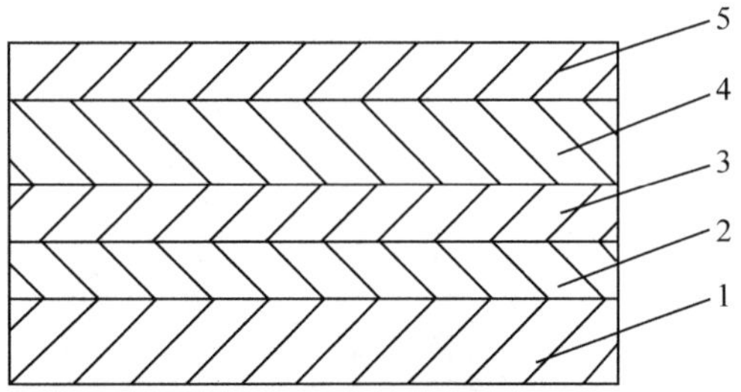

图 3-1　电化铝箔的构成

1- 片基层；2- 隔离层；3- 染色层；4- 镀铝层；5- 胶黏层

a. 片基层

片基层也称基膜层，为双向拉伸涤纶薄膜或聚酯薄膜，主要作用是支撑依附在其上面的各涂层，便于加工时的连续烫印。片基层厚度在 12 ～ 25μm，国内通常使用 16μm 厚的聚酯薄膜，国外用 12μm 厚的聚酯薄膜。

b. 隔离层

隔离层也称为剥离层、脱离层，一般为有机硅树脂等涂布而成。主要作用是在烫印（加热加压）后，使色料、铝、胶层，能迅速脱离聚酯薄膜而被转移到黏结在被烫印物体的表面上。脱离层要有较好的脱落性能，否则会使烫印的图文模糊不清，影响烫印的产品质量。

c. 染色层

染色层是电化铝箔的色彩层，主要成分是合成树脂和染料。染色层的主要作用有两个，一是显示颜色；二是保护烫印在物品表面的镀铝层图文不被氧化。

d. 镀铝层

镀铝层是指通过真空镀铝工序，在薄膜表面镀一层薄且均匀的铝层。镀铝层的主要作用是利用了铝的高反射性，能较好地反射光线，呈现出光彩夺目的金属光泽，使染色层的颜色更加耀眼。

e. 胶黏层

胶黏层一般为易熔的热塑性树脂，主要作用是在烫印时，经过加热加压，电化铝箔与被烫物体接触，将镀铝层和染色层粘贴在被烫物体的表面。同时在储存与运输途中，胶黏层还起到保护电化铝箔的作用。

2. 烫印设备种类

根据烫印方式不同，烫印机可分为平压平烫印机、圆压平烫印机、圆压圆烫印机；根据烫印色数不同，烫印机可以分为单色烫印机、多色烫印机；根据自动化程度不同，烫印机可分为手动烫印机、半自动烫印机和自动烫印机；根据整机形式的不同，烫印机可分为立式烫印机和卧式烫印机。本节以平压平烫印机、圆压平烫印机、圆压圆烫印机为例进行简要介绍。

（1）平压平烫印机

平压平烫印机因烫印压力大，设备简单，操作方便，烫印质量高，所以被广泛使用。现在市场上主要有立式平压平烫印机和卧式平压平烫印机，如图 3-2、图 3-3 所示。

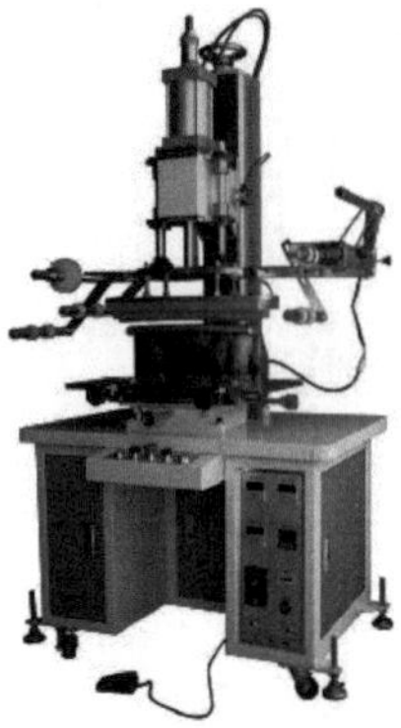

图 3-2　立式平压平烫印机

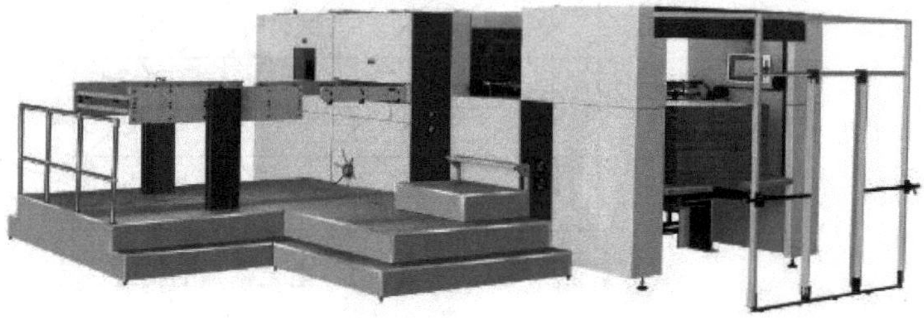

图 3-3　卧式平压平烫印机

平压平烫印机主要由机架、烫印装置和电化铝箔传送装置组成。机身机架包括机身及输纸台、收纸台。烫印装置包括电热板、烫印版、合压机构和底板：电热板固定在印版平台上，电热板内装有功率为 600 ～ 2500W 的迂回式电热丝；底板为厚度约为 7mm 的铝板，用来粘贴烫印版；烫印版是腐蚀的铜版或锌版，特点是传热性好、不易变形、耐压、耐磨。

电化铝箔传送装置是由放卷轴、放卷辊和助送辊、电化铝收卷辊和进给机构组成的。电化铝被装在放卷轴上，烫印后的电化铝在两根送卷辊之间通过，由凸轮、连杆、棘轮、棘爪所构成的进给机构带动送卷轴的间歇转动，送卷辊的间歇转动，带动电化铝的进给，进给的距离设定为所烫印图案的长度。

（2）圆压平烫印机

圆压平烫印机的结构一般与两回转式凸印机基本相同，就是将凸印机的输墨装置改造为电化铝箔供卷和收卷装置，如图 3-4 所示。

圆压平烫印机的烫印速度通常在每小时 1000 ～ 3000 张，一般使用小直径的箔卷，不适用于高速大批量生产。圆压平烫印机在工作时烫印箔与基材之间线性接触，可用于烫印无孔材料，如聚酯材料，也可以从事大面积烫印等平压平烫印机难以实现的工艺。

（3）圆压圆烫印机

圆压圆烫印机的出现，迎合了人们对烫印包装产品的大量需求。圆压圆烫印设备的烫印速度可达 100m/min；在滚动时冲击力小，工作状态比较稳定；两辊滚压时接触面要远小于平压平、圆压平烫印机，圆压圆烫印面积可达接触面积的 70%。电化铝箔的速度由控制装置通过伺服电机控制，当两辊对滚时，电化铝箔上的镀铝层和颜料层在压力和黏合剂的作用下转移到纸带上。圆压圆烫印机的原理如图 3-5 所示。

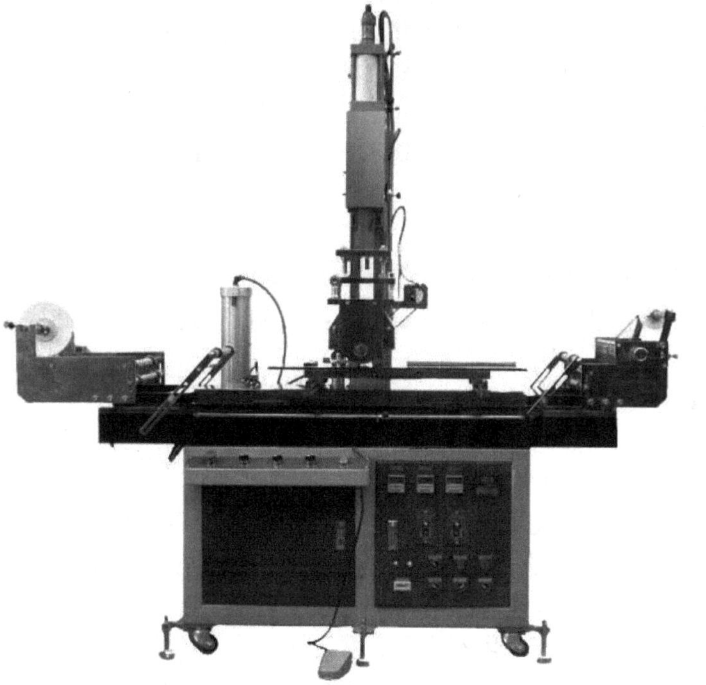

图 3-4　圆压平烫印机

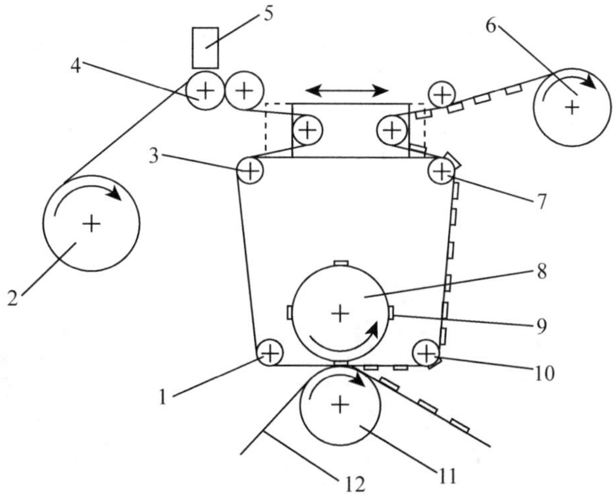

图 3-5　圆压圆烫印机的烫印原理图

1、3、7、10- 气动辊；2- 箔纸；4- 铝箔驱动轮；5- 全息探测器；6- 废箔卷；
8- 烫印辊；9- 烫印版；11- 承压辊；12- 卷筒纸

3. 烫印工艺流程

常见的烫印工艺流程为：烫印前准备工作→装版与调节→工艺参数的确定→试烫→签样→正式烫印→抽样检查→入库

（1）烫印前准备工作

烫印前准备工作主要包括：电化铝箔的选择、检查和分切，以及烫印版的准备。

在进行烫印操作前，应对电化铝箔进行检查，首先进行电化铝箔简单的外观检查，检查薄膜表面是否有划痕、砂眼、皱褶等弊病；观察电化铝的亮度是否符合要求。检查电化铝箔质量后，根据烫印面积的大小，将宽幅的电化铝箔分切成所需的规格。

烫印版的厚度，一般为 1.5 ～ 2.5mm。要根据被烫承印物材质、厚度不同，选择合适的版材。使用前应先检查版面是否有毛刺不平、图文不清晰等弊病，要将不合格的地方腐蚀修整后再上版烫印。

（2）装版与调节

将制好的烫印版通过粘贴或者螺钉连接的方式固定在机器底板上，并调节规矩的位置，使烫印版图文部位跟承印物上烫印位置对应，同时初步调整烫印版和底版的间隙，使烫印压力基本合适。

（3）工艺参数的确定

烫印温度的确定，应根据电化铝箔的型号、性能、烫印压力、烫印面积、烫印速度、图文结构、底色墨层的厚度等情况综合考虑。

烫印压力的大小应根据被烫承印物的性质、厚度以及烫印形式决定。压力大时，要以不糊版、烫迹清晰光亮为上限；压力小时，要以烫印图案牢固、不脱落、不发花为下限。

烫印时间必须与压力、温度相互呼应，过快、过慢都有弊病。当烫印速度太快，电化铝的脱落层在瞬间尚未熔化或熔化不充分，就会导致烫印不上或印迹发花；烫印速度太慢，会导致电化铝氧化而发黑。

4. 使用虚拟仿真系统熟悉平压平烫印装置

在进入印后加工虚拟仿真实训系统界面后，按住感应触控笔上的主键，左右移动可选择相应的系统模块，也可以选择按住感应触控笔上的左右键，选择实训系统中的烫印机模块。在选择烫印机模块时，需要将控制线光标移动至模块的右下角的三角形状控件；如果三角形状控件发亮，说明该模块已被选中，然后点击感应触控笔主键，屏幕中显示“启动中，请稍后”字样，即表示正在进入烫印机实训模块。进入后的烫印机实训模块界面如图 3-6 所示。

图 3-6　启动烫印机实训模块界面

移动感应触控笔，主键单击左侧选择区的【结构拆装】按钮，操作模块区显示烫印设备的结构组成。将移动感应触控笔对应光标放置到烫印装置中的某一个零部件上时，零部件上方显示该零件的名称，主键单击工具栏下的隐藏工具按钮，可以选择性隐藏零部件，操作者可根据学习要求，选择是否需要隐藏零部件，隐藏外壳后的烫印机如图 3-7 所示。

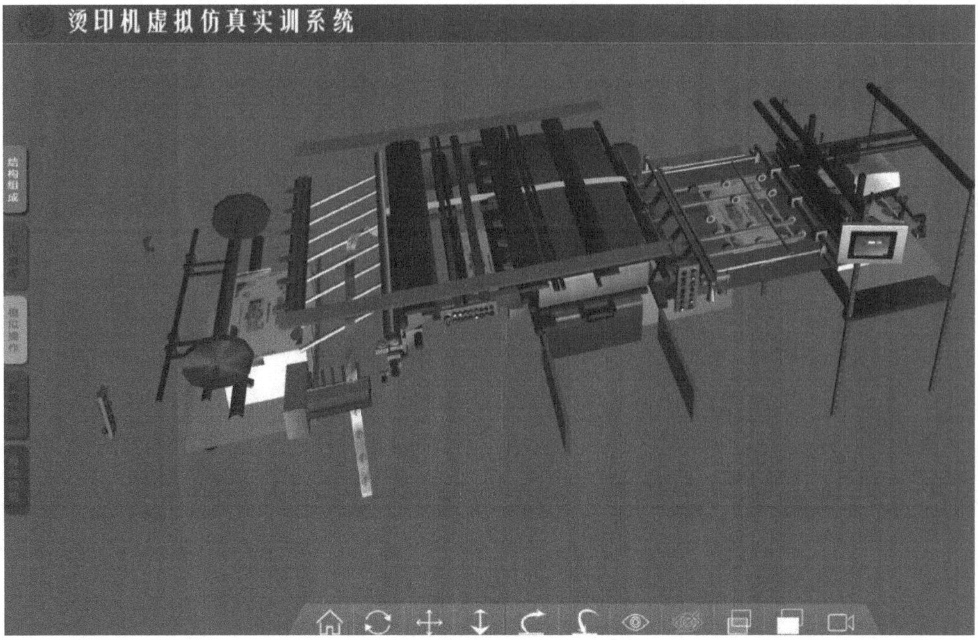

图 3-7　隐藏外壳后的烫印机

移动感应触控笔，将光标放置在零部件上方，左键单击零部件，可以对零部件进行拆卸，拆卸后的零部件可以移到机器周边，便于观察零部件的结构和外形，同时也便于观察机器内部机构，并对机器内部结构进行拆卸，如图 3-8 所示。拆卸完后，左键点击模块下面的功能按钮区内的安装按钮，拆卸完后的零部件按拆卸先后顺序完成零件回位或安装。

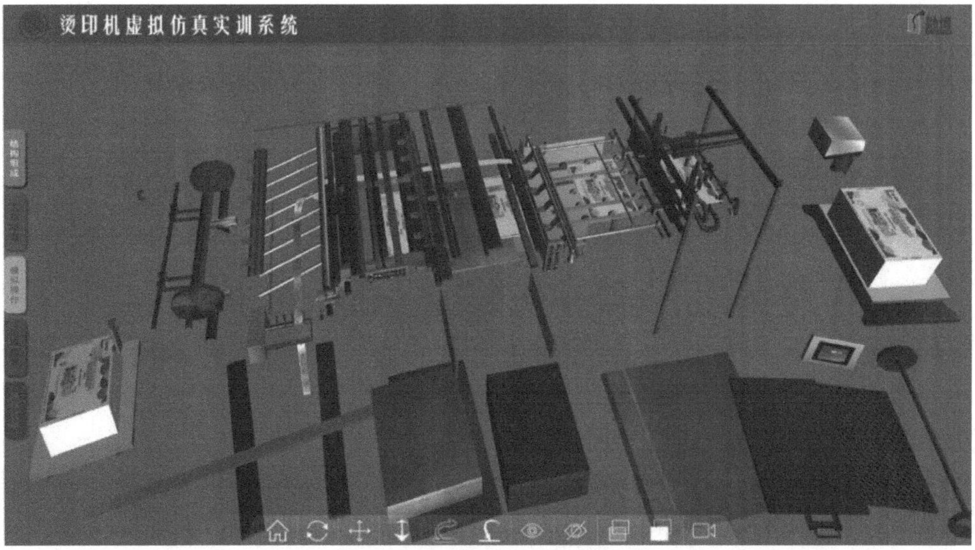

图 3-8　烫印设备拆卸三维图

二、学习烫印设备工作原理

移动感应触控笔，单击模块左侧选择区的【工作原理】按钮进入烫印机的工作原理界面，界面以动画的形式显示烫印设备的整个工作流程。烫印设备机器盖会默认隐藏，此时可以清晰地看到烫印设备内部每个零部件的运作过程，如图 3-9 所示。

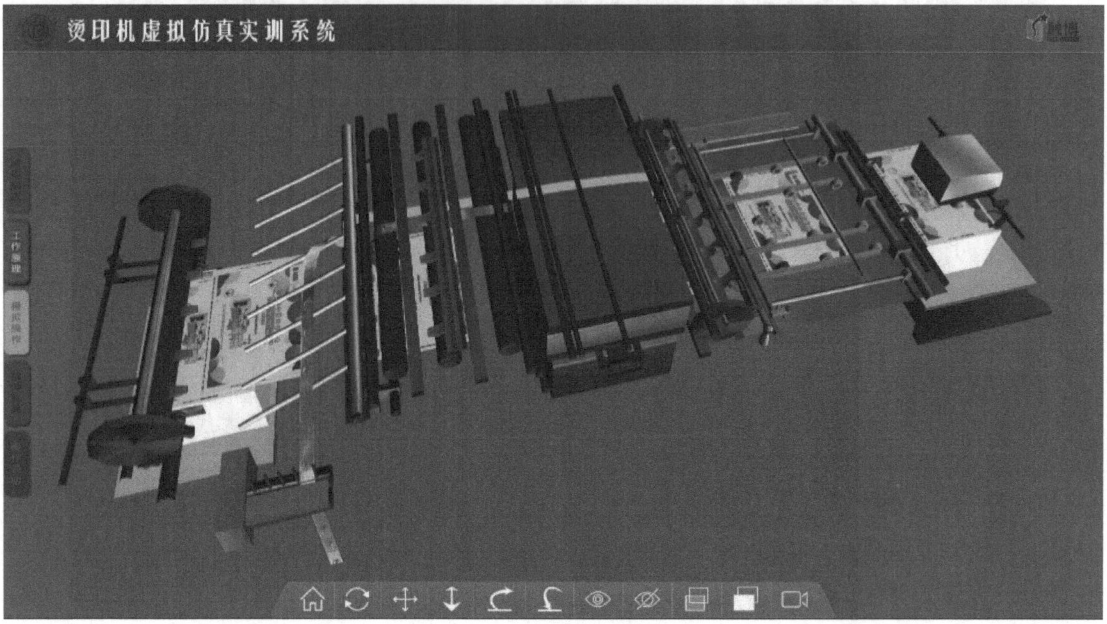

图 3-9　烫印设备工作原理图

烫印设备开始工作后，给张装置上的分纸吸嘴吸住纸堆上的第一张纸张，并进行分离，分离后的纸张被递送给接纸轮，接纸轮接过纸张，通过输纸板台，输送到前规处进行定位。电化铝放料轴进行放料，纸张输送到烫印版下方，烫印版上下运动，将电化铝压合到一起，电化铝上的涂层转移到纸张上，烫印版上升后，电化铝收卷轴将使用过的电化铝进行收卷，纸张输送到收纸装置。

整个烫印设备工作过程以动画的形式呈现纸张从分离到输送、烫印、收纸等一系列的烫印过程，操作者配合工具按钮，可进行内部观察，进行烫印的细致探究。

任务二　学习烫印设备结构模拟拆装

烫印设备结构模拟拆装步骤如下。

（1）首先根据任务 1 中的操作方法进入烫印机虚拟实训系统，然后选择【结构拆装】，主键单击，进入结构拆装模拟操作界面，如图 3-10 所示。

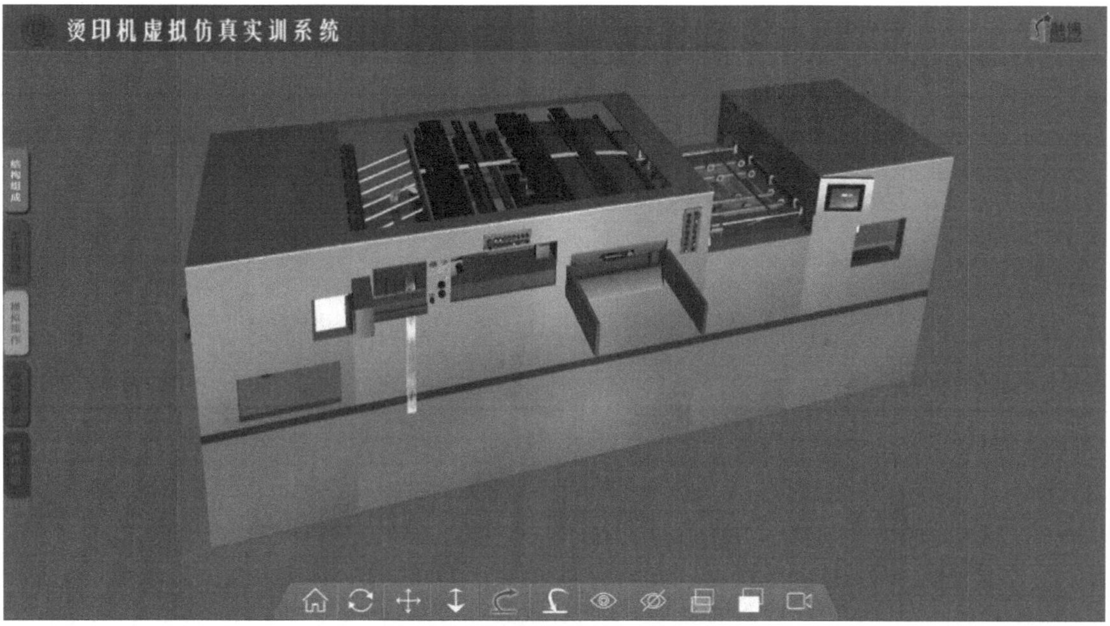

图 3-10　结构拆装模拟操作界面

（2）外壳拆卸，首先使用感应触控笔选择工具栏下方的拆卸按钮，然后使用感应触控笔选择要拆卸的外盒，长按主键，将要拆卸的外壳移动到合适的位置，根据纸张的运动线路，将机器外壳逐一进行拆装，如图 3-11 所示。

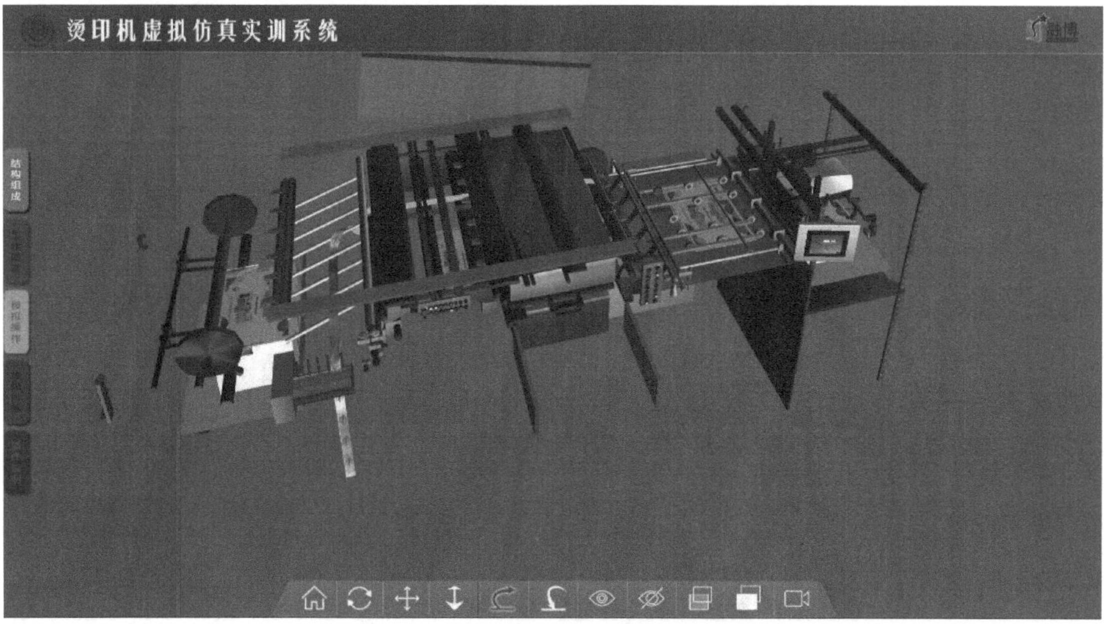

图 3-11　拆除机器外壳

（3）给纸单元拆卸。首先使用感应触控笔选择工具栏下方的拆卸按钮，然后使用感应触控笔选择要拆卸的给纸装置，长按主键，将要拆卸的给纸装置零部件移动到合适的位置，给纸单元拆卸完后如图 3-12 所示。

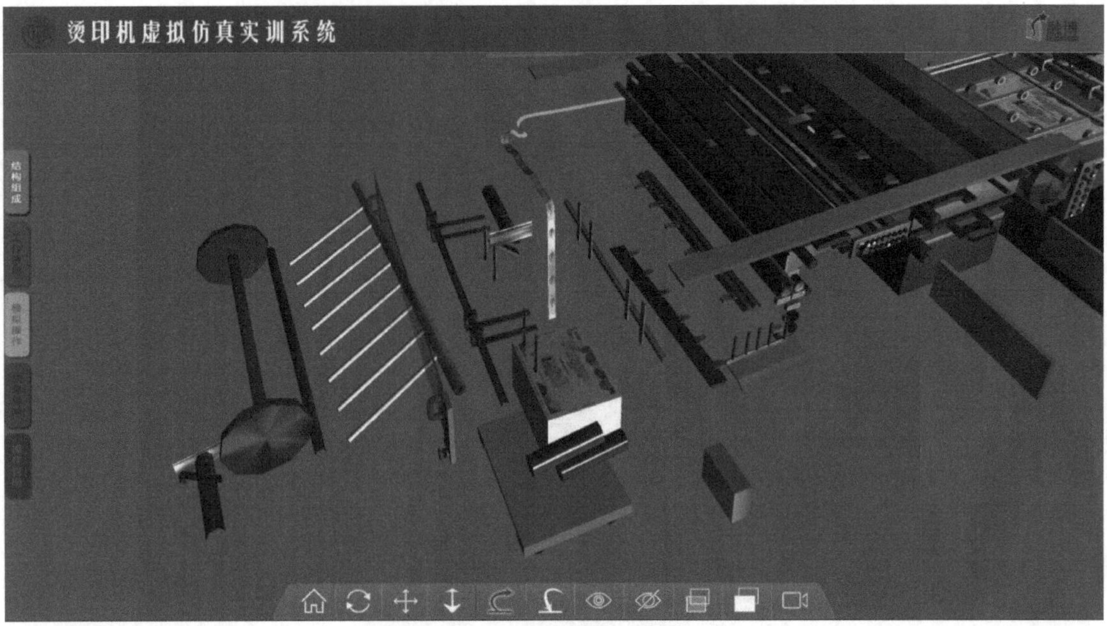

图 3-12　给纸单元拆卸

（4）烫印单元拆卸。首先使用感应触控笔选择工具栏下方的拆卸按钮，然后使用感应触控笔选择要拆卸的烫印单元，长按主键，将要拆卸的烫印单元零部件移动到合适的位置，烫印单元拆卸过程如图 3-13 所示。

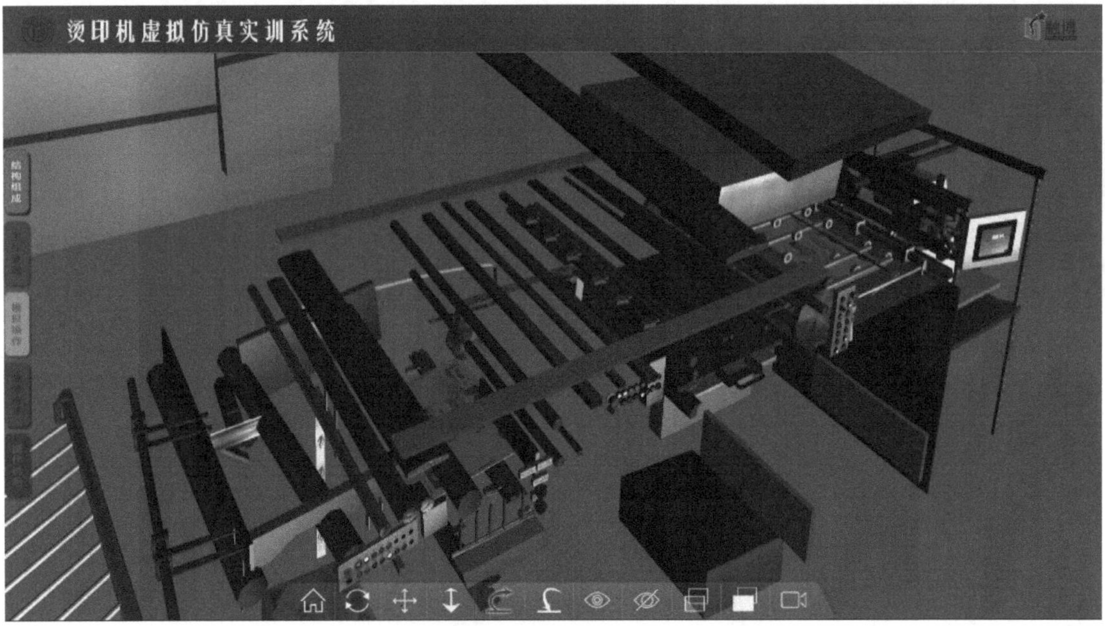

图 3-13　烫印单元拆卸

（5）收纸单元拆卸。首先使用感应触控笔选择工具栏下方的拆卸按钮，然后使用感应触控笔选择要拆卸的收纸装置，长按主键，将要拆卸的收纸装置零部件移动到合适的位置，收纸单元拆卸完后如图 3-14 所示。

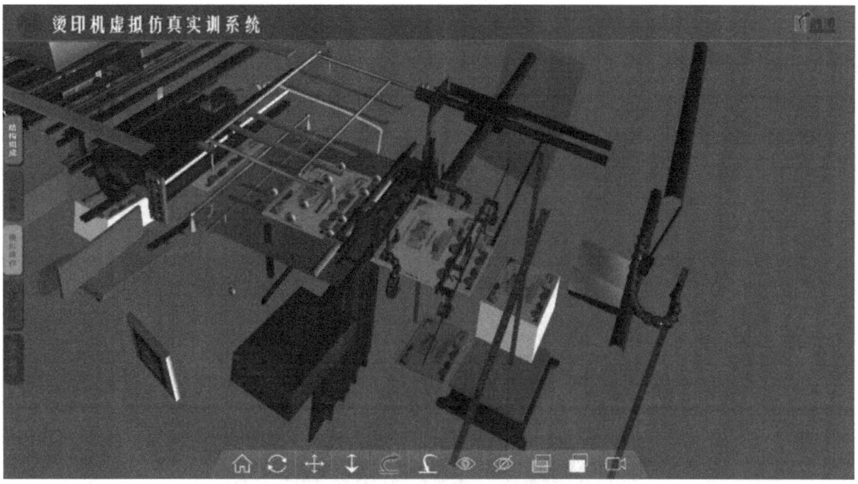

图 3-14 收纸单元拆卸

（6）烫印设备装配。所有零部件拆卸后，使用感应触控笔选择工具栏下方的安装按钮，单击一次感应控制笔右键，所选中的模型部件会立刻安装回烫印模型，安装后效果如图 3-10 所示。

任务三 学习烫印机模拟操作

一、熟悉操作界面

（1）首先根据任务 1 中的操作方法进入烫印机虚拟实训系统，然后移动感应触控笔至界面左侧功能模块区，选择【模拟操作】，单击主键，进入模拟操作界面，如图 3-15 所示。

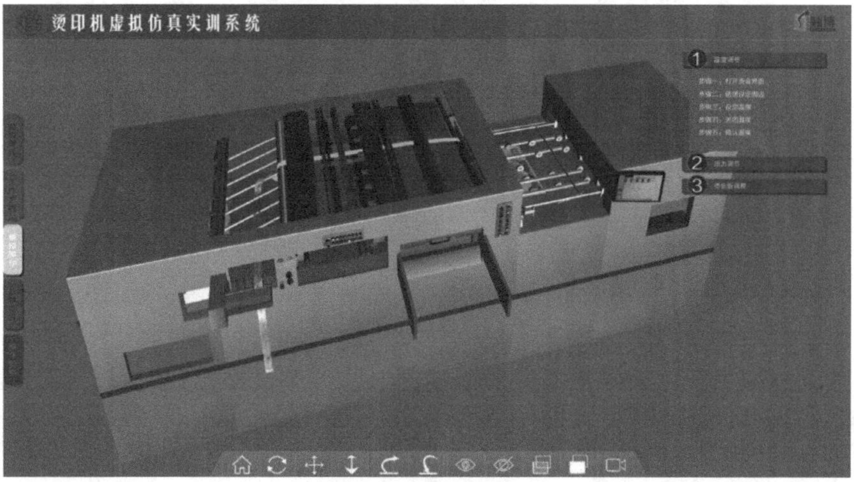

图 3-15 模拟操作界面

（2）界面右侧显示模拟操作列表菜单。使用感应触控笔的主键单击菜单条，可选择打开相应菜单。感应触控笔的主键单击模拟操作项目菜单条，可向下弹开该步骤说明文字，单击“︿”按钮，则收起步骤文字。如图 3-16 所示。

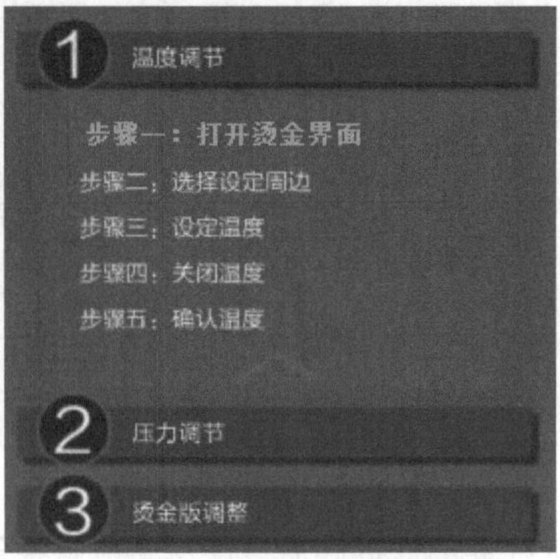

图 3-16　模拟操作步骤菜单

（3）默认情况下屏幕中央显示整个烫印机模型，移动感应触控笔，主键单击右侧操作列表中的第一个模拟操作任务【温度调节】，任务列表下列出温度调节的操作步骤，分别是：打开烫金界面，选择设定周边，设定温度，关闭温度，确定温度。系统默认进入第一步：打开烫金界面，双击烫印设备的操作界面，界面放大，如图 3-17 所示。

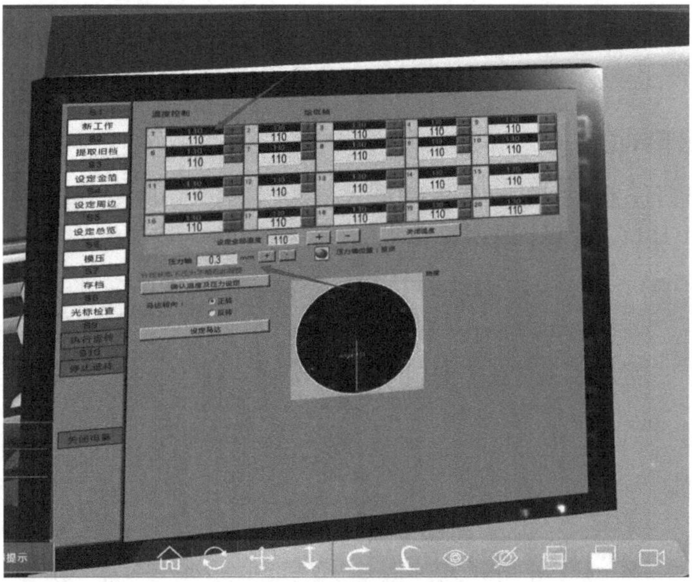

图 3-17　操作界面放大图

（4）移动感应触控笔，按照右侧调节步骤进行调节，操作完成后，在右侧菜单栏上相应的步骤文字会显示为蓝色，如图 3-18 所示。

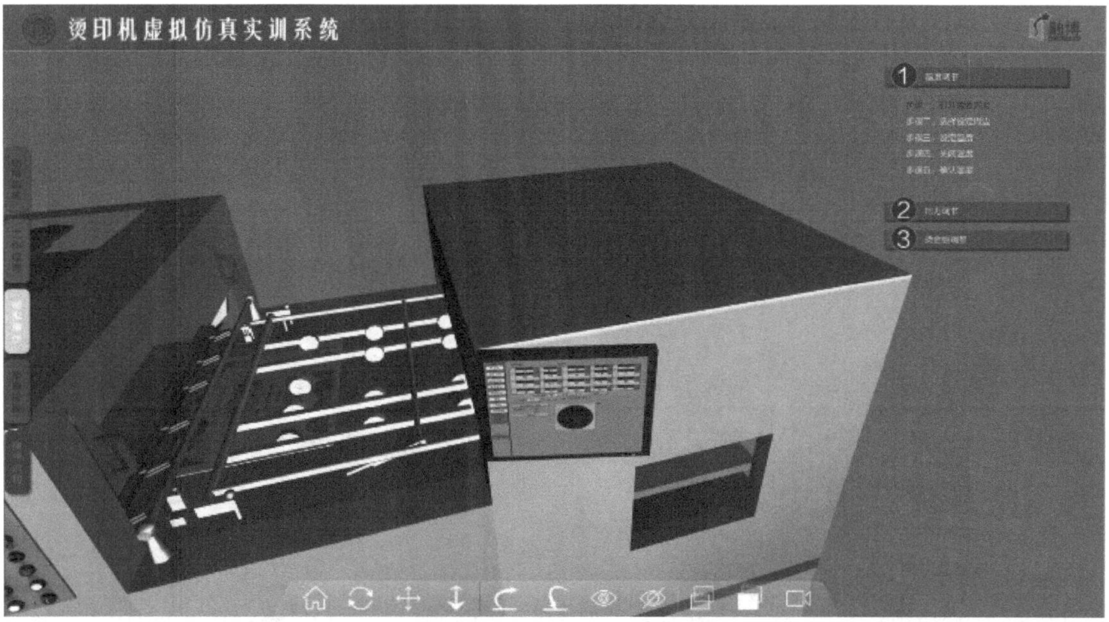

图 3-18 操作步骤完成后字体颜色变化

二、温度调节模拟操作

（1）打开烫金界面：主键点击操作【温度调节】，屏幕显示如图 3-19 所示，主键单击【步骤一：打开烫印界面】，然后单击烫印机操作显示屏，显示屏放大后显示。如图 3-20 所示。

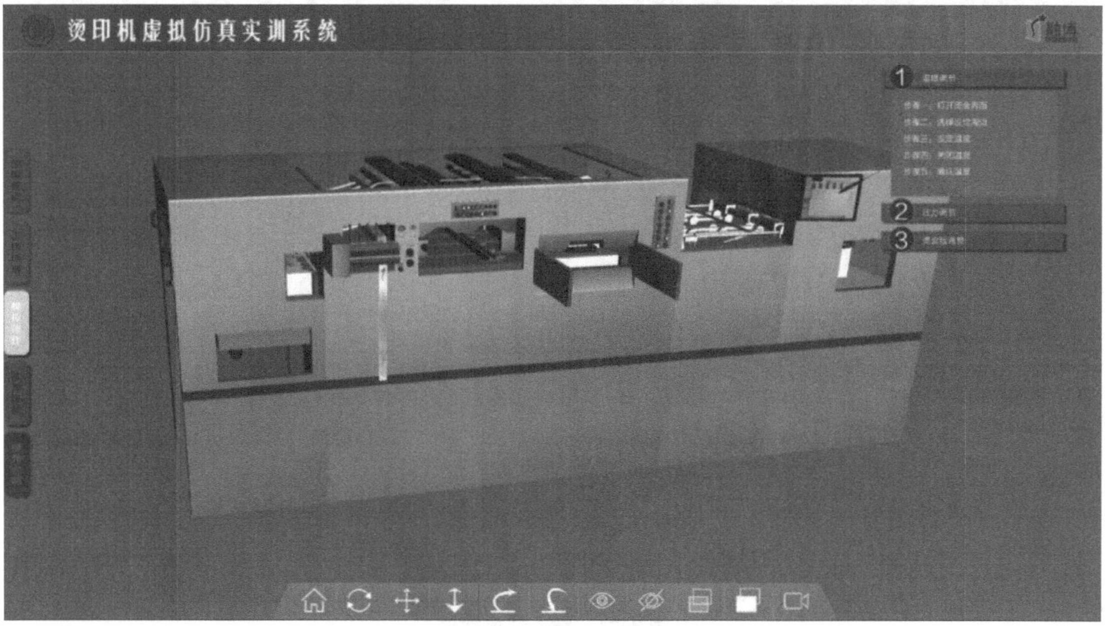

图 3-19 温度调节界面

（2）在放大后的操作显示屏内选择设定周边：主键单击【设定周边】按钮。如图 3-20 所示。

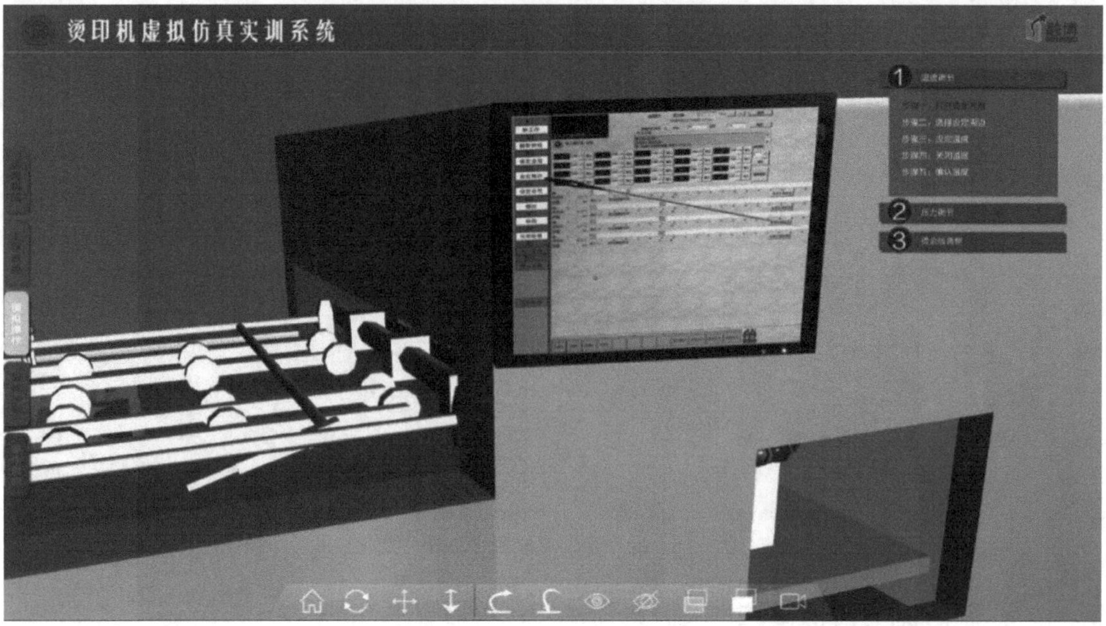

图 3-20　单击“设定周边”按钮

（3）在【设定周边】选项框中设定温度：点击【设定全部温度】旁边的输入框，可输入温度数值（默认为“120”）。如图 3-21 所示。

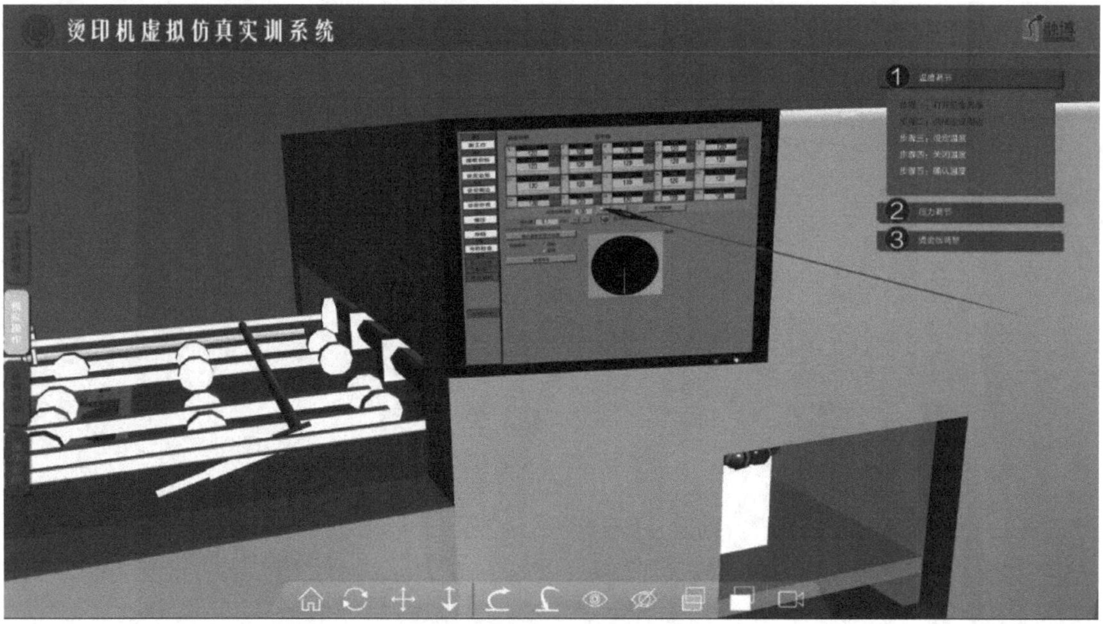

图 3-21　输入温度数值

（4）关闭温度：输入温度数值后，单击【关闭温度】按钮，关闭温度调节，此时温度输入框不可输入温度数值。如图 3-22 所示。

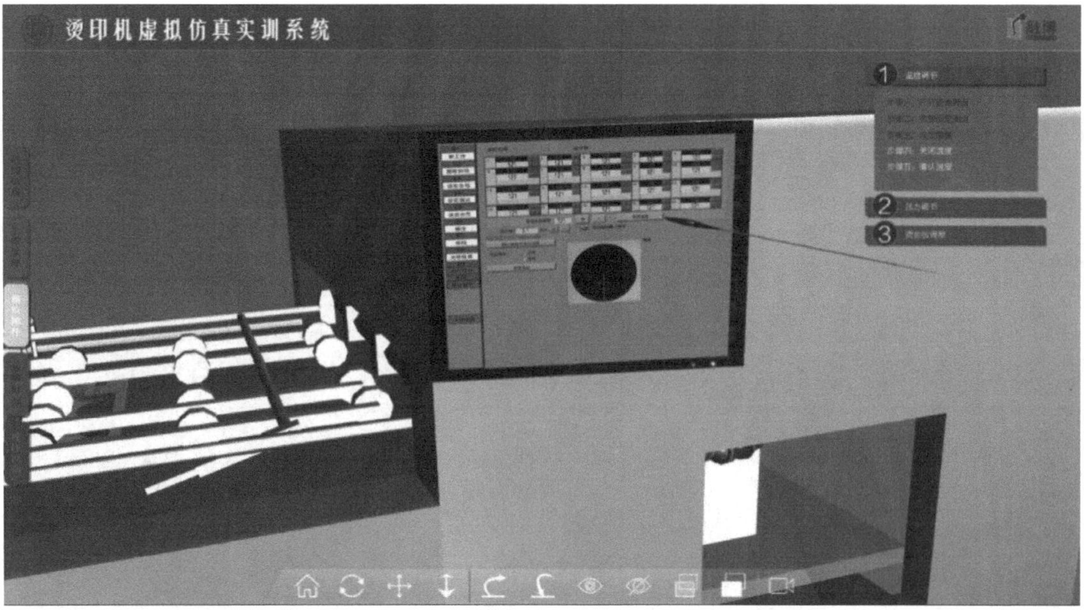

图 3-22　关闭温度设定

（5）确认温度：关闭温度设定后，单击【确认温度及压力设定】按钮，保存温度输入值，温度调节操作完成。如图 3-23 所示。

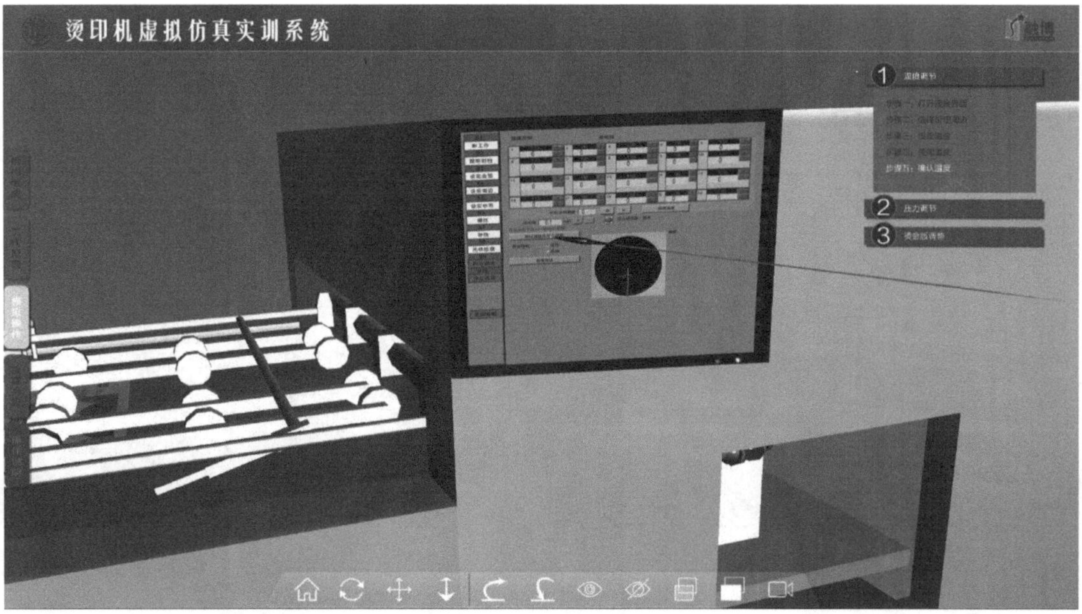

图 3-23　确认温度及压力设定

三、压力调节模拟操作

（1）打开烫印界面：主键点击操作二【压力调节】，屏幕显示如图 3-24 所示，主键单击【步骤一：打开烫金界面】，然后单击烫印机操作显示屏，显示屏放大后显示。如图 3-25 所示。

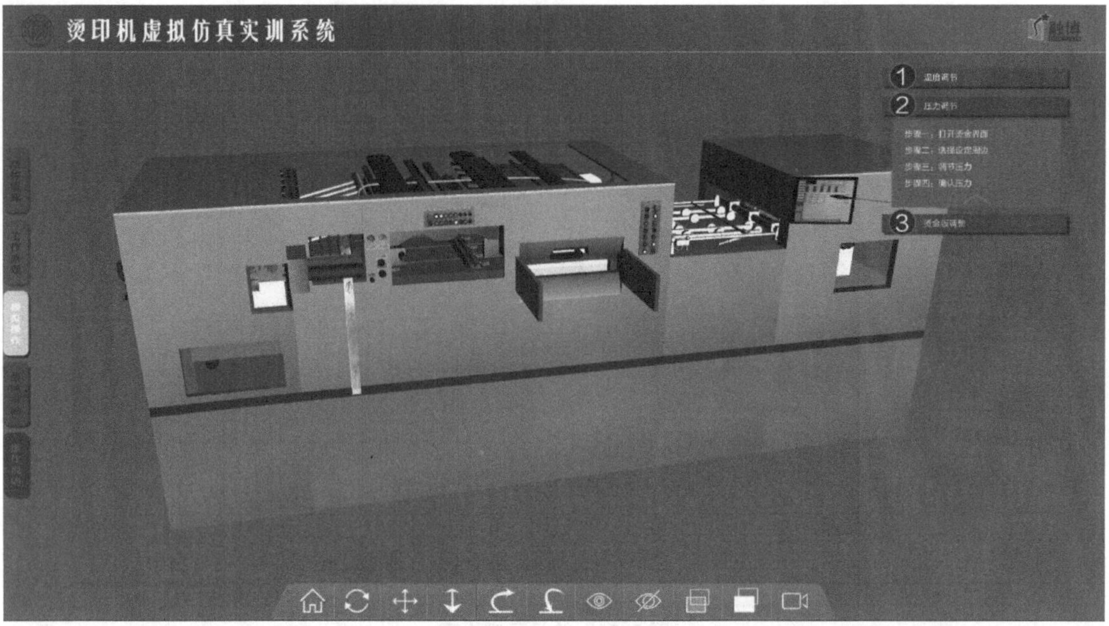

图 3-24　压力调节界面

（2）在放大后的操作显示屏内选择设定周边：主键单击屏幕左侧的【设定周边】按钮。如图 3-25 所示。

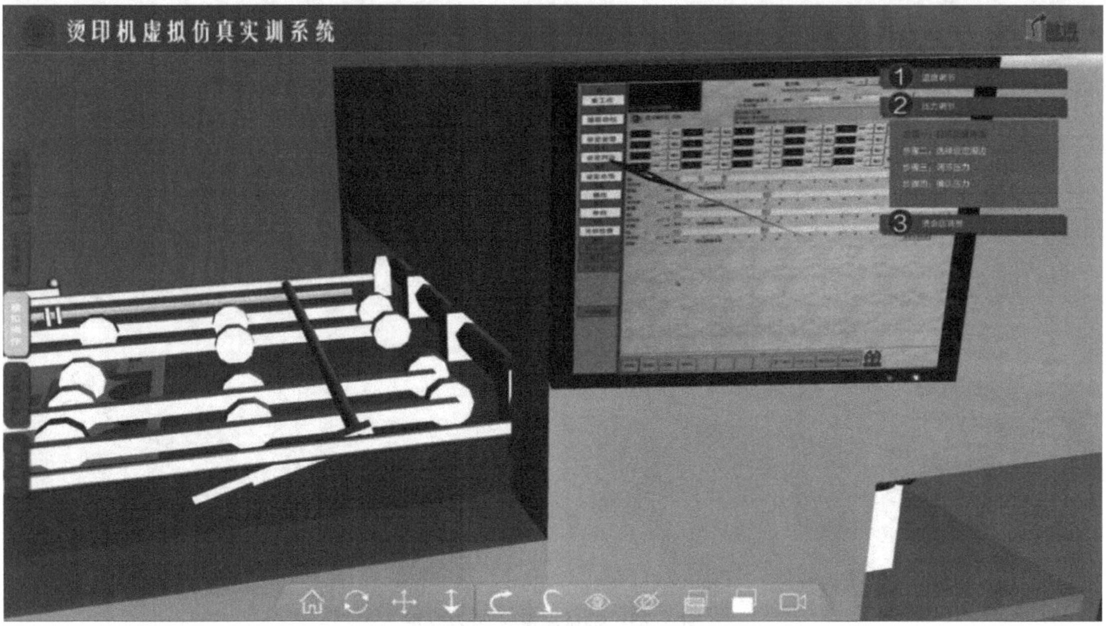

图 3-25　点击【设定周边】按钮

（3）调节压力：在设定周边选项框中单击【压力轴】旁边的输入框，可输入数值（默认为 0.1）。如图 3-26 所示。

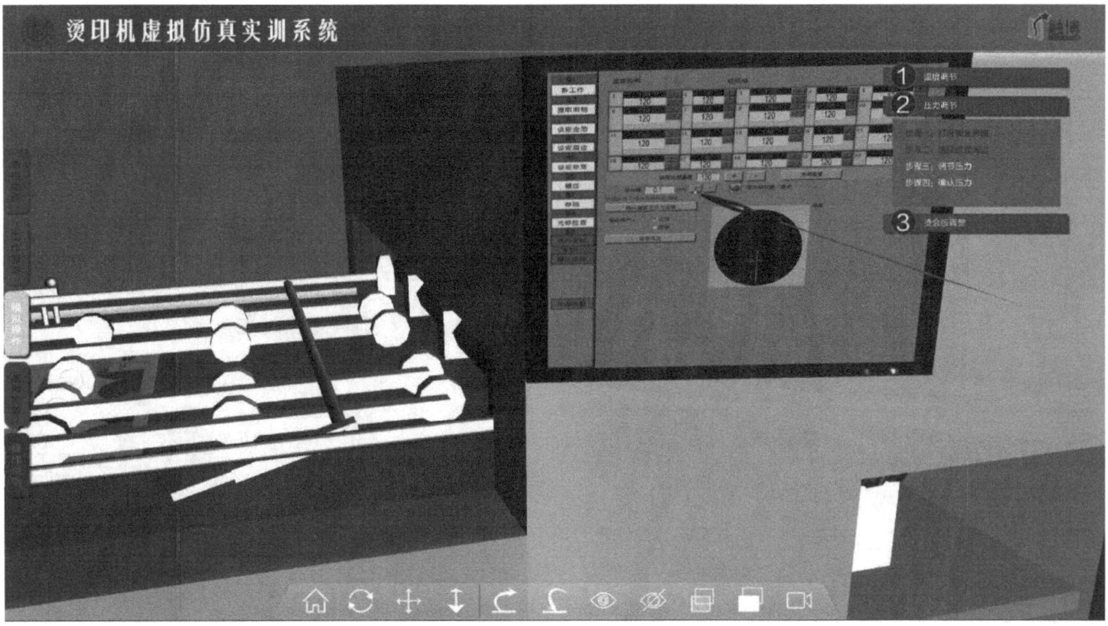

图 3-26　输入压力数值

（4）确认压力：设置压力数值后单击【确认温度及压力设定】按钮。如图 3-27 所示。

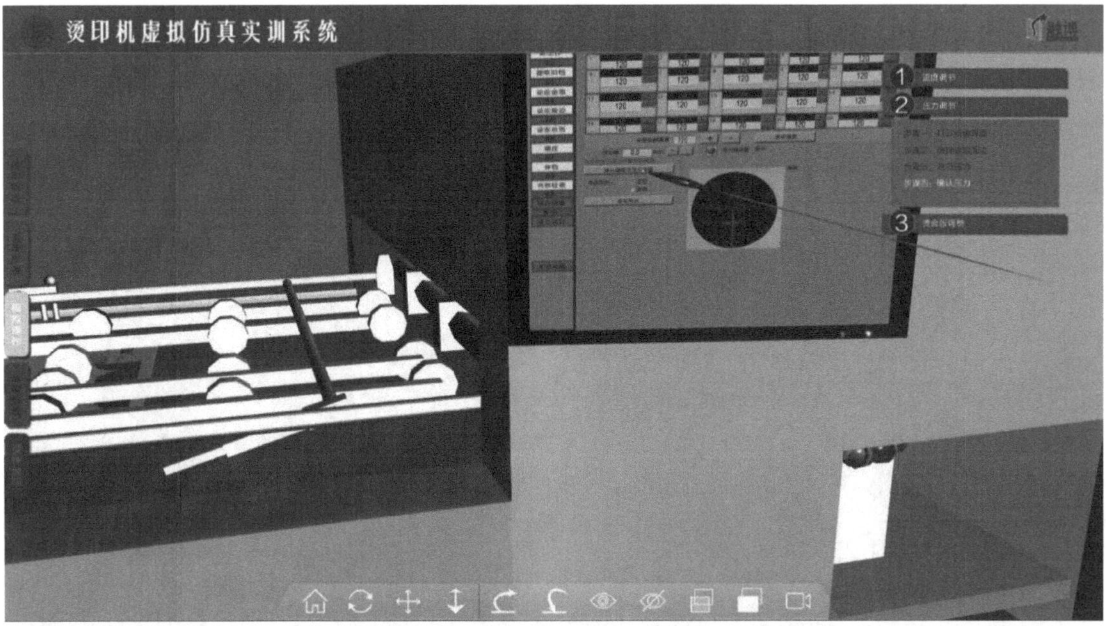

图 3-27　点击【确认温度及压力设定】按钮

（5）压力数值确认后，步骤操作字体颜色全部变蓝，压力调节操作完成。如图 3-28 所示。

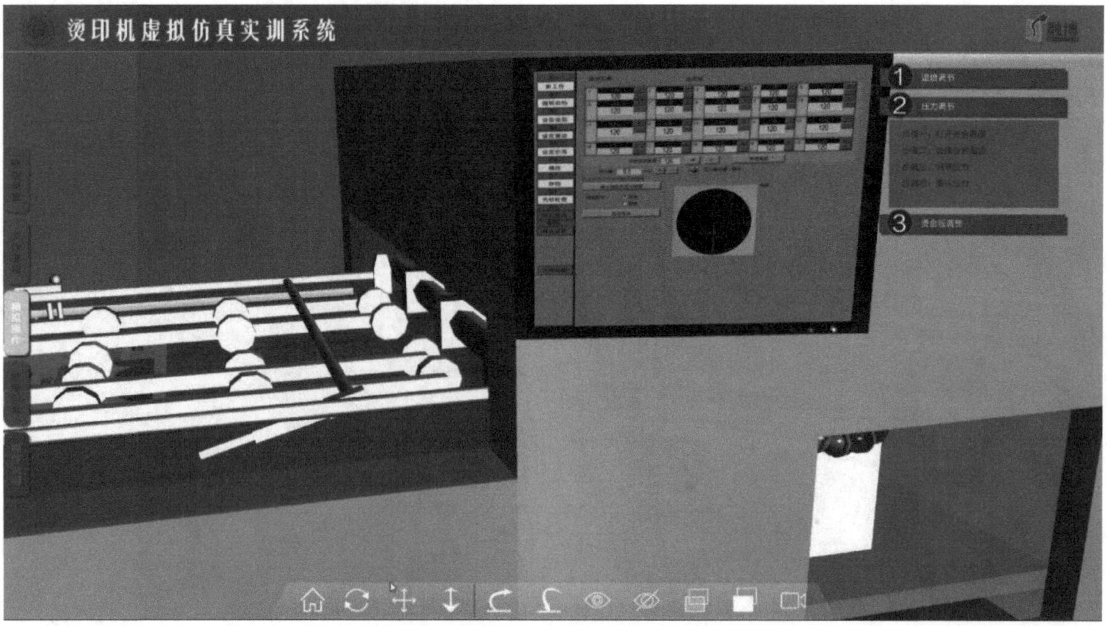

图 3-28　操作步骤字体颜色变蓝

四、烫印版调整

（1）打开烫印界面：主键点击操作三【烫金版调整】，然后主键单击【步骤一：查看烫印样张】，单击工具栏下方的“放大镜”工具，可查看样张，如图 3-29 所示。

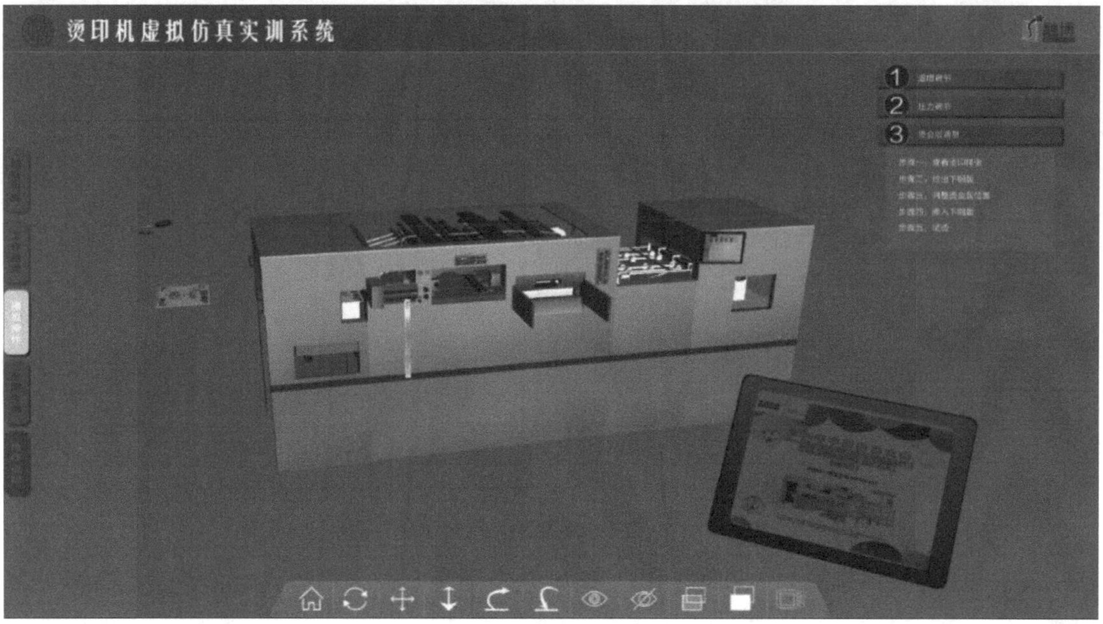

图 3-29　查看烫印样张

（2）【步骤二：拉出下钢版】：移动感应触控笔，主键单击钢版模型，播放拉出钢版动画。如图 3-30 所示。

图 3-30　拉出下钢版演示

（3）【步骤三：调整烫金版位置】：移动感应触控笔，主键单击烫金版模型，播放烫金版调节动画。如图 3-31 所示。

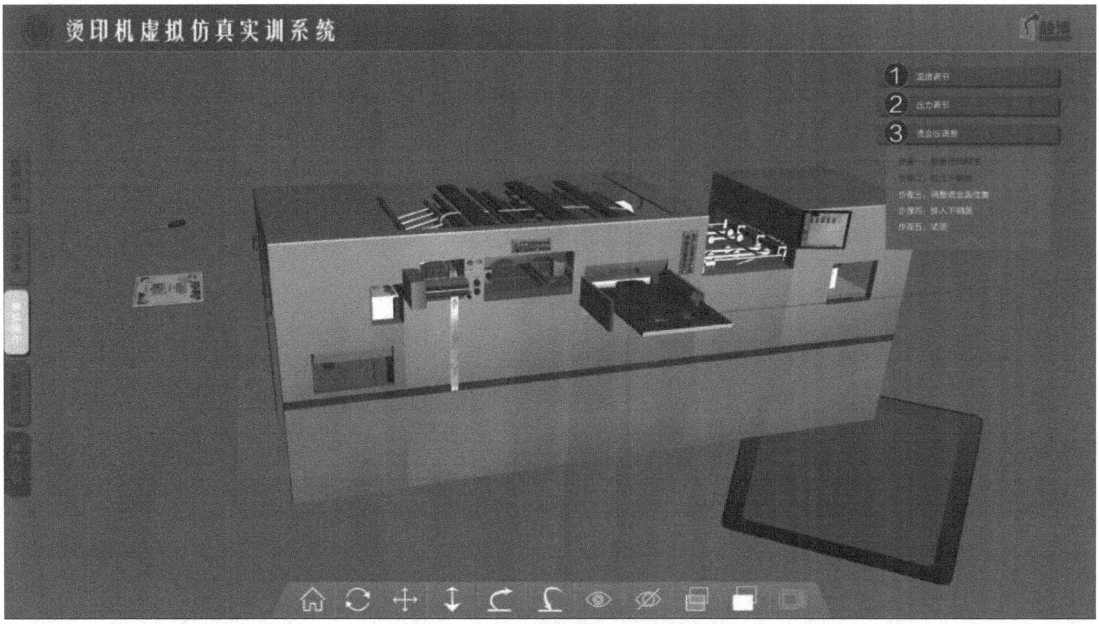

图 3-31　调整烫金版位置演示

（4）【步骤四：推入下钢版】：移动感应触控笔，主键单击钢版模型，播放动画，钢版安装到工作位置。如图 3-32 所示。

图 3-32　推入下钢版演示

（5）【步骤五：试烫】：移动感应控制笔，主键单击步骤五试烫，显示试烫正常。此时字体颜色全部变蓝，烫金版调整操作完成，如图 3-33 所示。

图 3-33　操作步骤完成，字体颜色变蓝

任务四 学习烫印机故障排除模拟操作

烫印过程中，常见的质量故障有烫印不上（或不牢）、图文发花（字迹发虚）、产品反拉、烫印图文发虚（发晕）、图文印迹不齐整、烫印字迹、图案失去原有金属光泽等。本章节以烫印不上和烫印字迹发虚为例进行简要介绍。

一、烫印不上质量弊病排除模拟操作

1. 产生烫印不上质量弊病的原因及解决办法

（1）产生原因

烫印不上（或不牢），即电化铝箔不能理想地转移到承印物表面或电化铝箔不能同承印物很好地黏附。这是烫金过程中最常见的故障之一。

导致烫印不上或烫印不牢的原因主要有：印刷品底色墨层中含有蜡类物质、印刷品底色墨层太厚、印刷品底色墨层晶化、印刷品表面喷粉太多、电化铝型号选用不当或质量不好、烫印温度不够以及烫印压力不够等。

a. 印刷品底色墨层含有蜡类物质

当印刷品底色墨层含有蜡类物质时，电化铝箔中的热熔性胶与油墨中的石蜡黏结性能差，因而导致烫印不上或不牢。

b. 印刷品底色墨层太厚

实践表明，油墨层薄的印刷品烫印比较容易，墨层厚的印刷品很难烫印。因为印刷品上厚实的底色墨层会将印刷纸张纤维的毛细孔封闭，阻碍电化铝箔与纸张的吸附，使电化铝箔的附着力下降，因而导致铝箔烫印不上或烫印不牢。

c. 印刷品底色墨层晶化

印刷过程中，在纸张表面容易结成坚硬的膜，轻轻擦拭会掉落，这种现象称为“晶化”。墨层表面晶化是印刷时干燥油加放过量所致。墨层表面晶化会导致墨层表面光滑，从而无法使电化铝箔在其上附着，因而烫印不牢或烫印不上。

d. 烫印温度不够

当烫印温度不够时，电化铝上的分离层分离不彻底，胶黏层粘结力不足，从而容易导致烫印时容易出现缺笔断画、文字图案边缘不齐等现象。

（2）解决办法

当出现烫印不上时，应先查找原因，分析导致烫印不上故障的主要因素，并对故障一一进行排除。

a. 印刷品底色墨层含有蜡类物质

当由印刷品底色墨层含有蜡类物质导致的烫印不上时，应避免选用含石蜡成分添加剂的油墨进行印刷，可通过放入防粘剂或高沸点煤油来调整油墨黏度，若必须增加光泽可用19# 树脂代替亮光浆。

b．印刷品底色墨层太厚

当由印刷品底色墨层太厚导致的烫印不上时，烫印电化铝箔部位应尽量避免叠印，特别要禁止三层墨的叠印。对于具有深色大面积实地的印刷品，印刷时可采取深墨薄印的办法，即配色时，墨色略深于样张，在印刷时，墨层印刷薄一点。对于深色大面积实地印刷品，还可以采取薄墨印两次的办法。这样既可以达到所要求的色相，同时又满足了电化铝箔烫印的需要。

c．印刷品底色墨层晶化

当由印刷品底色墨层晶化导致的烫印不上时，印刷油墨中应避免使用红燥油，必须使用时，其用量不得超过 0.5%。

d. 烫印温度及压力不够

当由烫印温度及压力不够导致的烫印不上时，要适当调高电热底板的温度，直到烫印出合格的产品；当发现压印痕迹过轻时要适当增加烫印压力，直至电化铝箔能顺利转移，烫印图文完整为止。

2. 烫印不上弊病排除模拟操作

（1）首先根据任务 1 中的操作方法进入烫印虚拟实训系统，然后移动感应触控笔至界面左侧功能模块区中的故障排除按钮上，主键单击【故障排除】按钮，屏幕初始状态显示如图 3-34 所示，此时可以进入故障排除模拟操作。

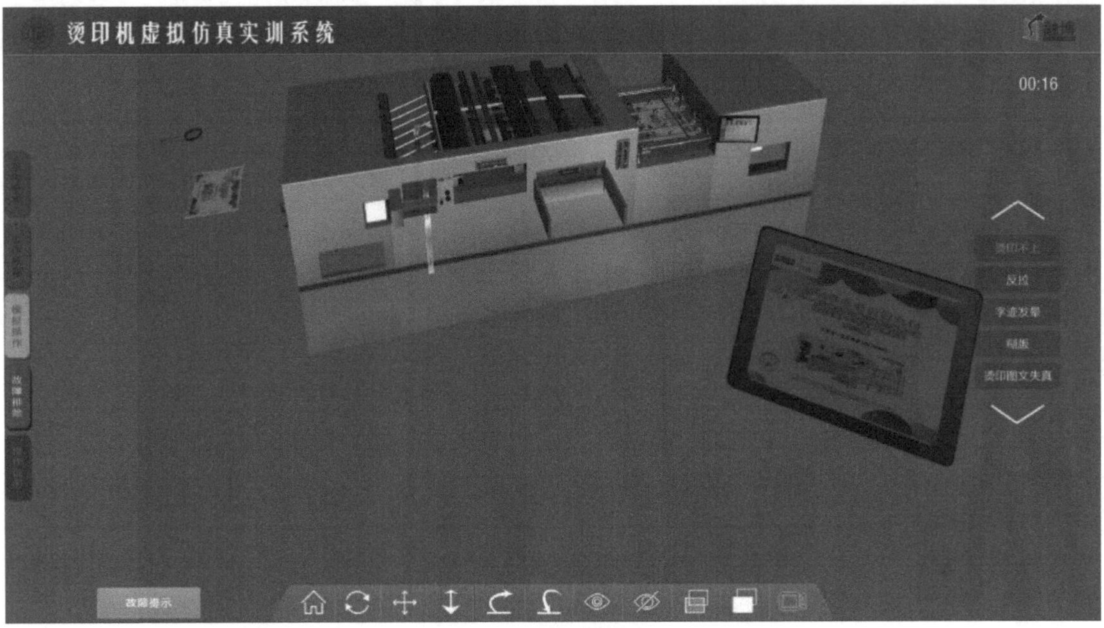

图 3-34　故障排除界面

（2）移动感应触控笔，主键单击右侧故障菜单栏中的故障【烫印不上】，此时字体颜色变黄，然后使用控制笔主键单击故障提示，弹出红色字体的故障提示内容，故障提示要增加压力和温度，操作结果如图 3-35 所示。

图 3-35　故障提示

（3）移动感应触控笔，点击放大后的样张，可以看到样张上圆圈部位烫印不全，如图 3-36 所示。

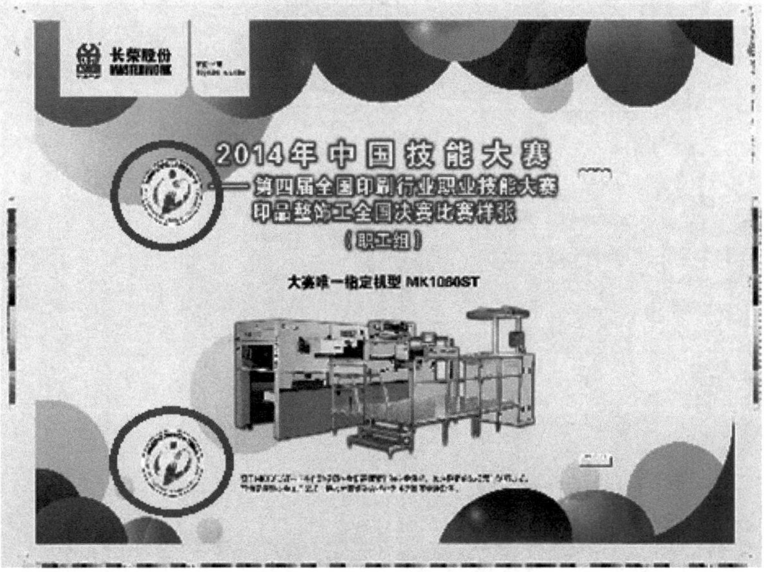

图 3-36　烫印不上样张

（4）移动感应触控笔，左键双击烫印设备的控制显示屏，显示屏放大，如图 3-37 所示，放大后的显示屏便于后期进行温度和压力调节。

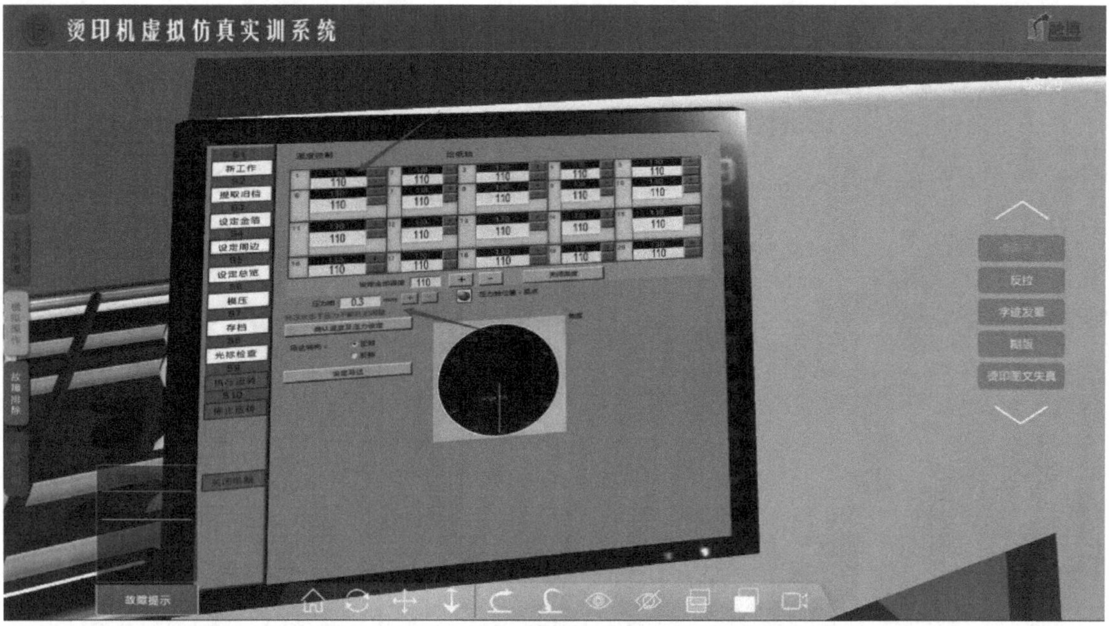

图 3-37　控制显示屏放大效果

（5）移动感应触控笔，左键单击控制显示屏左侧的【设定周边】按钮，然后在右侧设定全部温度文本框中输入温度值（温度为 130℃），如图 3-38 所示。

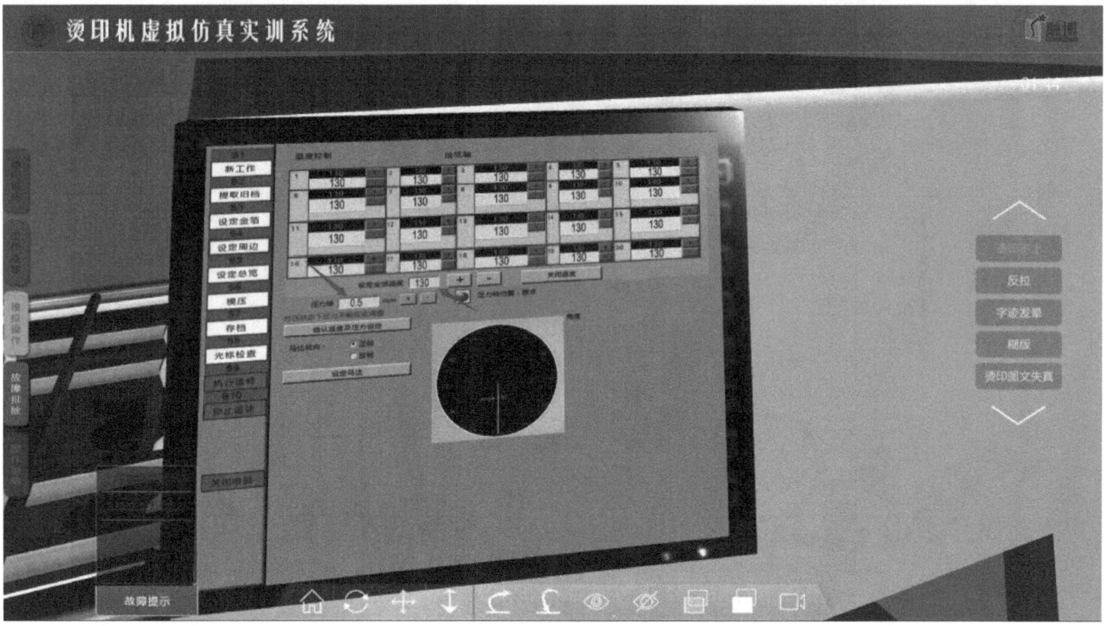

图 3-38　输入设定温度值

（6）输入设定温度值后，左键点击【关闭温度】，然后左键点击【确定温度及压力设定】按钮，确定温度。左键点击控制显示器左侧的【执行运转】按钮，如图 3-39 所示。

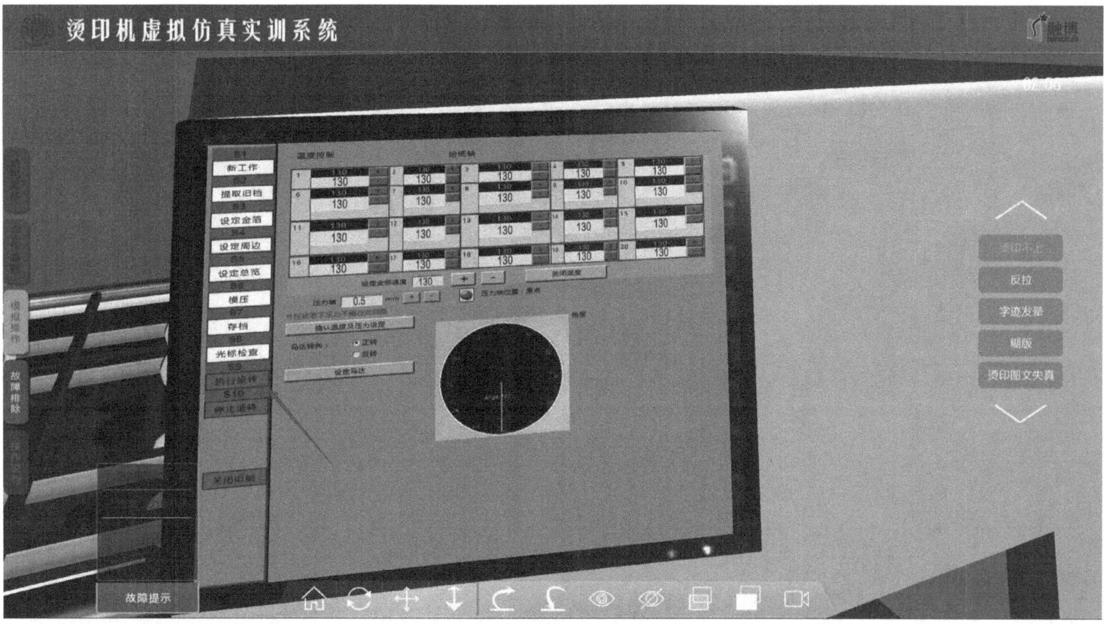

图 3-39　确定设定温度值

（7）温度设定好后，故障提示中的“提高温度到 130℃”字体变成灰色，表示该操作已结束，开始进入压力设置调节。

（8）压力调节步骤与温度调节类似，先左键点击控制显示屏左侧的【周边设定】，然后在右侧的压力值文本框中输入压力值 0.3。输入压力值后，左键点击【确认温度及压力设定】按钮，最后点击左侧的【执行运转】按钮，如图 3-40 所示。

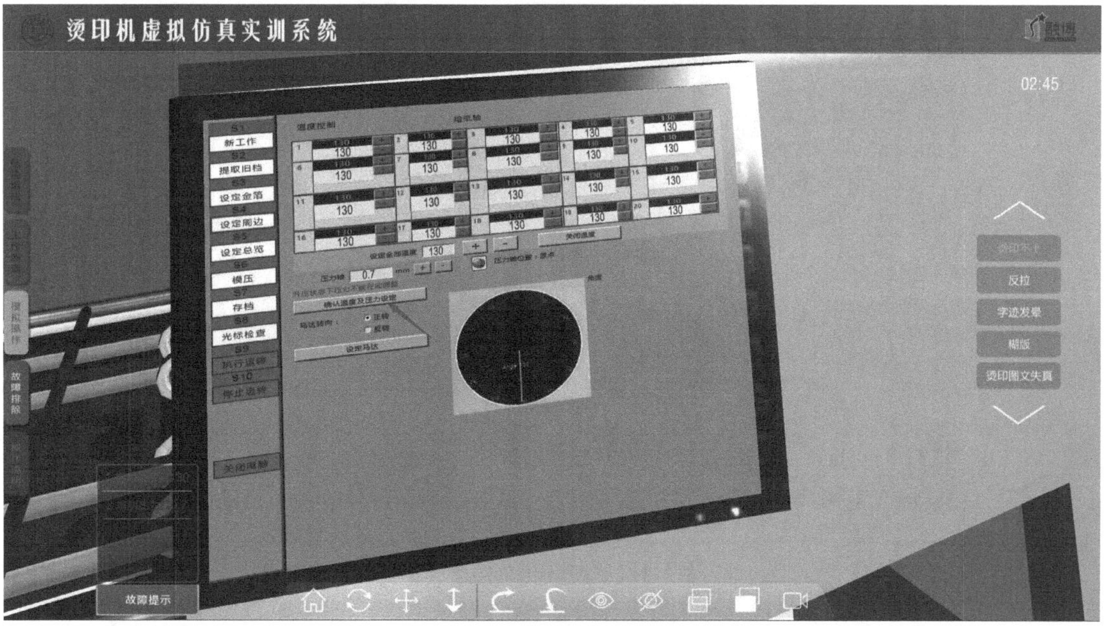

图 3-40　烫印压力值设定

（9）【执行运转】按钮点击完后，故障提示区的两个提示字体均变成灰色，表明故障排除操作已结束，此时屏幕中央出现“恭喜”字样，即所有故障排除完成，如图 3-41 所示。

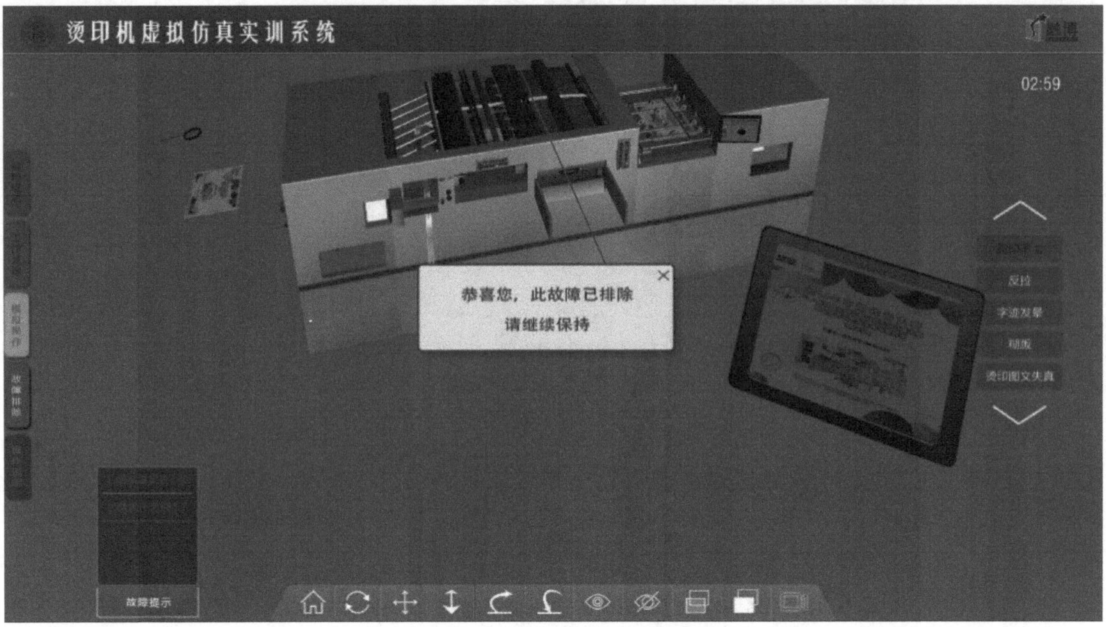

图 3-41　烫印不上故障排除完成

（10）故障排除完成后，点击观察样张，可以看到样张中烫印部分完好，如图 3-42 所示。

图 3-42　故障排除后烫印样张

二、产品字迹发虚质量弊病排除模拟操作

1. 产品字迹发虚质量弊病的原因及解决办法

（1）产生原因

烫印产品的图文发虚、发晕原因是烫印温度过高，或停机时间过长导致电化铝箔焦化。当烫印温度过高，使电化铝箔超过所能承受的限度，导致烫印时电化铝箔上黏合剂层向四周扩散，产生发晕、发虚现象。此外，烫印过程中停机过久，会使电化铝箔的某一部分较长时间与烫印版接触而发生焦化现象，图文烫印后也出现发虚、发晕现象。

（2）解决办法

当因烫印印版温度过高导致产品字迹发虚时，应该根据电化铝的特性，查找电化铝最佳的烫印温度范围，将印版温度调节到最佳的温度范围内。

当因烫印过程中停机时间太长，导致电化铝焦化时，在停机过程中应该降低烫印印版的温度，或者将电化铝箔移开，也可以在温度较高的烫印版前放一张厚纸，使电化铝箔与印版隔离。

2. 产品字迹发虚质量弊病排除模拟操作

（1）首先根据任务 1 中的操作方法进入烫印虚拟实训系统，然后移动感应触控笔至界面左侧功能模块区中的【故障排除】按钮，主键单击【故障排除】按钮，屏幕初始状态显示如图 3-34 所示，此时可以进入故障排除模拟操作。

（2）移动感应触控笔，主键单击右侧故障菜单栏中的故障【字迹发虚（发晕）】，然后字体颜色变黄，操作结果如图 3-43 所示。

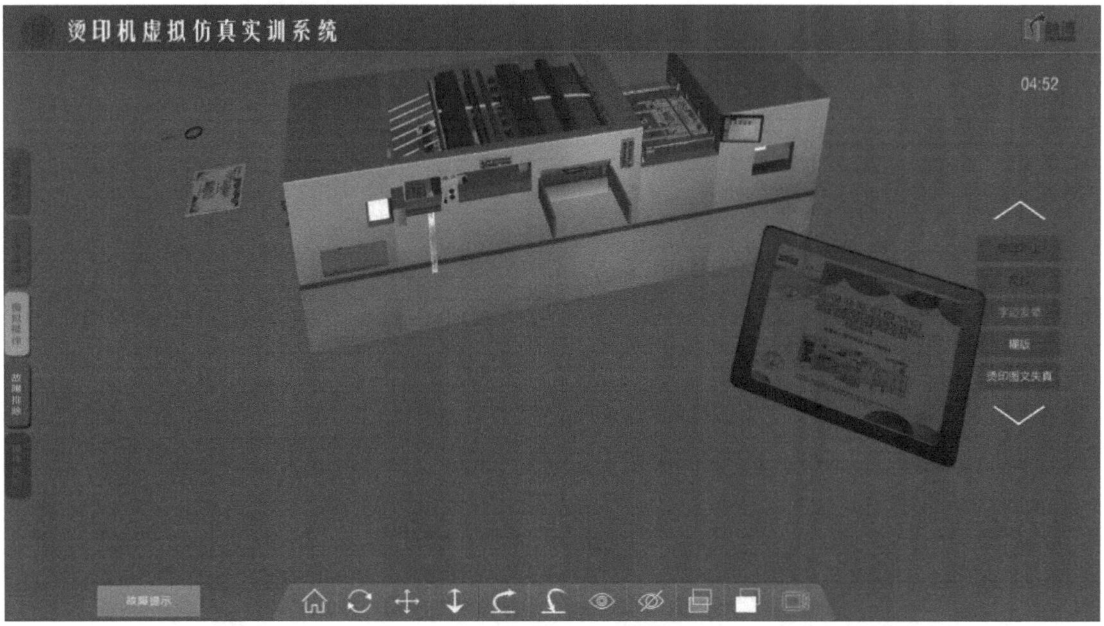

图 3-43　点击字迹发虚操作故障

（3）左键点击【字迹发虚】操作故障后，屏幕左下角出现排除故障提示，感应触控笔主键单击故障提示，弹出红色字体的故障提示内容，故障提示要增加温度到 135℃，操作结果如图 3-44 所示。

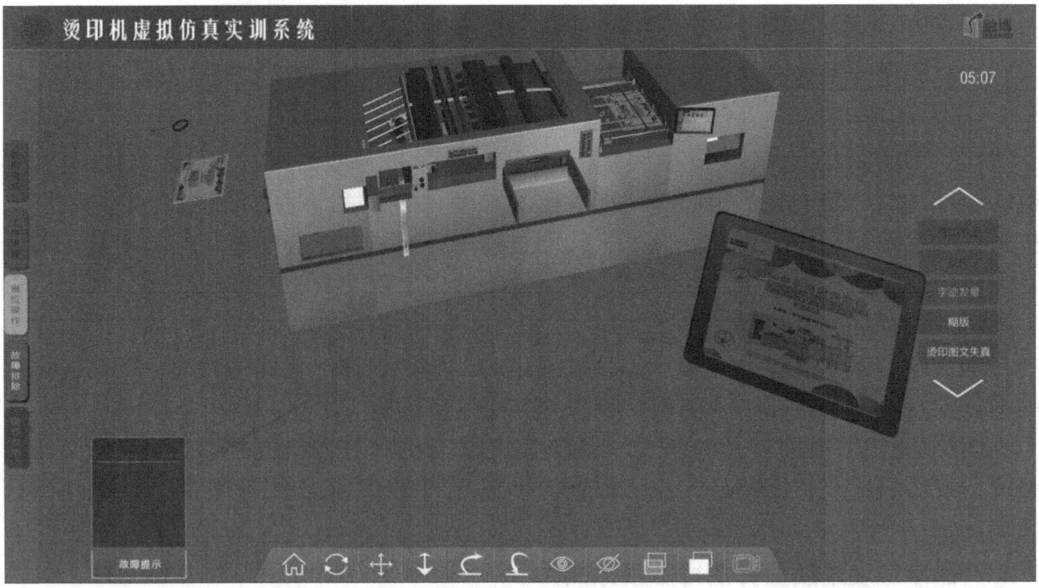

图 3-44　故障提示

（4）移动感应触控笔，左键双击烫印设备的控制显示屏，显示屏放大，放大后的显示屏便于后期进行温度和压力调节。

（5）移动感应触控笔，左键单击控制显示屏左侧的【设定周边】按钮，然后在右侧设定全部温度文本框设定调节后的温度为 135℃，如图 3-45 所示。

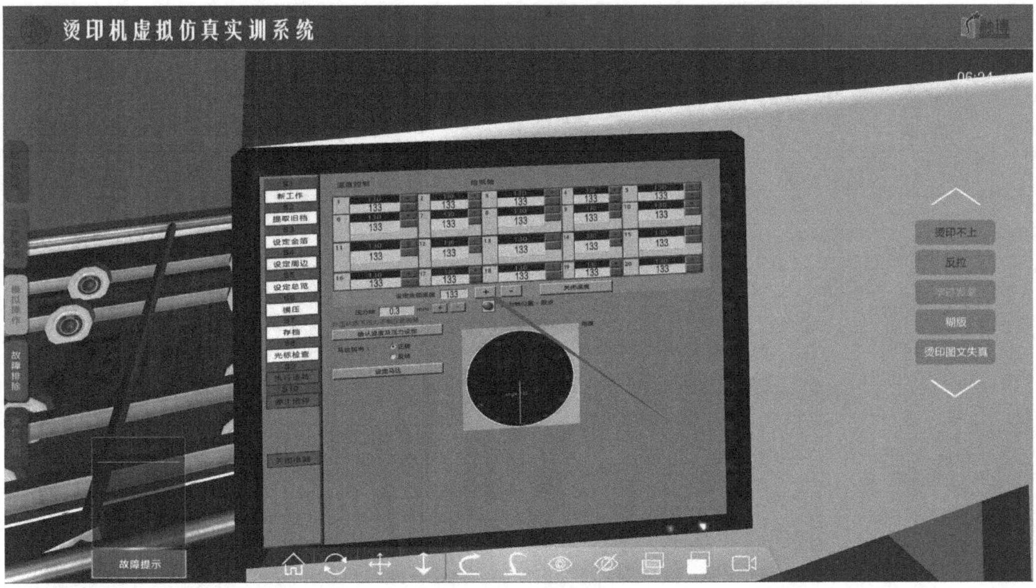

图 3-45　输入设定温度值

（6）输入设定温度值后，左键点击【关闭温度】，然后左键点击【确定温度及压力设定】按钮，左键点击控制显示器左侧的【执行运转】按钮，如图 3-46 所示。

（7）点击完后，故障提示区的“提高温度到 135℃”字体变成灰色，表明故障排除操作已结束，此时平面中央出现“恭喜”字样，即所有故障排除完成，如图 3-47 所示。

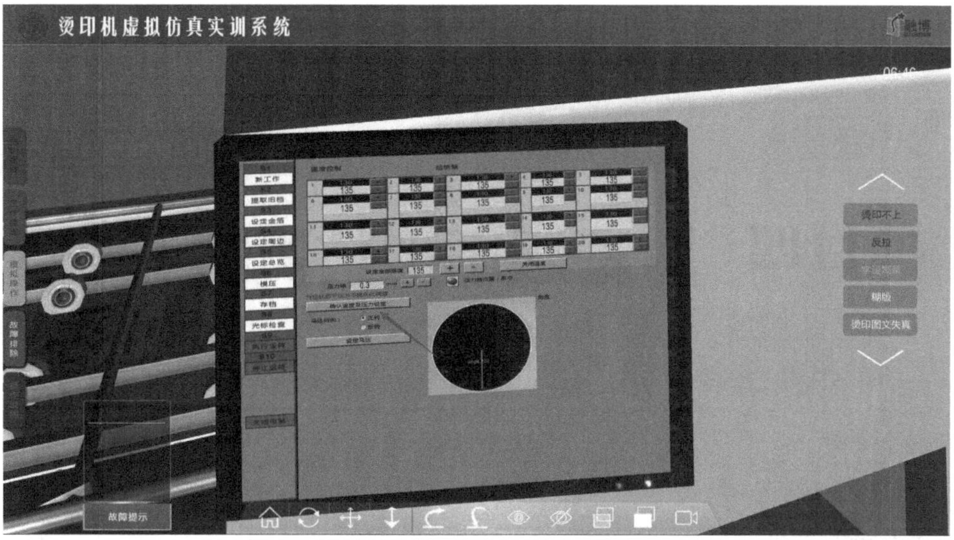

图 3-46　确定设定温度值

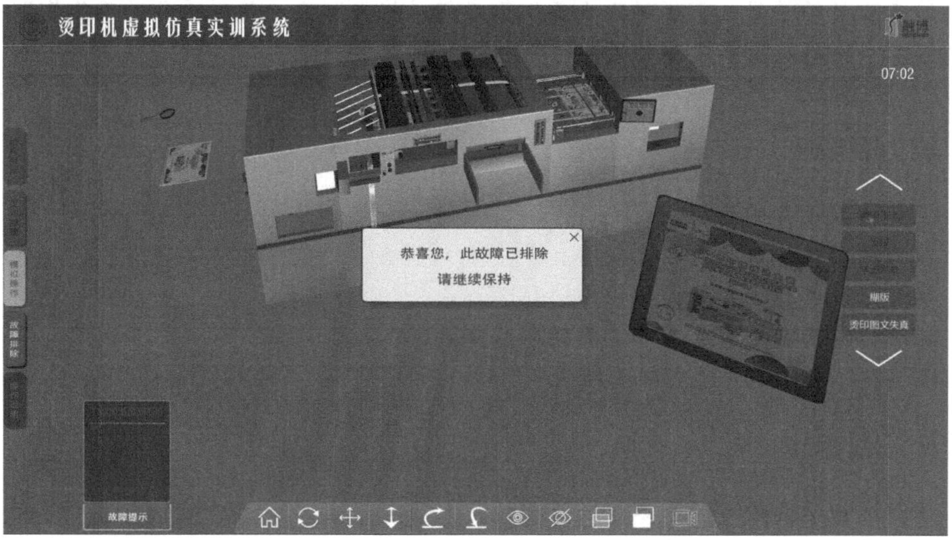

图 3-47　故障排除

项目小结

项目四　覆膜虚拟仿真实训

教学目标

通过本项目的学习，掌握覆膜设备的基本组成构件，熟悉覆膜设备的工作原理和结构拆装方法，以及覆膜设备的模拟操作和故障排除方法等。

能力目标

1. 了解覆膜设备的基本构成；
2. 能够简单拆装覆膜设备；
3. 能够完成覆膜设备的模拟操作；
4. 能够排除覆膜生产过程中主要的质量弊病。

知识目标

1. 了解虚拟仿真设备的基本组成及功能；
2. 熟悉覆膜设备的工作原理；
3. 了解覆膜故障产生的原因和排除办法。

任务一　学习覆膜设备的工作原理及主要构成

一、学习覆膜种类及主要构成

覆膜广泛应用于包装盒、购物袋、书籍封面、招贴广告等场合。覆膜工艺是将涂有黏合剂的塑料薄膜覆盖在印刷品表面，经加热、加压处理，使印刷品与塑料薄膜紧密结合在一起，成为纸塑合一产品的印后加工技术。

覆膜工艺按所采用的原料及设备的不同，可分为预湿式覆膜工艺、干式覆膜工艺和预涂覆膜工艺。湿式覆膜工艺是把黏合剂涂布在塑料薄膜表面上通过压辊与基材（印刷品）粘合在一起，然后直接卷取的覆膜工艺；干式覆膜工艺是把黏合剂涂布在塑料薄膜上，经烘干使黏合剂初步干燥，然后与基材粘合在一起的覆膜工艺；预涂膜覆膜是把黏合剂涂布在塑料薄膜表面，烘干后备用，需要时将预涂膜与基材粘合在一起的覆膜工艺。干式覆膜工艺和湿式覆膜工艺又可称为即涂覆膜工艺，本节对即涂覆膜和预涂覆膜两类工艺的工作原理和主要构成进行简要介绍。

1. 即涂覆膜机工作原理和主要构成

（1）即涂覆膜机工作原理

即涂覆膜机主要由放卷、上胶涂布、干燥、复合、收卷五个部分，以及机械传动、张力自动控制、放卷自动调偏等附属装置组成，如图 4-1 所示。图中塑料薄膜安装在放卷架上，张力自动控制保持薄膜平稳输出，上胶涂布装置将黏合剂均匀地涂布在薄膜的一个面上，经涂胶后的薄膜通过烘道烘干，然后与待覆膜的印刷品一起压合，在一定的温度和压力下，印刷品与涂胶的薄膜压合成纸塑复合制品。

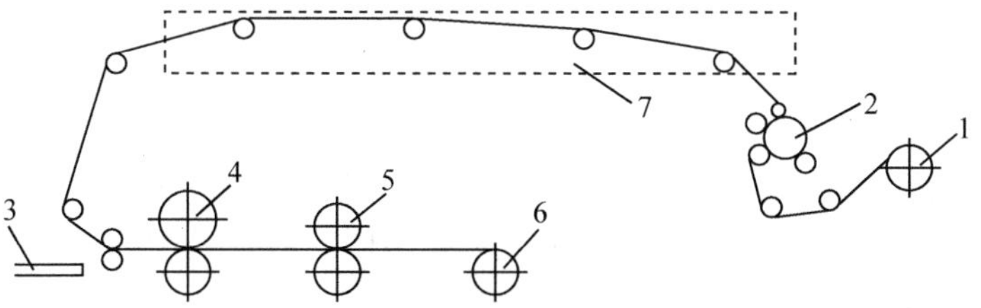

图 4-1　即涂覆膜机结构简图

1- 放卷部分；2- 涂布部分；3- 印品输入台；4- 复合部分；5- 辅助层压部分；6- 复卷部分；7- 干燥通道

（2）主要结构

a. 放卷部分

塑料薄膜的放卷作业要求薄膜始终保持恒定的张力。张力太大，易产生纵向皱褶，反之易产生横向皱褶，均不利于黏合剂的涂布及同印刷品的复合。为保持合适的张力，放卷部分一般设有张力控制装置。

b. 上胶涂布部分

薄膜放卷后经过导辊进入上胶部分。上胶部分涂布形式有：辊筒逆向涂布、网纹辊涂布、刮刀直接涂布、腔式涂布等。辊筒逆向涂布是以前采用的比较普遍的一种涂布方式；网纹辊涂布涂层较均匀，适合速度和质量要求比较高的涂布方式；刮刀涂布是一种结构比较简单且应用比较广泛的涂布；腔室涂布是一种新型涂布方式，这种涂布方式节约资源，涂布均匀、质量较好。

c. 干燥部分

涂敷在塑料薄膜表面的黏合剂涂层中含有大量溶剂，有一定的流动性，复合前必须通过干燥处理。干燥部分多采用隧道式，依机型不同干燥道长度在 1.5 ～ 5.5m。根据溶剂挥发机理，将干燥通道设计成三个区。

- 蒸发区：应尽可能在薄膜表面形成紊流风，有利于溶剂挥发。
- 熟化区：该区根据薄膜、黏合剂性质设定自动温度控制，一般控制在 50 ～ 80℃，加热方式有红外线加热、电热管加热等，自动平衡温度控制由安装在熟化区的热敏感元件实现。
- 溶剂排除区：为及时排除黏合剂干燥时挥发出的溶剂，降低干燥通道中的蒸汽压，该区设计有排风抽气装置，一般为风扇或引风机等。

d. 复合部分

复合部分主要由镀铬热压辊、橡胶压力辊及压力调整机构等组成。

- 热压辊

热压辊为空心辊，内装电热装置，辊筒温度通过传感器和操纵台的仪器仪表来控制。热压辊的表面状态和热功率密度对覆膜产品质量有很大影响。一般覆膜工艺要求热压温度为 60 ～ 80℃，面积热流量为 2.5 ～ 4.5W/cm^2。

- 橡胶压力辊

橡胶压力辊的作用是将被覆产品以一定压力压向热压辊，使其固化粘牢。复合时的接触压力对黏合强度及外观质量有密切关系，一般为 15.0 ～ 25.0MPa。

- 压力调整机构

压力调整机构用于调节热压辊和橡胶压力辊间的压力。压力调整机构可采用简单偏心机构、偏心凸轮机构、液（气）压式压力调整机构等。

e. 印刷品输入部分

印刷品的输送有手工和全自动输入两种方式。全自动输入方式又分为气动式与摩擦式两种类型。气动式是在印刷品前端或尾部装上一排吸嘴，依靠吸嘴的“吸”“放”和“移动”来分离、递送印刷品。摩擦式主要靠摩擦头往复移动或转动与印刷品产生摩擦，将印刷品由纸堆上分离出来，并向前输送。

f. 收卷部分

覆膜机多采用自动收卷机构，收卷轴可自动将复合后的产品收成卷状。为保证收卷松紧一致，收卷轴与复合线速度必须同步，收卷时张力要保持恒定。随着收卷直径的增大，其线速度必须与复合的线速度同步。

2. 预涂覆膜机工作原理和主要构成

（1）工作原理

预涂覆膜机由预涂塑料薄膜放卷、印刷品自动输入、热压区复合、自动收卷四个主要部分，以及机械传动、预涂塑料薄膜展平、纵横向分切、计算机控制系统等辅助装置组成。图 4-2 为预涂膜覆膜机工作原理图。

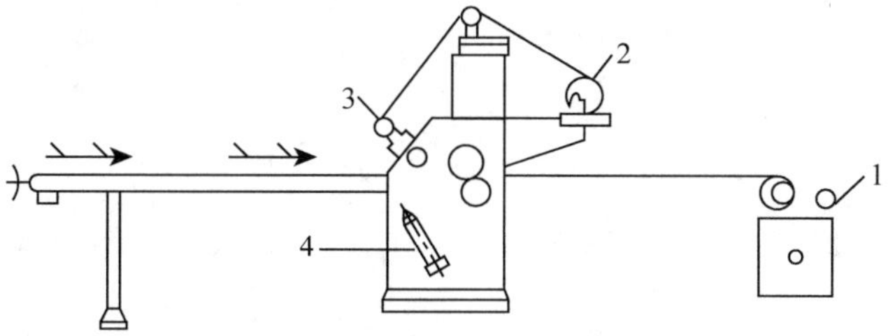

图 4-2 预涂膜覆膜机工作原理图

1- 收卷；2- 预涂膜；3- 压合；4- 液压手柄

预涂黏合剂的塑料薄膜材料成卷筒状放在放卷轴上，开机前将预涂薄膜通过调节辊和导向辊引导进入复合机构，同时印刷品由输入装置进入复合机构，复合机构的热压辊和橡胶压辊对印刷品和薄膜进行压合，压合后的印刷品由收卷轴进行收卷。

（2）主要构成

a. 放卷部分

放卷部分主要由塑料薄膜支撑架和薄膜张力控制系统组成。预涂膜放置在放卷机构的支撑架上，预涂膜在工作过程中必须保持恒定的张力，张力过大过小都会影响覆膜质量。

b. 印刷品输入部分

印刷品输入部分主要功能是将印刷品不发生重叠并等距地进行分离和输送，一般采用气动或摩擦方式，主要构成与即涂覆膜的输入装置相同。

c. 复合部分

复合部分由加热压力辊、硅胶压力辊组成；热压力辊是空心辊，内部装有加热装置，表面镀有硬铬，并经抛光、精磨处理；硅胶压力辊为实心辊，中间部分为金属辊，金属辊外表面包裹一层硅胶，其主要功能是与热压辊合压，产生压力，使黏合剂充分渗入纸张和薄膜。

d. 传动系统

传动系统是由计算机控制的大功率步进电机驱动，经过一级齿轮减速后，通过链条传动，带动进纸机构的运动和复合部分橡胶压力辊的转动。

e. 计算机控制系统

计算机控制系统采用微处理机，硬件配置由主机板、数码按键板、光隔离板、电源板、步进电机功率驱动板等组成。

3. 使用虚拟仿真系统熟悉覆膜装置

在进入印后加工虚拟仿真实训系统界面后，按住感应触控笔上的圆形主键，左右移动可选择相应的系统模块，也可以选择按住控制笔上的左右键，选择实训系统中的覆膜机模块。在选择覆膜机模块时，需要将控制线光标移动至模块的右下角的三角形状控件；如果三角形状控件发亮，说明该模块已被选中，然后点击触控笔主键，屏幕中显示“启动中，请稍后”字样，即表示正在进入覆膜机实训模块。进入后的覆膜机实训模块界面如图 4-3 所示。

图 4-3 启动覆膜机实训模块

移动感应触控笔，主键单击左侧选择区的【结构拆装】按钮，操作模块区显示覆膜设备的结构组成。屏幕左侧有两个选项框，分别是【即涂覆膜机】和【预涂覆膜机】。移动感应触控笔，左键选择其中一种覆膜方式，操作模块区显示对应的覆膜装置。将移动触控笔对应光标放置到覆膜装置中的某一个零部件时，零部件上方显示该零件的名称，主键单击工具栏下的隐藏工具按钮，可以选择性隐藏零部件，操作者可根据学习要求，选择是否需要隐藏零部件，隐藏后的零部件如图 4-4 所示。

图 4-4 隐藏外壳后的覆膜机

移动感应触控笔，将光标放置在零部件上方，左键单击零部件，可以对零部件进行拆卸，拆卸后的零部件可以移到机器周边，便于观察零部件的结构和外形，同时也便于观察机器内部机构，并对机器内部结构进行拆卸，如图 4-5 所示。拆卸完后，左键点击模块下面的功能按钮区内的安装按钮，拆卸完后的零部件按拆卸先后顺序完成零件的回位或安装。

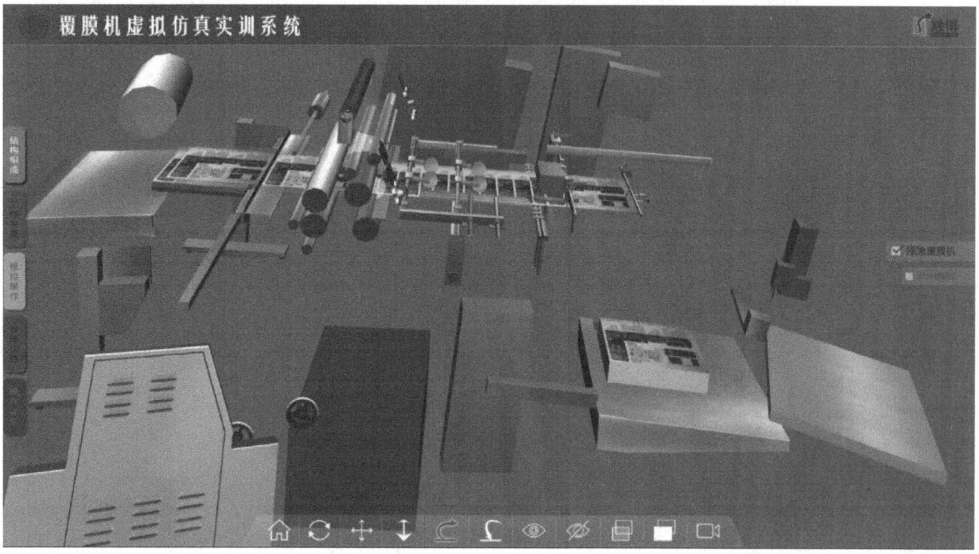

图 4-5　覆膜设备拆卸三维图

二、学习覆膜设备工作原理

移动感应触控笔，单击模块左侧选择区的【工作原理】按钮进入覆膜机的工作原理界面，界面以动画的形式显示覆膜设备的整个工作流程。覆膜设备机器盖会默认隐藏，此时可以清晰地看到烫印设备内部每个零部件的运作过程，移动感应控制笔，左键单击屏幕左侧的即涂覆膜选项框，可得即涂覆膜的工作原理如图 4-6 所示。

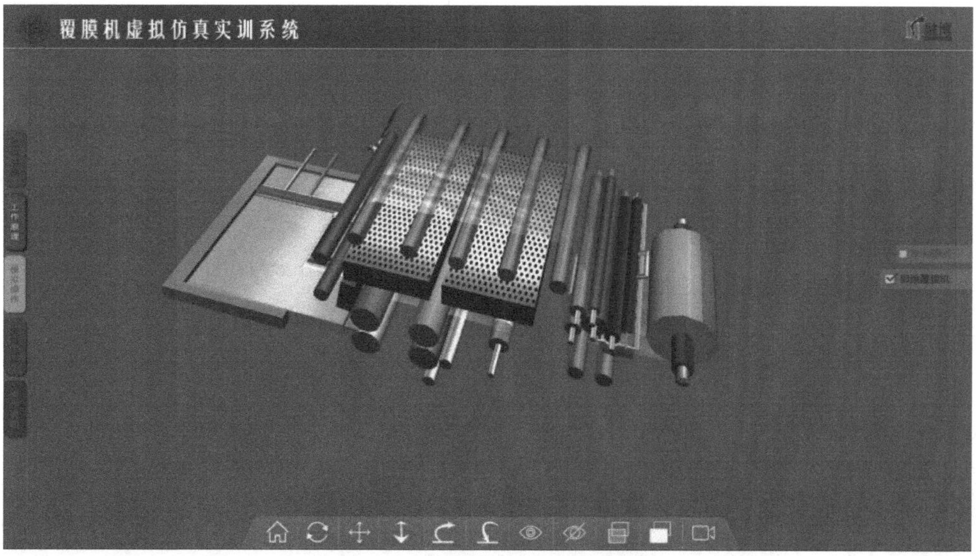

图 4-6　即涂覆膜设备工作原理图

移动感应触控笔，左键单击屏幕左侧的【预涂覆膜机】选项框，可得预涂覆膜机的工作原理，如图 4-7 所示。

覆膜设备开始工作后，给纸装置上的分纸吸嘴吸住纸堆上的第一张纸，并进行分离，分离后的纸张被递送给接纸轮，接纸轮接过纸张，纸张通过输纸板台，并在输纸板台上的侧规处进行定位。定位后的纸张输送到合压装置处，同时，薄膜放料轴进行放料，涂布装置对薄膜进行涂布，涂布后的薄膜在合压装置处与纸张进行压合，最后进行复卷。整个覆膜设备工作过程动画如图 4-6 和 4-7 所示，学生观看工作原理动画后，可配合工具按钮，进行内部观察和覆膜工艺的细致探究。

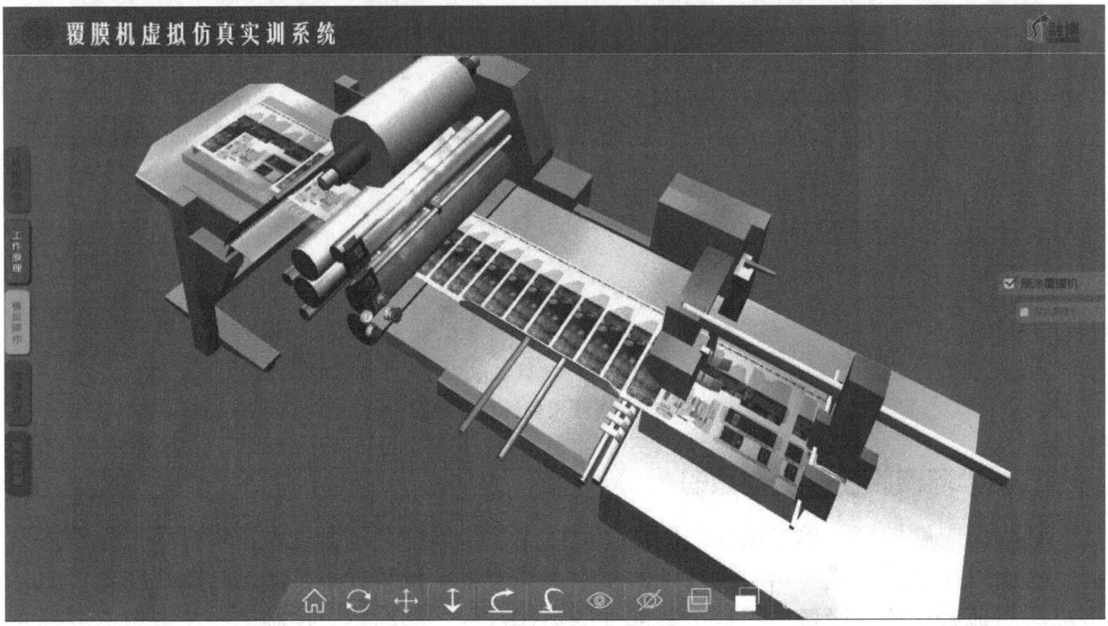

图 4-7　预涂覆膜机的工作原理图

任务二　学习覆膜设备结构模拟拆装

一、即涂覆膜机模拟拆装

即涂覆膜设备结构模拟拆装步骤如下。

（1） 首先根据任务 1 中的操作方法进入即涂覆膜机虚拟实训系统，然后移动感应触控笔选择【结构组成】，主键单击，进入结构拆装模拟操作界面，如图 4-8 所示。

（2）移动感应触控笔，单击左键选择屏幕右侧的【即涂覆膜机】选项，选中后模拟操作区显示如图 4-9 所示，此后可进行即涂覆膜机的结构拆装。

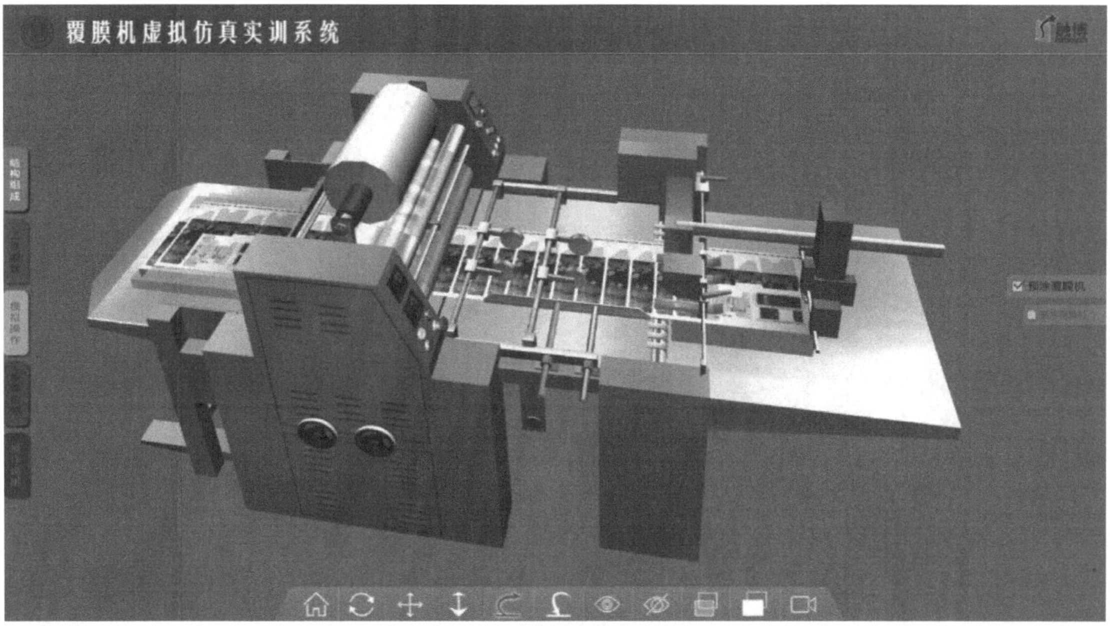

图 4-8 结构拆装模拟操作界面

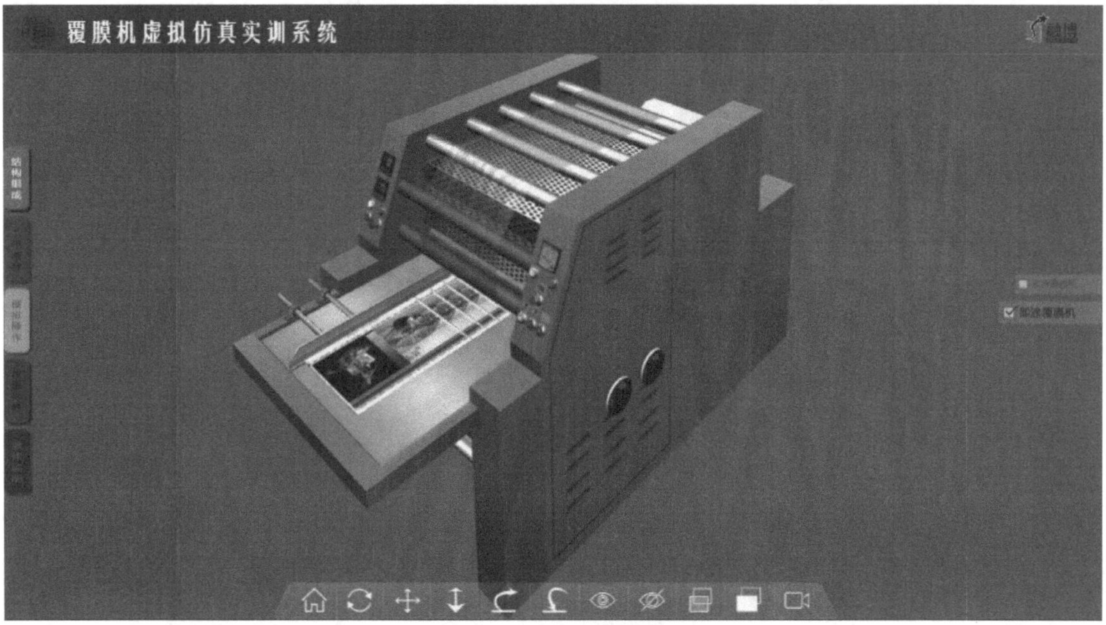

图 4-9 选择即涂覆膜机选项

（3）外壳拆卸。首先使用感应触控笔选择工具栏下方的拆卸按钮，然后使用感应控制笔选择要拆卸的外盒，长按主键，将要拆卸的外壳移动到合适的位置，根据料带的运动线路，将机器外壳逐一进行拆装，如图 4-10 所示。

（4）涂布单元拆卸。首先使用感应触控笔选择工具栏下方的拆卸按钮，然后使用感应触控笔选择要拆卸的涂布装置，长按主键，将要拆卸的涂布装置零部件移动到合适的位置，涂布单元拆卸如图 4-11 所示。

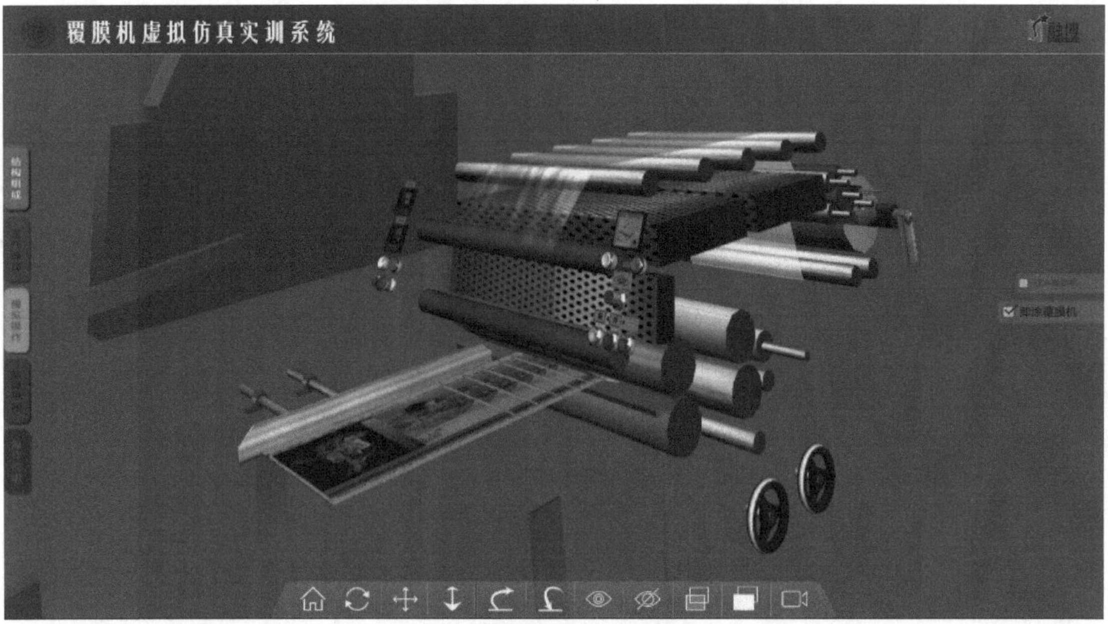

图 4-10 拆除外壳后的覆膜设备

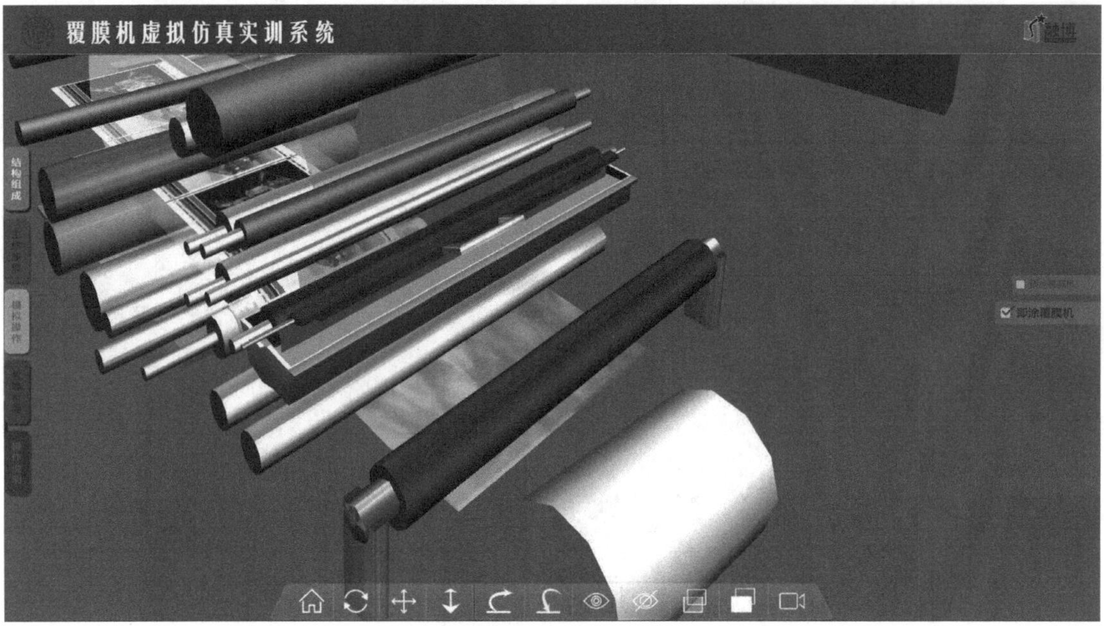

图 4-11 涂布丹云拆卸

（5）复合单元拆卸。首先使用感应触控笔选择工具栏下方的拆卸按钮，然后使用感应触控笔选择要拆卸的复合单元，长按主键，将要拆卸的复合单元零部件移动到合适的位置，复合单元拆卸过程如图 4-12 所示。

（6）导纸单元拆卸。首先使用感应触控笔选择工具栏下方的拆卸按钮，然后使用感应触控笔选择要拆卸的导纸单元，长按主键，将要拆卸的导纸单元零部件移动到合适的位置，导纸单元拆卸如图 4-13 所示。

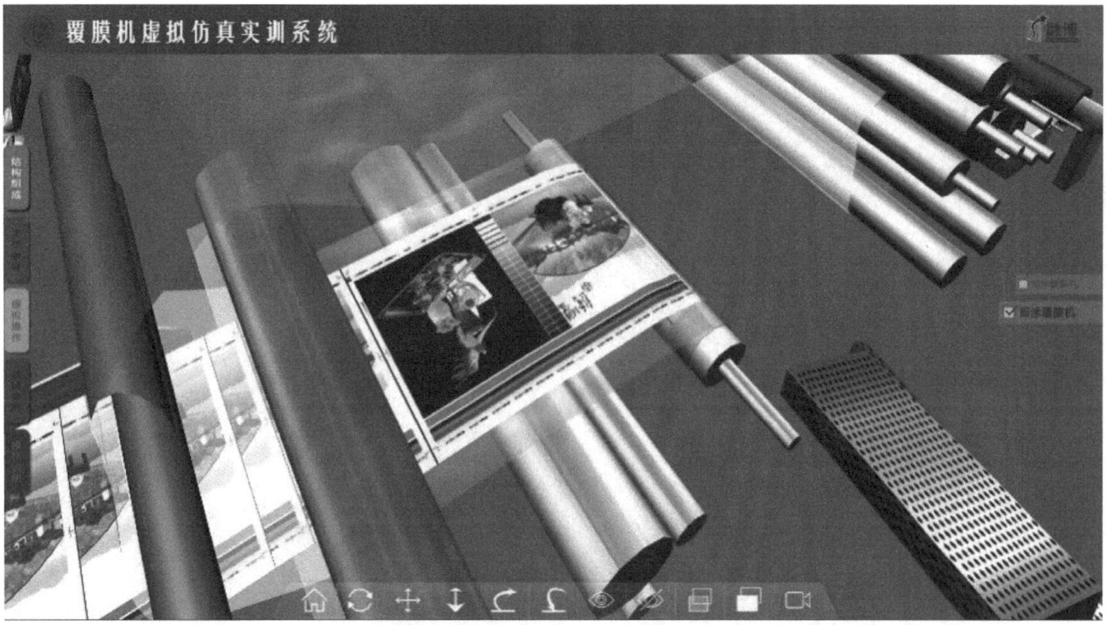

图 4-12 复合单元拆卸

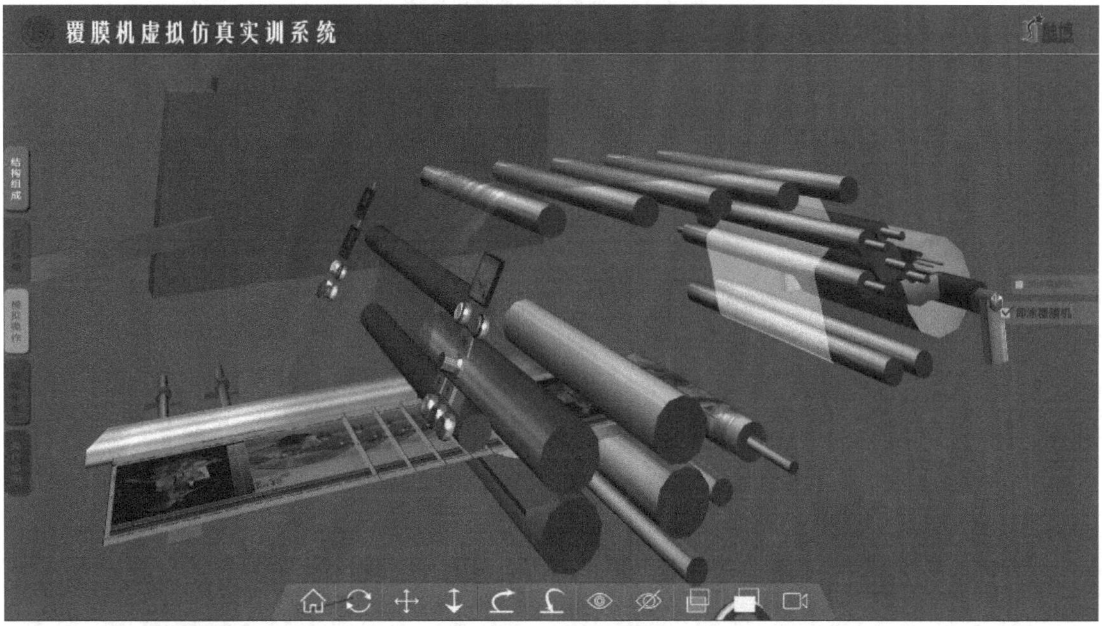

图 4-13 导纸单元拆卸

二、预涂覆膜机模拟拆装

预涂覆膜设备结构模拟拆装步骤如下。

（1）首先根据任务 1 中的操作方法进入预涂覆膜机虚拟实训系统，然后移动感应触控笔选择【结构拆装】，单击主键，进入结构拆装模拟操作界面，如图 4-8 所示。

（2）移动感应触控笔，单击左键选择屏幕右侧的【预涂覆膜机】选项，模拟操作区显示如图 4-14 所示，此后可进行预涂覆膜机的结构拆装。

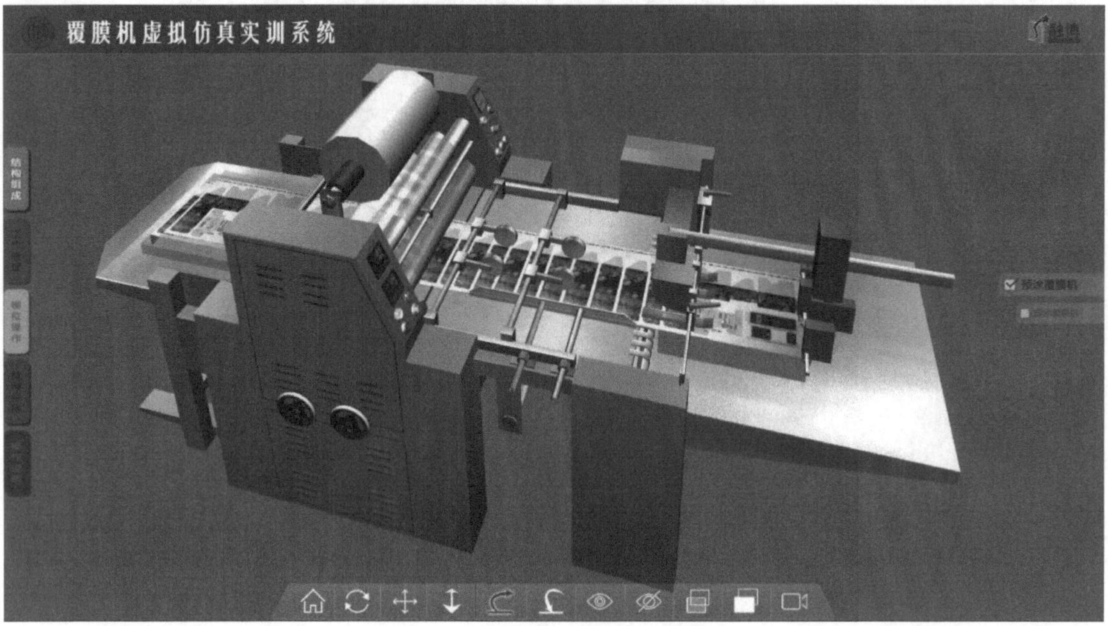

图 4-14　选择预涂覆膜机选项

（3）外壳拆卸。首先使用感应触控笔选择工具栏下方的拆卸按钮，然后使用感应触控笔选择要拆卸的外盒，长按主键，将要拆卸的外壳移动到合适的位置，根据纸张的运动线路，将机器外壳逐一进行拆装，如图 4-15 所示。

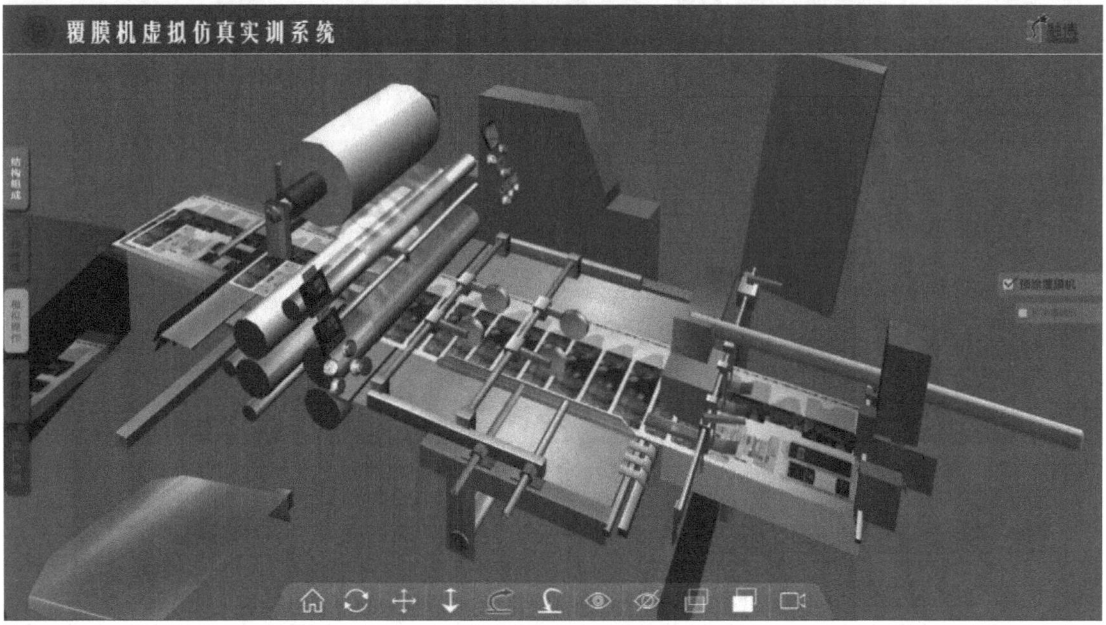

图 4-15　拆除外壳后的覆膜设备

（4）输纸单元拆卸。首先使用感应触控笔选择工具栏下方的拆卸按钮，然后使用感应触控笔选择要拆卸的输纸单元，长按主键，将要拆卸的输纸单元零部件移动到合适的位置，输纸单元拆卸过程如图 4-16 所示。

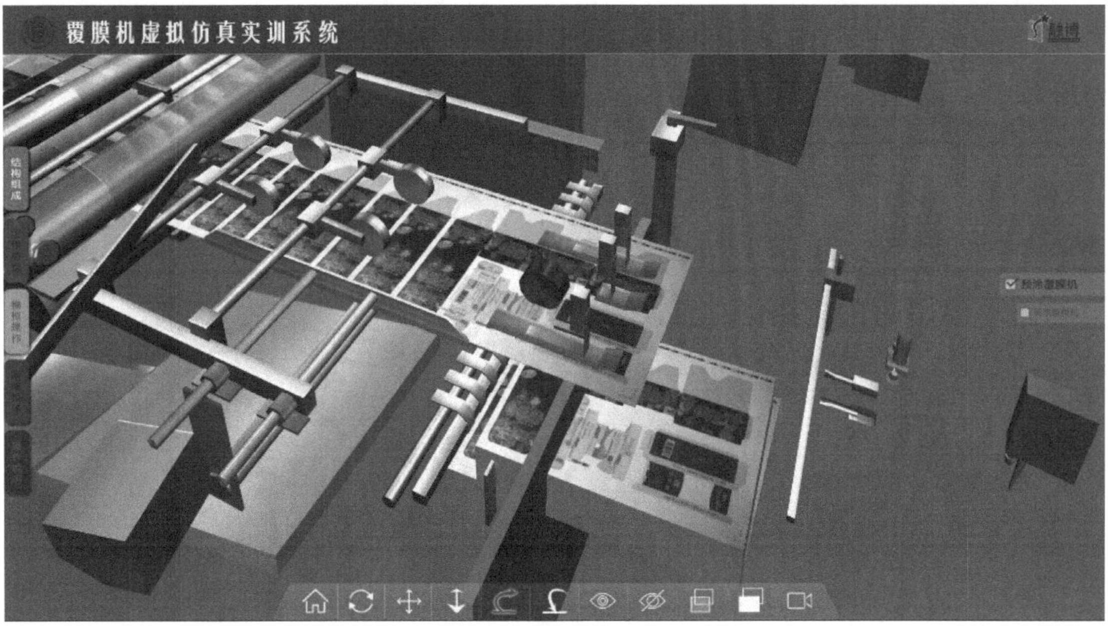

图 4-16　输纸单元拆卸

（5）复合单元拆卸。首先使用感应触控笔选择工具栏下方的拆卸按钮，然后使用感应触控笔选择要拆卸的复合单元，长按主键，将要拆卸的复合单元零部件移动到合适的位置，复合单元拆卸过程如图 4-17 所示。

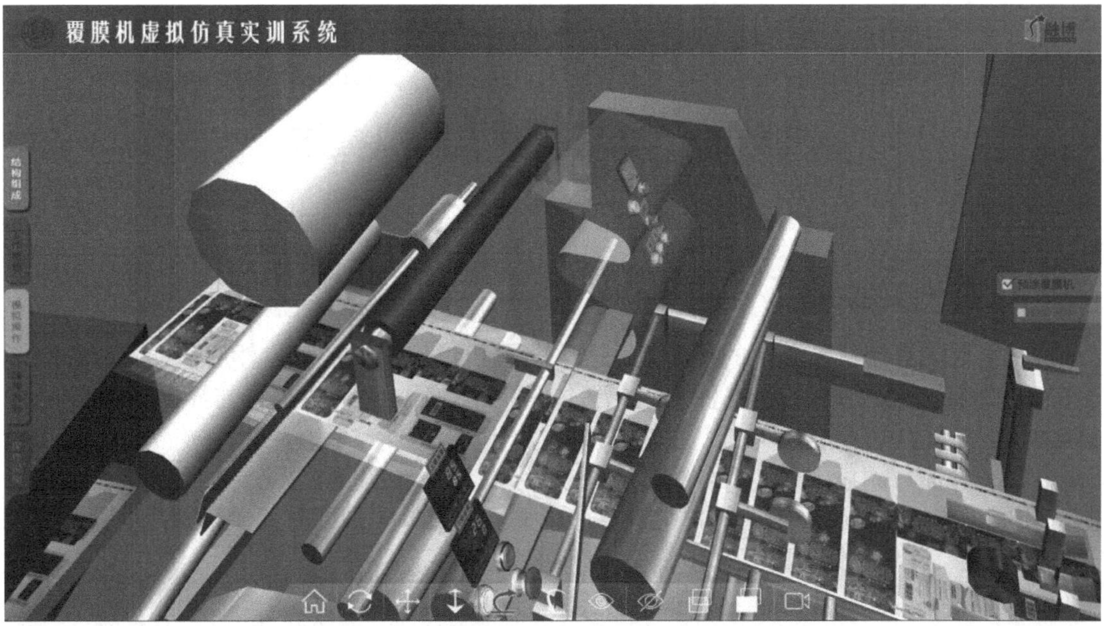

图 4-17　复合单元拆卸

（6）收纸单元拆卸。首先使用感应触控笔选择工具栏下方的拆卸按钮，然后使用感应控制笔选择要拆卸的收纸单元，长按主键，将要拆卸的收纸单元零部件移动到合适的位置，收纸单元拆卸如图 4-18 所示。

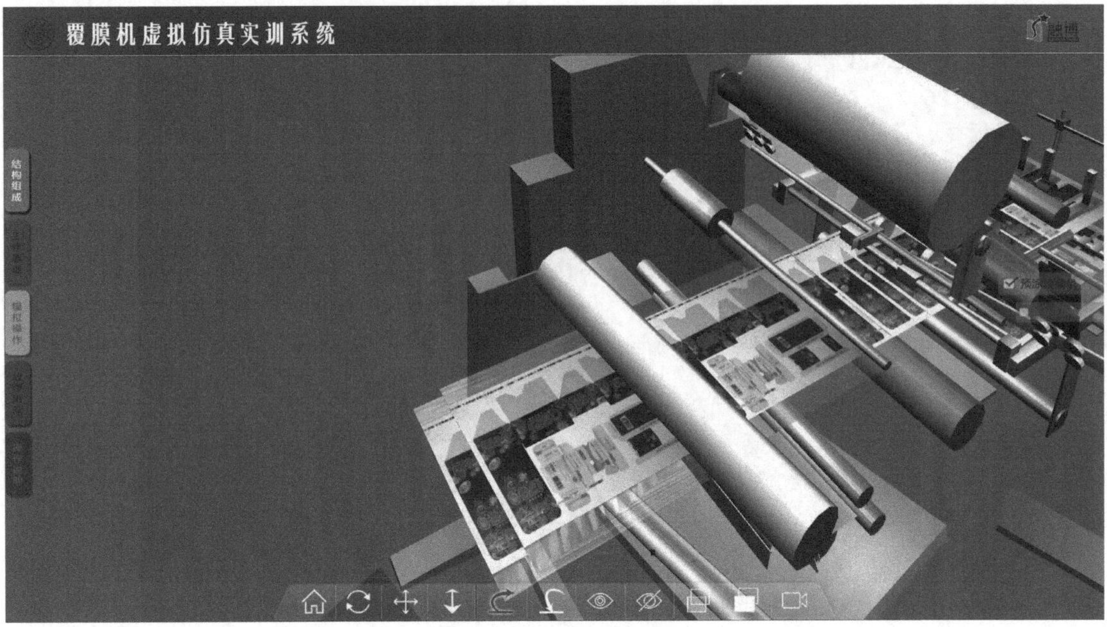

图 4-18　收纸单元拆卸

（7）覆膜设备装配。所有零部件拆卸完后，使用感应触控笔选择工具栏下方的安装按钮，单击一次感应触控笔右键，所选中的模型部件会立刻安装回覆膜机模型，安装后效果如图 4-14 所示。

任务三　学习覆膜机模拟操作

一、熟悉操作界面

（1）首先根据任务 1 中的操作方法进入折页机虚拟实训系统，然后移动感应控制笔至界面左侧功能模块区，选择【模拟操作】，单击主键，进入模拟操作界面，如图 4-19 所示。

（2）界面右侧显示模拟操作列表菜单。使用感应触控笔的主键单击菜单条，可选择打开相应菜单。使用感应触控笔的主键单击模拟操作菜单条，可向下弹开操作步骤说明，单击“︿”按钮，则收起操作步骤文字，如图 4-20 所示。

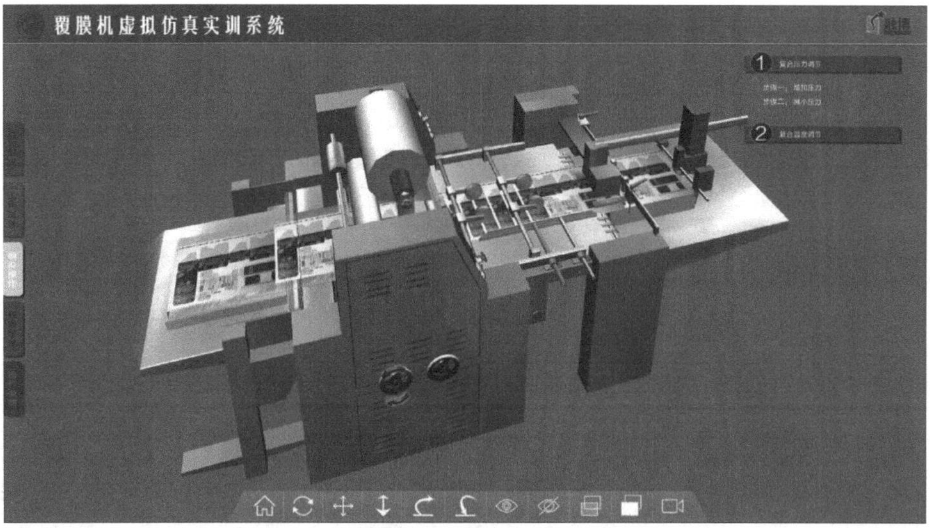

图 4-19　模拟操作界面

（3）默认情况下显示整个覆膜机模型，移动感应触控笔，主键单击右侧操作列表中的第一个模拟操作任务【复合压力调节】，任务列表列出复合压力调节的操作步骤，分别是：增加压力、减小压力，如图 4-20 所示。

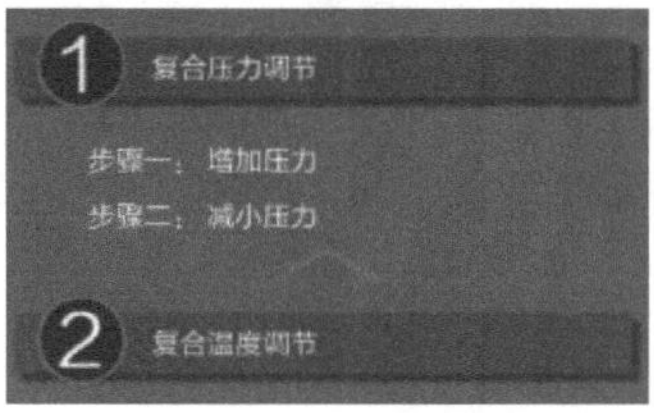

图 4-20　操作步骤菜单

（4）移动感应触控笔，按照右侧调节步骤进行操作，操作完成后，在右侧菜单栏上相应的步骤文字会显示为蓝色，如图 4-21 所示。

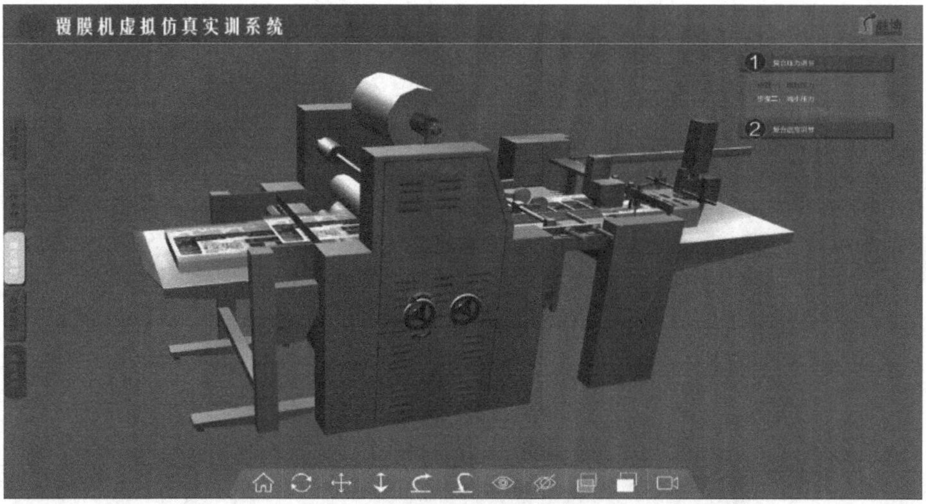

图 4-21　操作步骤完成后字体颜色变化

二、复合压力调节模拟操作

（1）感应触控笔主键点击覆膜机模拟操作菜单，进入模拟操作后，主键点击操作【复合压力调节】，屏幕显示如图 4-20 所示，主键单击【步骤一：增加压力】，此时覆膜设备中间左边压力旋转手柄上下方出现旋转箭头，通过旋转手柄的调节来增加压力，如图 4-22 所示。

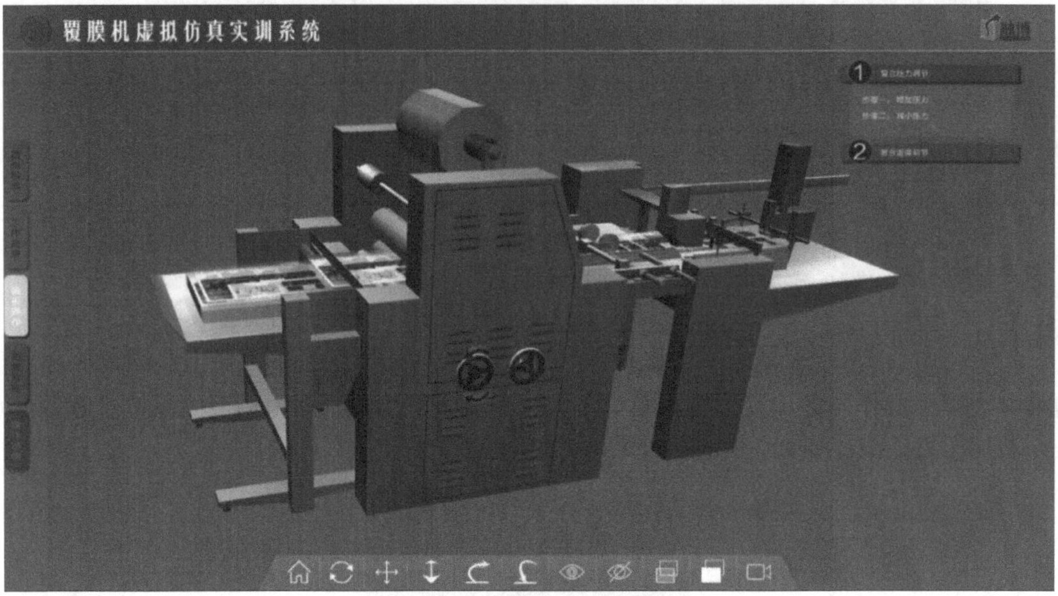

图 4-22　增加压力调节

（2）移动感应触控笔，主键单击压力旋转手柄上的顺时针箭头，压力调节增大，调节完后步骤一字体变蓝，如图 4-23 所示。

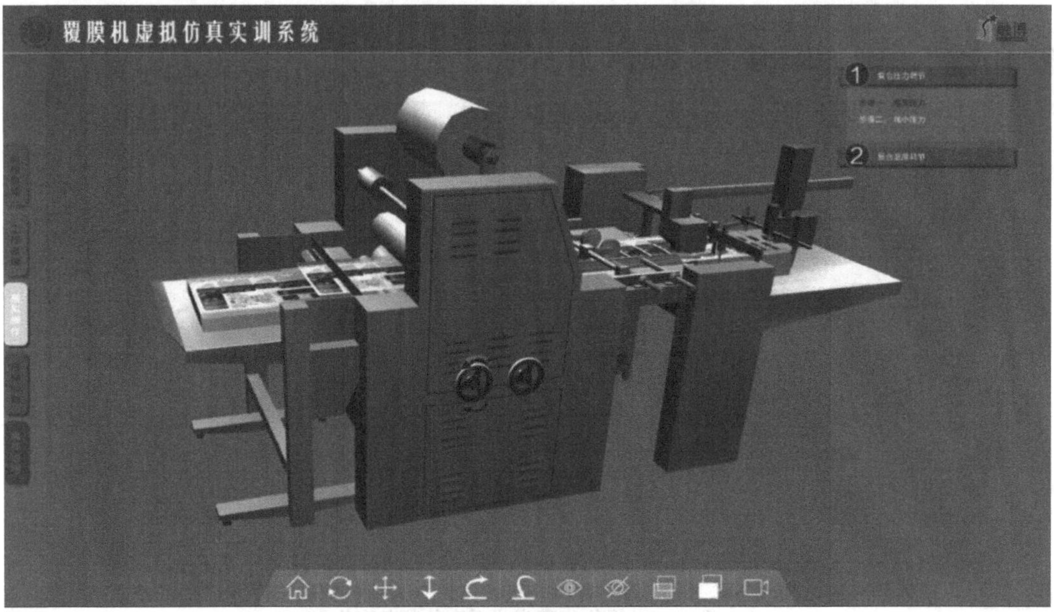

图 4-23　增加压力调节完成

（3）移动感应触控笔，主键单击压力旋转手柄上的逆时针箭头，压力减小，调节完后步骤二字体变蓝，如图 4-24 所示。

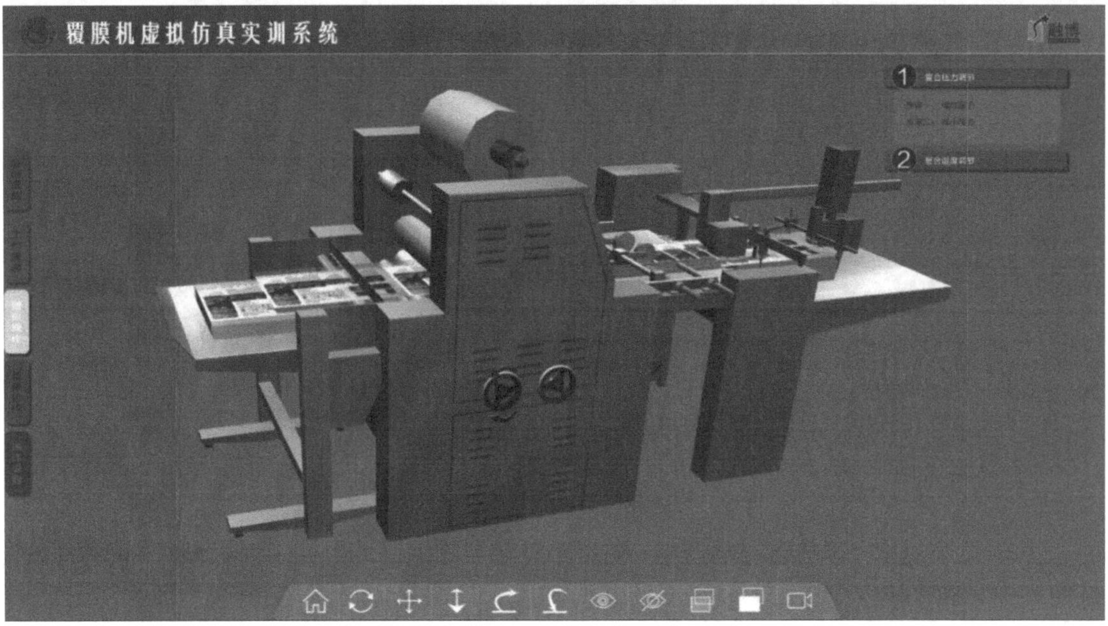

图 4-24　减小压力调节完成

三、复合温度调节模拟操作

（1）感应触控笔主键点击覆膜机模拟操作菜单，进入模拟操作后，主键点击操作二【复合温度调节】，屏幕显示如图 4-20 所示，移动感应触控笔，主键按住覆膜设备左侧的控制面板，移动感应触控笔放大控制面板，如图 4-25 所示。

图 4-25　放大控制面板

（2）打开预设温度设置。移动感应触控笔，使用感应触控笔主键单击控制面板最左侧的【SET】按钮，击活预设温度调节，如图 4-26 所示。

图 4-26　打开预设温度设置

（3）调节温度。移动感应触控笔，使用感应触控笔主键单击控制面板最右侧的【增加】按钮和中间的【减少】按钮，将温度调节到 87℃，如图 4-27 所示。

图 4-27　调节温度值

（4）关闭预设温度设置。移动感应触控笔，使用感应触控笔主键单击控制面板最左侧的【SET】按钮，关闭预设温度调节，如图 4-28 所示。点击完成后，操作步骤字体颜色变蓝，即复合温度调节操作完成。

图 4-28　关闭预设温度调节

任务四　学习覆膜机故障排除模拟操作

覆膜工艺可对产品起到保护和美化作用，覆膜的印刷品一般要经过折叠、刮压、粘贴、烘烤、模切、压痕等加工，要受到各种物理、化学作用，在这些条件下，覆膜产品可能出现一些质量故障。

常见的覆膜质量故障有：塑料薄膜断裂、纸张起皱、塑料薄膜起皱、产品表面起泡、纸膜共同起皱、产品卷曲、胶水涂覆不均、产品保护和美化透明度差等，本章节对覆膜过程中主要故障产生的原因和解决方法，以及对涂覆不均、皱膜和皱纸两个故障进行模拟操作和简要分析。

一、覆膜工艺主要质量故障产生的原因和解决方法

（1）纸张起皱

a. 产生的原因：①纸张受潮；②车间温度过高；③辊筒压力不均匀；④导向辊间隙不等；⑤纸张前进方向与导向辊轴心方向不垂直。

b. 排除方法：①纸张受潮和车间温度过高使纸张变形时，需要把变形纸张整理平整；②调整压辊和导向辊间隙，检查辊筒轴承是否损坏；③调整导向胶辊；④调整输送带，调整规矩。

（2）塑料薄膜起皱

a. 产生的原因：①涂布好的黏合剂太厚，未干；②覆膜压合温度和烘道温度偏高；③导向胶辊与导向光辊间隙过小，压力过大，或导向辊表面有异物；④覆膜速度过快；⑤覆膜拉力大，起竖皱、斜皱。

b. 排除方法：①调整黏合剂涂布量、烘道温度和车速，保证黏合剂符合干燥要求；②压合温度和烘道温度偏高，薄膜软化变形，在热压辊辗压作用下，塑料膜易起皱，这时应降低热压合辊温度，使之符合压合要求；③调整导向胶辊间隙，用干净布擦拭导向光棍；④调松薄膜压力，调整张力辊，使薄膜展平后再压合。

（3）产品表面起泡

a. 产生的原因：①纸张湿度大；②纸张掉粉；③油墨过厚或不干；④油墨中防粘剂、快干剂多；⑤胶层太薄或太厚；⑥胶液过浓或过稀；⑦涂布不均或黏合剂老化；⑧薄膜表面有灰尘杂质。

b. 排除方法：①晾干纸张，调整车间湿度；②去除纸张表面粉尘；③调整涂布黏合剂工艺，电化学处理塑料薄膜，套印亮光浆，油墨不平时要进行干燥；④调整胶层厚度和上胶辊间隙；⑤调整胶液浓度；⑥调整两胶辊间隙，使其一致；⑦调整刮刀，清除异物，更换老化胶液；⑧清除塑料薄膜表面灰尘杂质。

（4）纸膜共同起皱

a. 产生的原因：①热压胶辊与热压辊间压力不一致，重压边起皱；②热压辊或热压胶辊表面有异物或破损；③导向辊间隙过大或轴承损坏。

b. 排除方法：①调整热压胶辊与热压辊间的压力，使其保持一致；②清除异物，修理或更换损坏部分；③调整橡胶辊压力，调整导向辊间隙。

（5）产品卷曲

a. 产生的原因：①纸张受潮变形；②气候潮湿；③薄膜拉力过紧；④热压金属辊表面温度高，压力大。

b. 排除方法：①产品覆膜后存放 6 ～ 24h 后再进行分切，产品收齐堆放时应正反面相隔（即数张膜朝上，数张膜朝下间隔堆放）；②控制车间温度；③调整薄膜牵引力；④适当降低辊筒温度和压力，防止产品变形。

（6）产品透明度差

a. 产生的原因：①黏合剂本身不清亮；②车间湿度大，纸张潮湿。

b. 排除方法：①更换清亮黏合剂；②对纸张和车间进行干燥处理，清除膜与纸间的水汽。

二、涂覆不均质量故障排除模拟操作

（1）首先根据任务 1 中的操作方法进入覆膜虚拟实训系统，然后移动感应触控笔至界面左侧功能模块区中的【故障排除】按钮，主键单击【故障排除】按钮，屏幕初始状态显示如图 4-29 所示，此时可以进入故障排除模拟操作。

（2）使用感应触控笔主键点击屏幕右侧的【涂覆不匀】故障按钮，该故障按钮被激活，同时故障字体变为黄色字体。在模型操作区即可进行故障诊断与排除操作，如图 4-30 所示。

图 4-29　故障排除初始状态

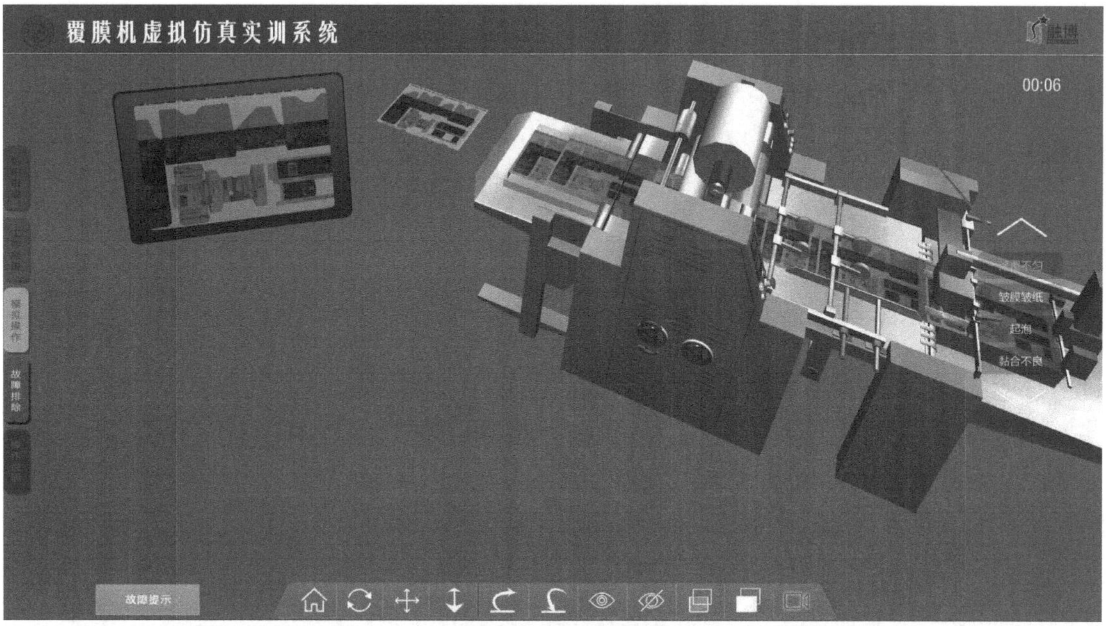

图 4-30　故障按钮激活

（3）移动感应触控笔，使用其主键单击屏幕左下方的故障提示，弹出红色字体的故障提示内容，故障提示要求增大复合压力，操作结果如图 4-31 所示。

（4）样张故障观察。使用感应触控笔主键单击并拖动场景中的放大镜模型，查看显示器上印张中的涂覆不均故障，如图 4-32 所示。

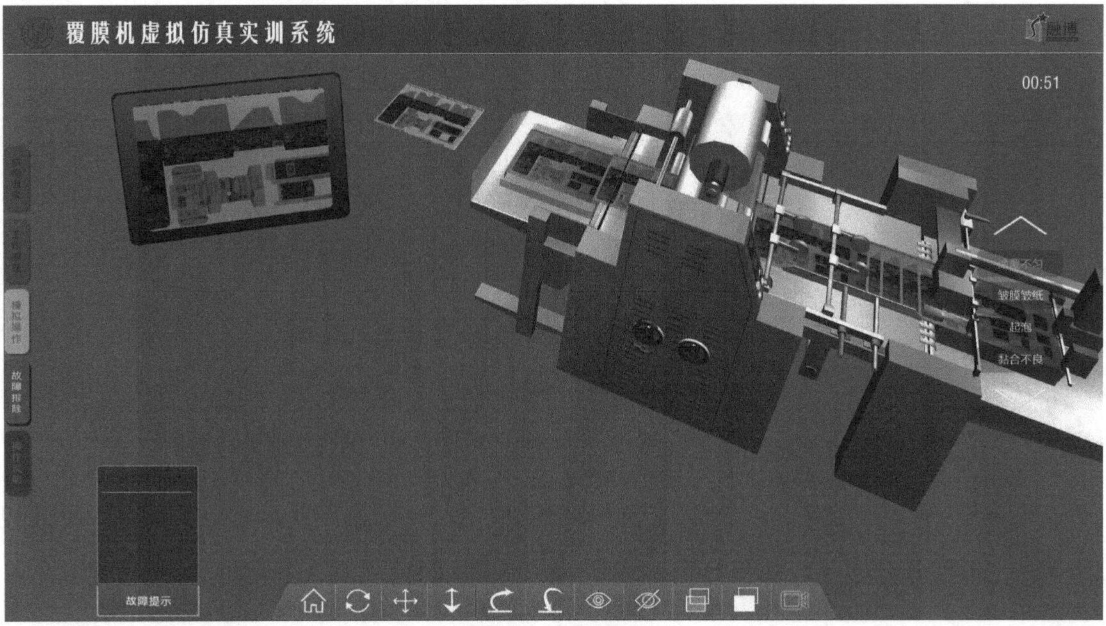

图 4-31　故障提示

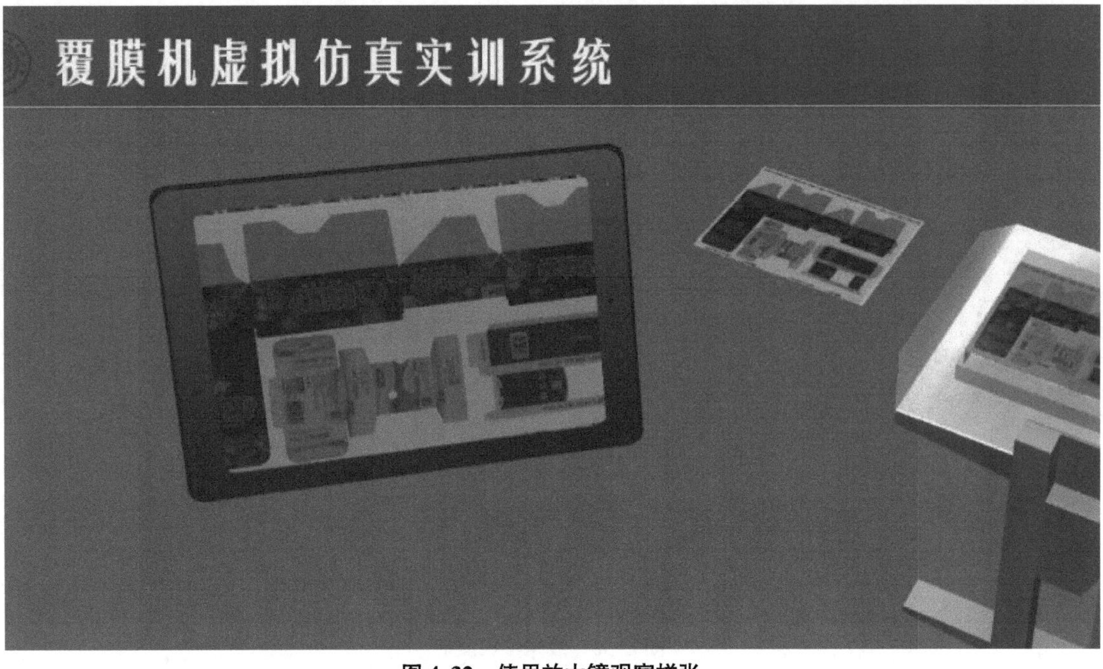

图 4-32　使用放大镜观察样张

（5）移动感应触控笔，主键按住覆膜设备，将覆膜机侧面正对屏幕，可知覆膜机操作面墙板上有两个旋转手柄，左侧旋转手柄为压力调节手柄，手柄上方有顺时针和逆时针箭头，将旋转手柄顺时针转动表明增大压力，逆时针转动表明减小压力，如图 4-33 所示。

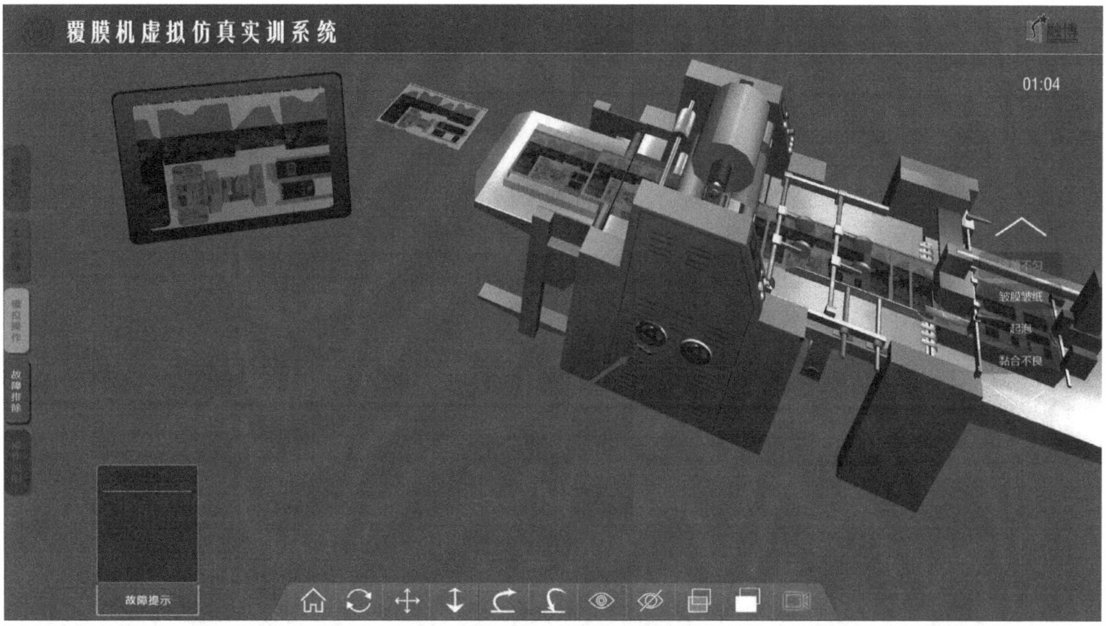

图 4-33　旋转手柄调节压力

（6）移动感应触控笔，使用感应触控笔主键单击顺时针压力调节旋钮，旋钮顺时针旋转半圈，故障被排除，同时显示“恭喜您，故障已排除”窗口，如图 4-34 所示。

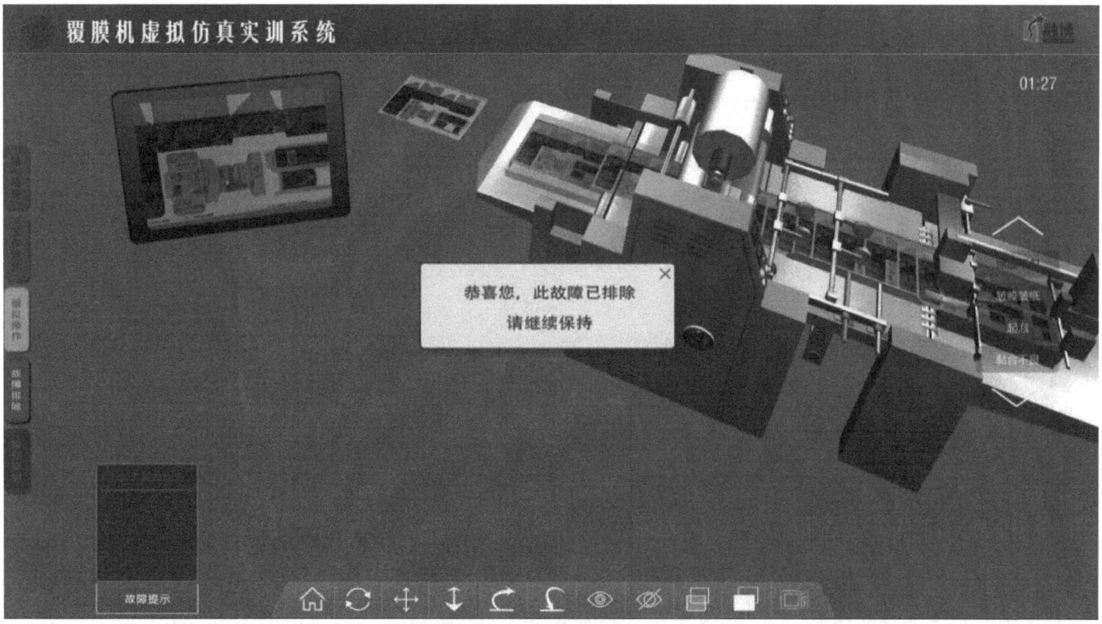

图 4-34　故障排除提示

三、皱膜、皱纸质量故障排除模拟操作

（1）首先根据任务 1 中的操作方法进入覆膜虚拟实训系统，然后移动感应控制笔至界面左侧功能模块区中的【故障排除】按钮，主键单击【故障排除】按钮，屏幕初始状态

显示如图 4-29 所示，此时可以进入故障排除模拟操作。

（2）移动感应触控笔，主键单击右侧故障菜单栏中的【皱膜皱纸】故障，该故障按钮被激活，故障字体变为黄色字体显示。在模型操作区即可进行故障诊断与排除操作，如图 4-35 所示。

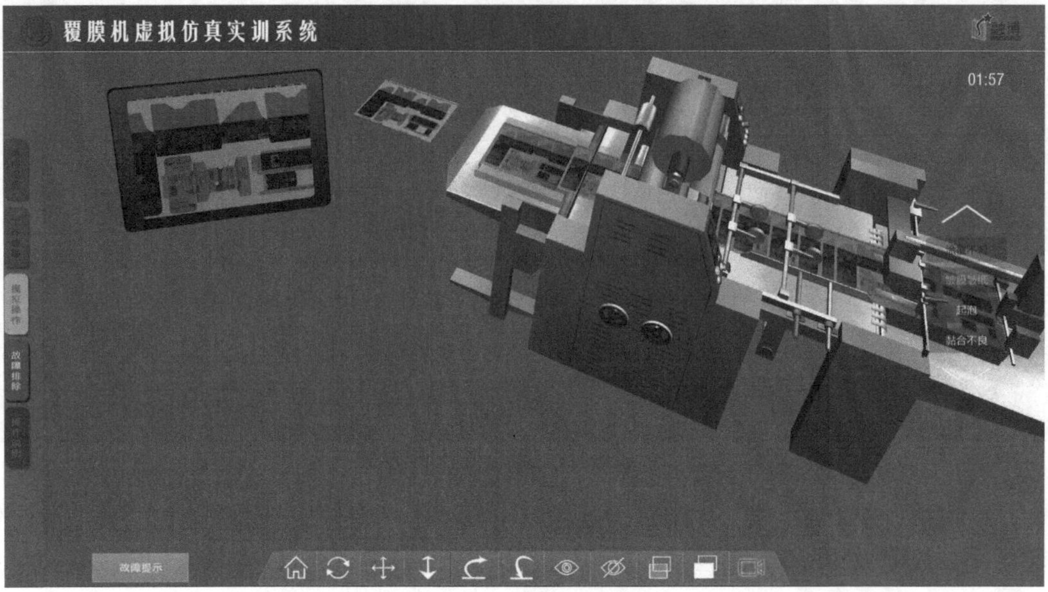

图 4-35　故障按钮激活

（3）样张故障观察。使用感应触控笔主键单击并拖动场景中的放大镜模型，查看显示器上的印张覆膜出现皱纸皱膜故障，如图 4-36 所示。

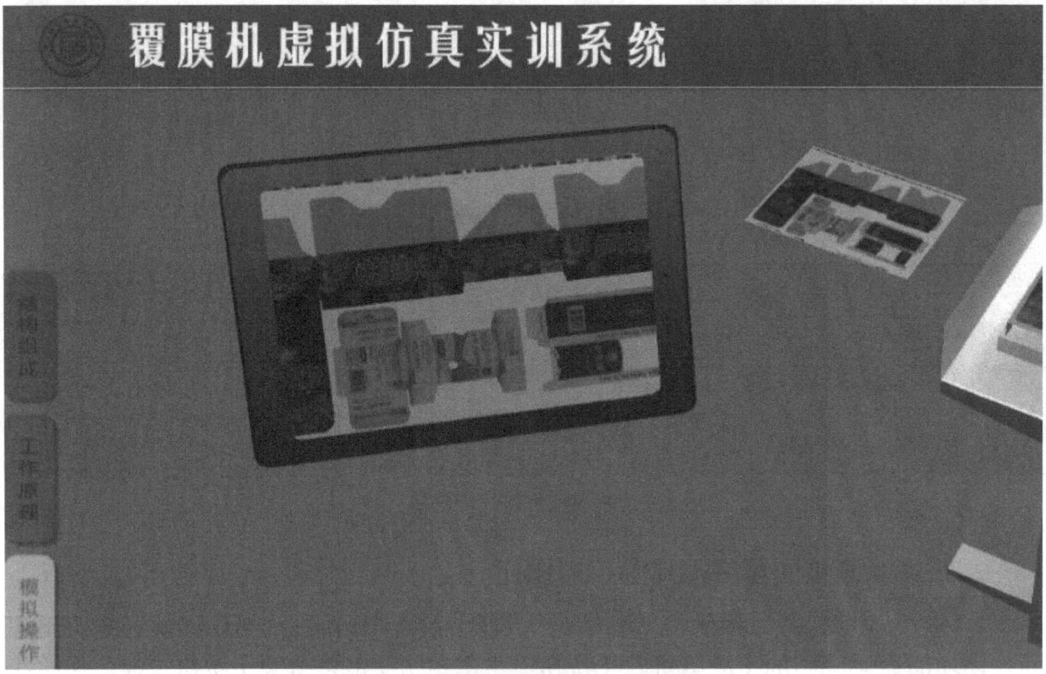

图 4-36　皱纸皱膜样张故障观察

（4）移动感应触控笔，其主键单击屏幕左下方的故障提示，弹出红色字体的故障提示内容，故障提示要提高复合温度，操作结果如图 4-37 所示。

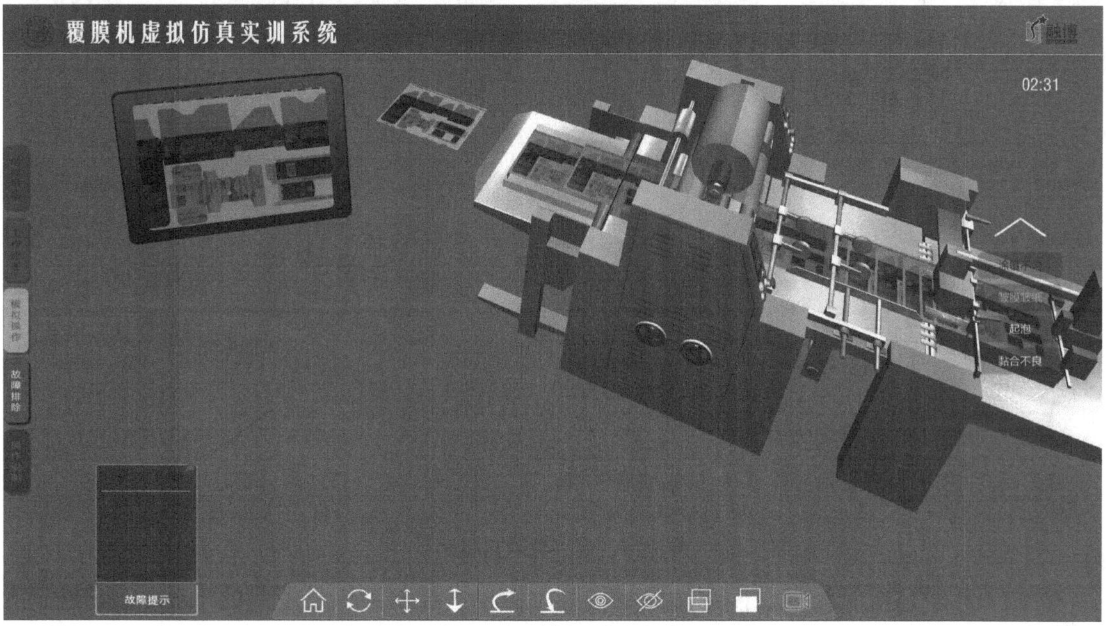

图 4-37　皱纸皱膜故障提示

（5）移动感应触控笔，拖动覆膜设备，将覆膜设备控制面板正对屏幕，使用感应触控笔主键单击控制面板左侧的温度【SET】按钮，如图 4-38 所示。

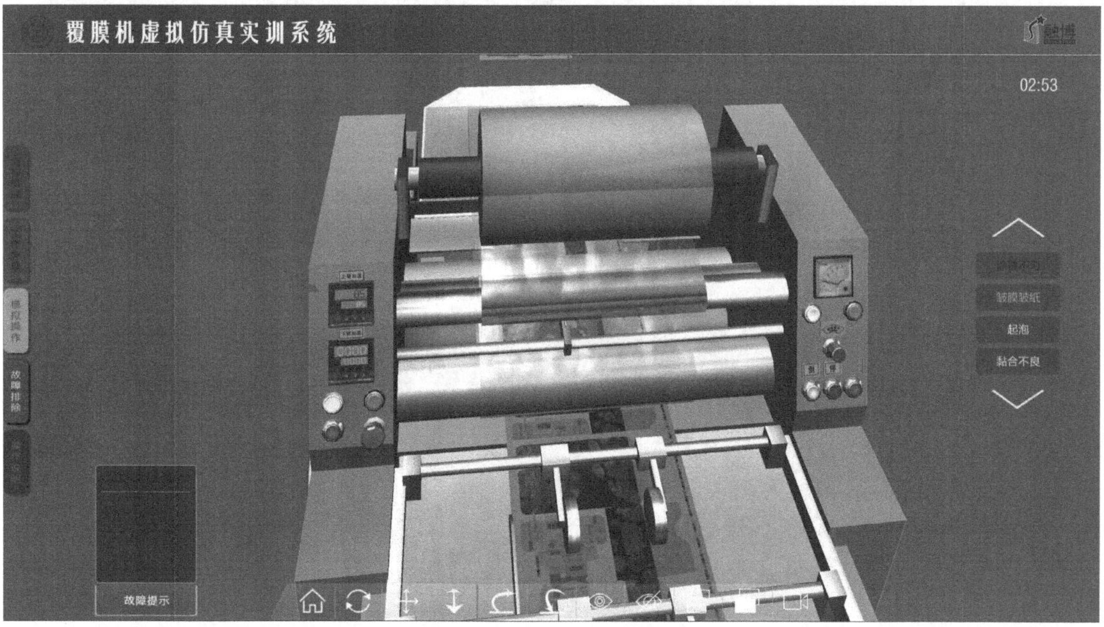

图 4-38　主键单击温度设置

（6）移动感应触控笔，使用感应触控笔主键单击控制面板最右侧的【增加】按钮和中间的【减少】按钮，将温度调节到 87℃，如图 4-39 所示。

图 4-39　调节覆膜机温度值

（7）移动感应触控笔，使用感应触控笔主键单击控制面板最左侧的【SET】按钮，关闭预设温度调节，点击完成后，屏幕显示“恭喜您，故障已排除”窗口，如图 4-40 所示，皱纸皱膜故障排除结束。

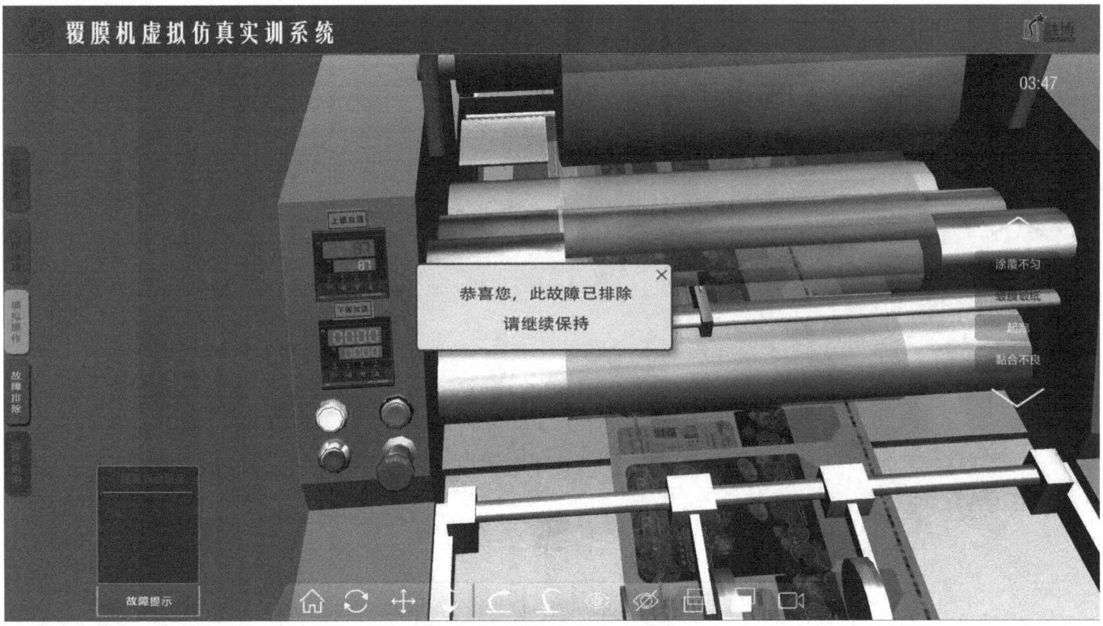

图 4-40　排除皱纸皱膜故障提示

项目小结

Virtual Training of Post-press Finishing Technology

Author: Jin Lin Xiao Ying Qin Xiaonan
Reviewer: Wang Jun

文化发展出版社
Cultural Development Press

图书在版编目（CIP）数据

印后加工技术虚拟实训教程 ：汉文、英文 / 金琳，
肖颖，秦晓楠编著. － 北京 ：文化发展出版社，2020.5
ISBN 978-7-5142-2978-3

Ⅰ.①印… Ⅱ.①金… ②肖… ③秦… Ⅲ.①书籍装帧－高等职业教育－教材 Ⅳ. ①TS88

中国版本图书馆CIP数据核字(2020)第052446号

印后加工技术虚拟实训教程（中英文）

编　　著：金　琳　肖　颖　秦晓楠
主　　审：汪　军

责任编辑：李　毅　　　　责任印制：邓辉明
执行编辑：杨　琪　　　　责任设计：侯　铮
责任校对：岳智勇
出版发行：文化发展出版社（北京市翠微路2号 邮编：100036）
网　　址：www.wenhuafazhan.com　www.keyin.cn　www.printhome.com
经　　销：各地新华书店
印　　刷：北京建宏印刷有限公司

开　　本：787mm×1092mm　1/16
字　　数：207千字
印　　张：14.875
印　　次：2021年1月第1版　2021年1月第1次印刷
定　　价：59.00元
I S B N：978-7-5142-2978-3

◆ 如发现印装质量问题请与我社发行部联系　发行部电话：010-88275710

Introduction

In the 13th Five-Year Plan for the printing industry, it is proposed to encourage printing companies to develop products with independent intellectual property rights, improve international competitiveness, and actively promote various forms of international printing cooperation around the “One Belt and One Road” initiative, and support the development of traditional printing to culture, art, creative design, brand consulting, VR (virtual reality), AR (augmented reality) and other fields. The go global strategy of a company is inseparable from the training of high-tech talents, and the training of talents cannot be separated from the support of teaching textbook. Although there are many types of traditional printing training textbook, most of the printing training textbook cannot satisfy the learning requirement of “Belt and Road Initiative” student in terms of language. Therefore, it is necessary and urgent to develop printed bilingual training textbook based on virtual reality technology.

Post-press processing is the last important link in the entire printing production process. At the same time, it is also an important process for improving product quality, highlighting product visual effects, and realizing value-added product functions. The post-press processing technology course mainly trains technical application-oriented professionals who are engaged in post-press process design, post-press production organization and implementation, and post-press product quality inspection and troubleshooting. In order to achieve the training objectives of the course, students in the printing media category need to be proficient in post-press processing and production process flow, post-press production quality defect identification and troubleshooting, post-press processing equipment working principle and maintenance methods and other knowledge and skills.

However, modern post-press processing equipment is gradually developing in the direction of "optical-mechanical-electricity" integration and "digitization". Some of the advanced post-press processing equipment has the characteristics of complex structure and technology, expensive, and bulky. Traditional post-press processing training teaching is restricted by conditions such as the space of the training room, the technical situation of post-press processing equipment, the number of equipment, and training stations, and so on. In addition, the slow replacement of training equipment, high training teaching costs, energy consumption and environmental protection during the internship process have also severely restricted students' practice opportunities and skill levels, making it difficult to further improve the quality of students' training.

The rapid development of virtual reality technology and its application in the field of education provide an excellent opportunity to break the constraints of traditional training and teaching and further improve the quality and level of training. The use of virtual reality technology can create an environment of "autonomous learning", replacing the traditional learning method of "teaching to promote learning" to a new learning method in which learners acquire knowledge and skills through the interaction between themselves and the information environment.

"Printing media technology virtual simulation training system" applies virtual reality technology to printing and post-press equipment and process training teaching, using virtual reality modeling language (VRML) and interactive 3D virtual reality simulation platform to develop printing and post-press virtual simulation training project. Practice has shown that VRML software technology and zSpace interactive holographic 3D virtual simulation hardware platform can transform printing and post-press physical equipment and processes into highly realistic 3D interactive and immersive virtual equipment scenes and process operations. The teaching process that cannot be realized in traditional teaching mode can be realized in the learning environment such as classrooms and training rooms now, and the limitations of time and space can be completely broken to form an open and immersive teaching environment. It can also realize the seamless connection between equipment and process theory teaching and practical applications, and drive the reform of teaching modes and teaching methods for printing majors. At the same time, it can also provide skills training and knowledge update services for employees in the printing and packaging industry, and further improve the quality of higher vocational education

personnel training and social service capabilities.

This book chooses the post-press processing technology virtual training system developed on the basis of the zSpace virtual training simulation platform as the object. It adopts a project-driven format, step by step, and allows students to gradually understand and master the operating environment of zSpace and post-press processing technology virtual operation steps of each function of the training system. This book pays more attention to practical operation, and adopts the mode of "learning by doing, doing while learning" to guide learners to in-depth study of the functions and corresponding knowledge points of each part of the "virtual training system for post-press processing technology". The projects listed in this book include: die-cutting virtual simulation training operation, folding virtual simulation training operation, hot stamping virtual simulation training operation, and laminating virtual simulation training operation.

This book has a clear structure, detailed explanations, and independent projects. It has high practicability and operability. It can also be used as a practical teaching textbook or reference book for related courses in printing and packaging majors, and can also be used as a reference book for printing and post-press enterprise employee induction training. This book is the follow-up chapter of the textbook "Virtual Training in Print Media Technology". Before studying this book, read the textbook "Printing Media Technology Virtual Training" in advance to better understand the application of virtual technology in printing and post-press equipment and process simulation training.

The editor-in-chief of this book is Jin Lin of Shanghai Publishing and Printing College, the deputy editors are Xiao Ying and Qin Xiaonan, and the chief reviewer is Wang Jun. Some teachers from the Department of Printing and Packaging Engineering, Department of Printing Equipment Engineering, and Printing Training Center of Shanghai Publishing and Printing College have provided great support and assistance for the preparation of this book. I would like to express my heartfelt thanks! At the same time, thanks to Qin Wenjiang and staff of Shanghai Rongbo Information Technology Service Co., Ltd. for their support and help in writing this book!

The compilation and publication of this book has been approved by the Ministry of Education's "Higher Vocational Education Innovation and Development Action Plan (2015-2018)"-Print Media Technology Virtual Simulation Training Center Construction Project and Shanghai Higher Vocational Colleges' First-Class Professional Construction Sub-project-"Printing Media Technology Professional" Project. I would like to express my heartfelt thanks!

Due to the limitations of the author's theoretical knowledge and practical experience, it is inevitable that there are deficiencies and omissions in the compilation of this book. It is expected that the readers who use this textbook will provide valuable comments at any time, so that the book can be revised and corrected. We look forward to your valuable comments.

March 2020

Shang Hai

Contents

Project 2 Practical Training of Folding Simulation

Project 3 Practical Training of Hot Stamping Simulation

Project 4 Laminating virtual simulation training

Project 1 Die-cutting virtual simulation training

Teaching Objectives

With studying this project, students can master the basic components of die-cutting equipment, the working principles and process of die-cutting, the manufacturing process of die-cutting plate,the disassembly equipment and the virtual training software's usage methods of die-cutting device's assembly process,etc.

Ability Goal

1. Understand the basic composition of die-cutting equipment
2. Ability to disassemble die-cutting equipment basically
3. Ability to eliminate main failures in die-cutting production processes

Knowledge Goal

1. Capability to understand the basic composition and the function of virtual simulation equipment
2. Capability to familiarize with the working principles of die-cutting

Task 1: Familiarity to the operating environment of the die–cutting virtual simulation training system

1. Familiarity to the die-cutting process

Along with the growth in people's living standard and the increasing richness of social products, the market demand for paper containers such as gift boxes and packaging boxes of various colors is getting higher and higher. The most important process in the production of paper or plastic packaging is the die-cutting technology.

The die-cutting indentation process is a process of cutting a certain type of paper or paperboard into a certain shape by a cutting rule according to a certain specification; the indentation process uses a creasing rule and creasing Matrix to presses pressure on paper or paperboard for bending. In most occasions, the die-cutting process often combines a cutting rule and a creasing rule in the same template, and simultaneous performs die-cutting processing on the die-cutting machine. Therefore, the die-cutting process is often referred to a molding process.

The die-cutting process is mainly used for the forming of various types of paper or paperboard such as packaging boxes, brands, tags, self-adhesive products, cartons, etc., as well as leather, plastic and other materials. Paper products can be made into a variety of flat or three-dimensional, linear or curved products by die cutting processing. Packaging products can be made into beautiful cartons by die-cutting. The die-cutting processing is simple ,less investment, good quality and quick results. The artistic effect and the usage effect of the product can be increased, thereby greatly improving the grade of the products, and it plays a vital role in increasing the added value of the product packaging. These characteristics of the die-cutting process make it increasingly widely used in the molding processing of various types of printing paperboard, and it has become an indispensable technology for the processing of printing paperboard.

The die-cutting equipment is huge in size and complicated in structure. It is difficult to vividly introduce the structure of the die-cutting equipment in class since the class time is limited, and it is impossible to comprehensively introduce each part. The on-site teaching process is also difficult to show the overall structure of the die-cutting device and impossible for each learner to experience the operation process of disassembly, assembly, find problems and solve them. The content of this module is combined with the new generation of MR hybrid reality simulation technology. From the four aspects of the structure, working principles, die-cutting operations, each part of the die-cutting device is presented to the learners based on the virtual reality device. Construct to understand how the device works. Let learners learn in hands-on practice, and also the ability and knowledge of the mechanism composition of die-cutting equipment, the elimination of die-cutting faults, and the process of die-cutting.

2. Launching software and the operating environment's familiarity

2.1 Launching software

Firstly, open the post-press virtual training software installation package and copy it to the desktop or anon-Chinese path folder. Secondly, open the software folder and double-click "Start" to open the post-press virtual training software system, as shown in Figure 1-1.

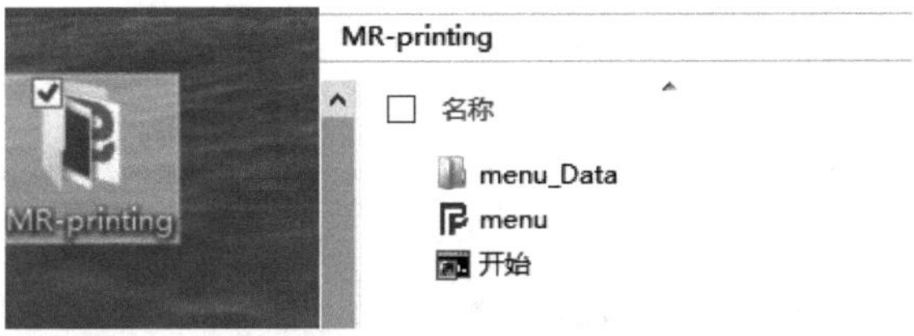

Figure 1–1 Post–press virtual training software installation file

2.2 Introduction to software operation environment

In order to ensure the normal operation of the post-press virtual training software, the software operating environment needs to meet the following requirements:

- 4+ GB system memory (8GB recommended)
- Windows 7 or Windows 8.1(32/64 bit)
- Nvidia Quadro desktop K2000 or better graphics card, portable K3100M or better graphics card, any AMD Radeon or FirePro graphics card (with at least 2GB VRAM)
- DVI-D (Dual Link) or DisplayPort output connector
- 1920*1080 resolution @120Hz

2.3 Introduction to interactive hardware

The interactive hardware used in the post-press virtual training system mainly includes: induction stylus pen (control pen), MR glasses, keyboard, etc. By learning the basic operation methods of interactive hardware, it is beneficial to learn the post-press virtual training courses in later stage.

(I) Installation instructions of control pen (induction stylus pen)

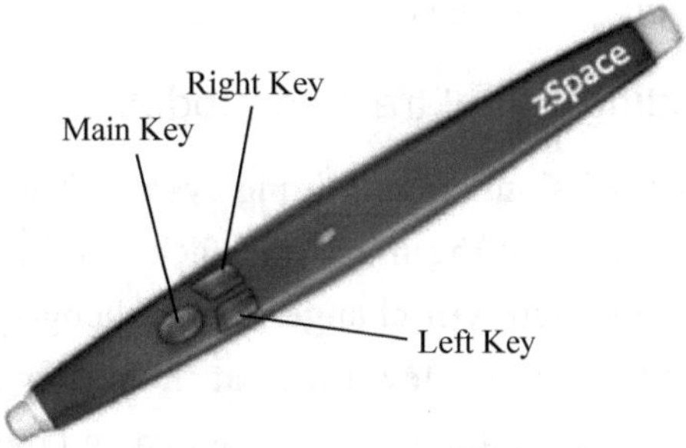

Figure 1–2 The control pen

The induction control pen (shown in Figure 1-2) is connected to the virtual simulator through the RJ45 interface. The control pen includes the following control buttons, and their functions are as follows:

[main Key]: Select or activate the menu and tool buttons, or complete the zoom-in, zoom-out and rotation operation of the model.

[Left key]: Function button, complete the (selecting function) of the model disassembly ,etc.

[Right key]: Function button, complete the selecting function of the model installation.

(II) MR glasses

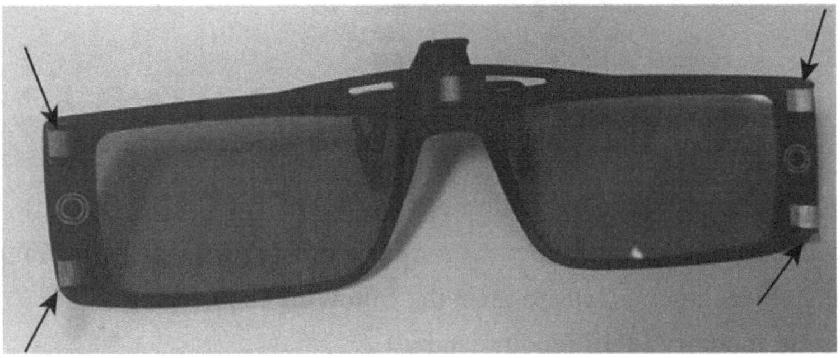

Figure 1–3 MR glasses

MR glasses have the most advanced "time division method" principle to synchronize the glasses information with the display signal. After the operator wearing the glasses, sitting in front of the machine, there should be no obstacle between the glasses and the monitor. The host captures the four points on the glasses, as shown in Figure 1-3, to capture the head information. When the head position is swung, the host captures the position information of the head, and completes the scene displacement change of the six angles in up, down, left, right, front and behind.

(III) Keyboard operation instruction

The keyboard is only used as an auxiliary input tool. During the operation, it does not participate in the operation. It is used only when the software exits. Press the [ESC] key on the keyboard to exit the corresponding running software system.

3. Starting the die-cutting virtual training module

Entering the post-press virtual simulation training system. The main interface of the system is shown in Figure 1-4. After entering the main interface, the learner brings the 3D tracking glasses, and the content on the screen will change as the change of the learner's perspective. Picking up the control pen and shake it a few times at the center of the front of the screen. A control line will appear on the screen linking the control pen and the content on the screen. After clicking on the subject content on the screen with the control line, the control pen will vibrate slightly, indicating that the subject content has been locked at this time.

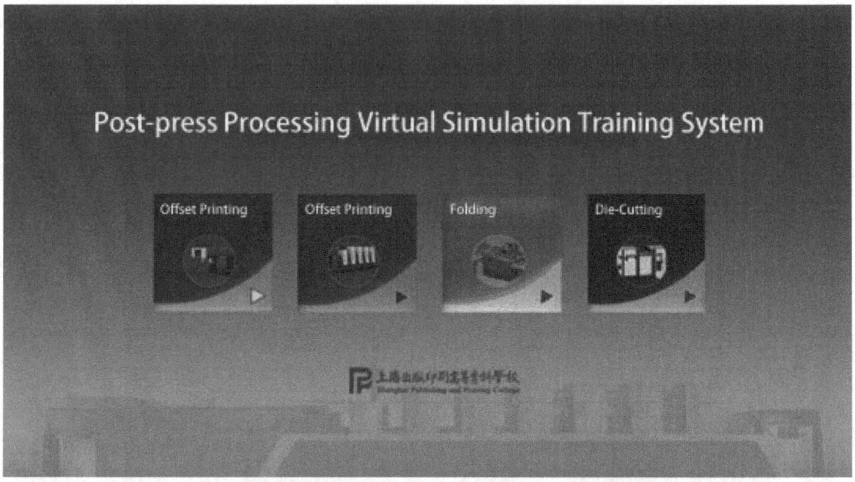

Figure 1–4 Main interface of post–press processing virtual simulation training system

After entering the post-press processing virtual simulation training system, press and hold the circular primary key on the stylus. Moving the control pen to select the corresponding system module, or press and you also can hold the left and right keys on the control pen to select the training system module. When selecting each module of the system, you need to move the control line cursor to the triangle shape control in the lower right corner of the module. If the triangle shape control is light, it means that the module has been selected, and then click the main key of control pen, the screen displays "Starting, please wait", which means you are entering the corresponding training module. Figure 1-5 shows the main interface of the die-cutting virtual simulation training module after entering.

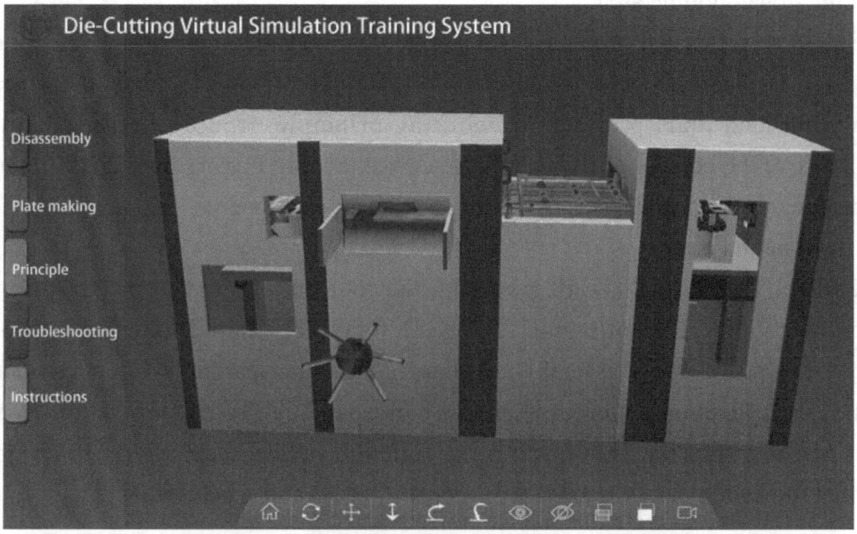

Figure 1–5 Main interface of the die–cutting simulation virtual training module

4. Learning the composition of the die-cutting virtual simulation training module

The main interface of the die-cutting virtual simulation training system is divided into three

parts, which are the function module area on the left side of the interface view; the middle model operation area and the tool button area. The specific position is shown in Figure 1-6.

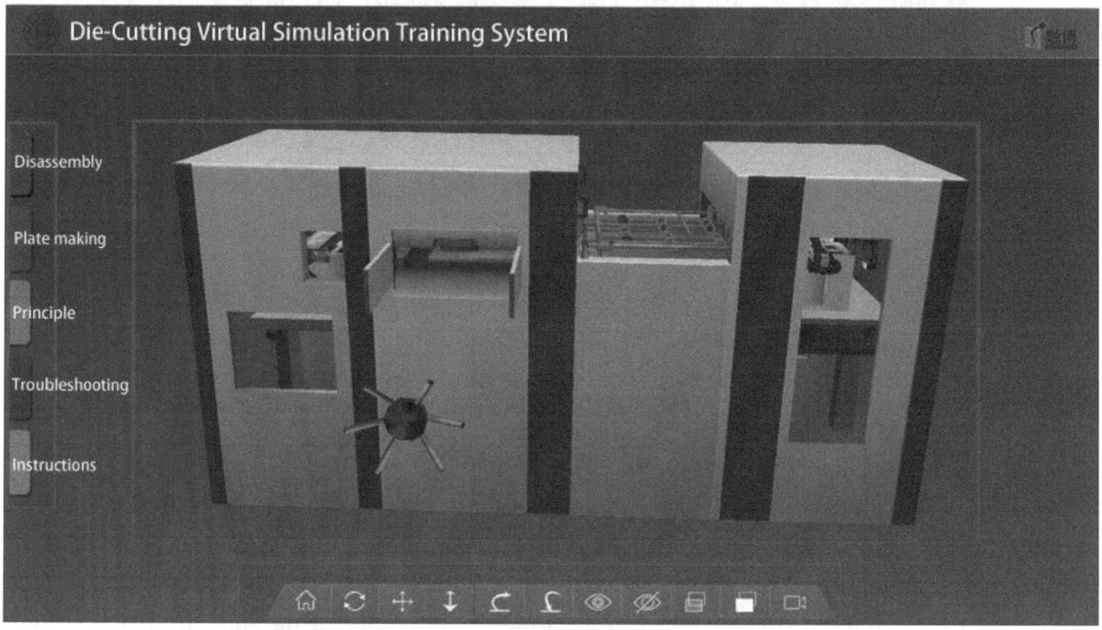

Figure 1–6 Die–cutting virtual simulation training system module

(I) Model operation area

In the die-cutting virtual training system, the model operation area is the main operation area, and the other modules are operated around it.

(II) Functional module area

In the die-cutting virtual training system, the function module area is a selection menu for function operation. There are five buttons with different colors on the menu. They are structural disassembly, molded plate production, working principle, troubleshooting, and operation instructions. Move the control pen to select the corresponding button, then click the main button of the control pen to jump to the corresponding operation interface.

(III) Tool button area

In the die-cutting virtual training system, the tool button area is an execution button of the function operation. The tool button area has a total of 11 initial function buttons, rotation, movement, zoom, disassembly, assembly, display, hidden, transparent, opaque, camera, as shown in Figure 1-7, each function button can achieve corresponding function operation. When moving the control pen over the function button, the function button displays its function, which is indicating that the button can be used at this moment, or it cannot be used.

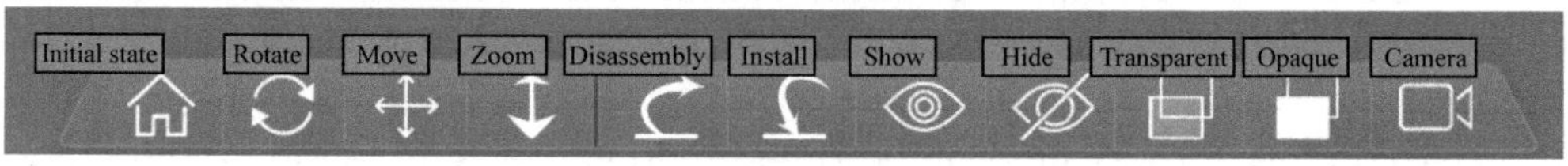

Figure 1–7 Function button

Task 2: Learning the structural composition and working principles of die–cutting equipment

1. Learning the structural composition of the die-cutting equipment

According to the stamping form the die-cutting equipment can be divided into three types: flat-flat type, round-flat type and round-round type. The flat-flat type die-cutting equipment has two types: vertical and horizontal. Horizontal flat-flat die cutting machine is the main model and its application is very extensive. This section takes the horizontal flat-flat die cutting machine as an example.

Moving the control pen, and click the [Structure Disassembly] module in the selection area on the left side of the screen to enter the structure disassembly and assembly of the die-cutting device, then the interface displays the structural composition of the die-cutting device. The structure of the die-cutting device are mainly composed of paper feeding device, paper conveying device, die-cutting device, delivery device, and so on. The structure of several important parts of the die-cutting device are briefly introduced below.

1.1 Feeding device

The feeding device of the horizontal flat-flat die cutting equipment is mostly automatic paper feeding mode, which can be divided into two types: friction type and pneumatic type. At the present, a pneumatic paper feeding device is widely used. The pneumatic paper feeding device is similar to the feeding device of the sheet-fed offset printing machine and mainly has the paper stack lifting device, the loose paper nozzle, the paper pressing foot, the paper blowing nozzle, the paper feeding nozzle, paper block and other parts. This section uses a pneumatic feeder as an example to give a brief introduction to the main sections.

(I) Loose paper nozzle

The loose paper nozzle mainly blow the paper above the paper pile to facilitate pressing the paper when the paper is pressed down, and separates the uppermost paper by the paper blowing nozzle. Loose paper blowing nozzle generally required to blow 5~10 sheets of paper on the surface of the paper pile. The shape of the paper blowing nozzle is generally rectangular or circular. When weare printing on thin paper, using rectangular loose paper nozzle or printing on thick paper or cardboard, using round pine paper nozzles. Because the round air outlet is more concentrated, which is good for blowing thick paper. The amount of air can be controlled by a regulating valve. In order to meet the requirements of different papers, the height and position of the loose paper blowing nozzle can be adjusted according to different requirements, generally 6~10mm from the rear edge of the paper pile. The air volume adjustment is carried out by the air volume adjusting valve, and it is generally suitable to control the 2~3 sheets of paper at the top of the paper pile to be in contact with the brush. Figure 1-8 shows the working diagram of the loose paper blowing nozzle.

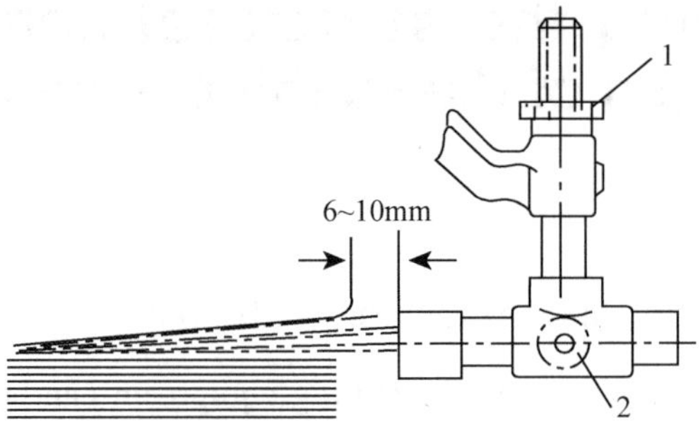

Figure 1-8 Working diagram of the loose paper blowing nozzle

(II) Paper pressing feet

The main purpose of the paper pressing foot is to press the paper under the first paper of the paper stack to prevent the separation nozzle from taking away excess paper during the separation process. At the same time, the paper pressing foot is also associated with the limit switch. When the stack height is too low, the paper pressing foot touches the limit switch, and the limit switch causes the stack elevator to rise until the stack is lifted to a suitable working position. The limit switch is disconnected, and the stack stops rising. The movement of the paper pressing foot is shown in Figure 1-9.

(III) Paper separation nozzle

The main function of the paper separation nozzle is to prevent the double sheet from being sucked when the loose paper nozzle blows the paper above the paper pile, the paper separation nozzle moves downward, sucks the top piece of paper, lifts up and pulls back, which helps to insert the paper pressing foot under the paper. The height of the paper separation nozzle to pick up the thin paper is about 6~8mm,and the height of the paper separation nozzle to pick up the thick paper is about 2~3 mm. Figure 1-9 shows the movement of the separation nozzle.

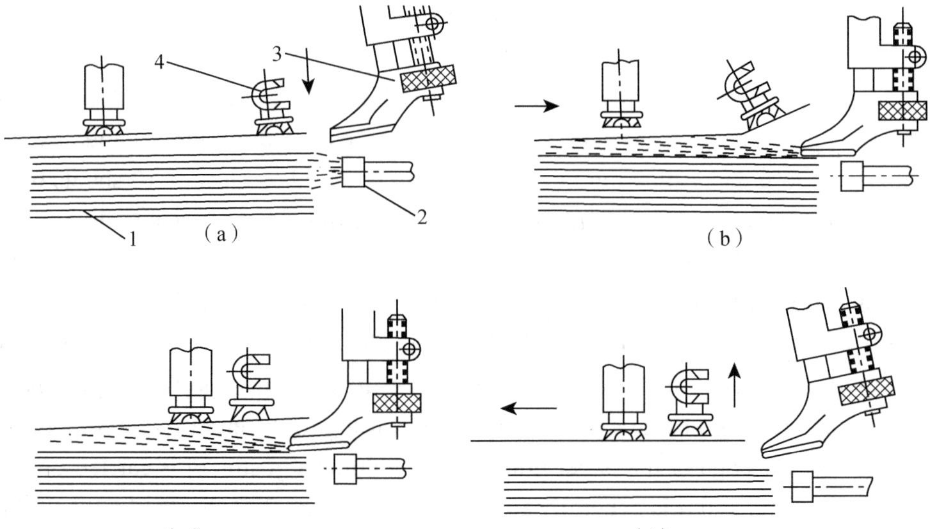

1-paper pile; 2-paper blow nozzle; 3-press paper foot; 4-paper separation nozzle

Figure 1-9 Schematic diagram of paper separation movement

(IV) Paper transfer nozzle

The main function of the paper transfer nozzle is to suck the paper separated by the separation nozzle and transfer the paper to the paper take-up roller. After the paper transfer nozzle sucking the paper, it moves upwards to prevent the nozzle from hitting the paper below. The height of nozzle rise is generally about 15mm. The movement path of the paper transfer nozzle is shown in Figure 1-10. In the DA section, the transfer nozzle is lowered to point A and pick up the paper. In the AB section, the paper transfer nozzle sucks up the paper and completes the paper transfer with the paper separation nozzle. When the paper transfer nozzle sucks the paper and going up, the paper separation nozzle rises and release the paper before reaching the point B. The movement path of the AB segment is the paper separation process, and the paper transfer nozzle and the paper separation nozzle are simultaneously sucked at the AB section. In the BC section, the paper transfer nozzle sucks the paper to transfer paper to the left. When the paper transfer nozzle reaches point C, the left edge of the paper has reached in the paper pick-up roller, the paper pick-up roller catches the paper, and the paper transfer nozzle release the paper. The CD section is the paper transfer nozzle rises after releasing the paper, and it will return to point D, then the next work cycle will start over.

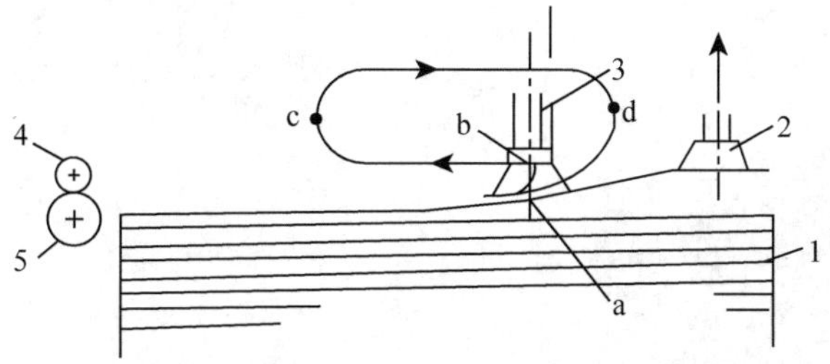

1-paper stack; 2- paper separation nozzle; 3- paper transfer nozzle; 4-upper take-up roller; 5-down take-up roller

Figure 1–10 Movement path of the paper transfer nozzle

(V) Learning the paper feeding device by using virtual simulation system

Moving the control pen, and clicks the [Structure Disassembly] button on the left selection area, and the operation module area displays the structural components of the die-cutting device. When the control pen is placed on a component of the feeding device, the name of the part is displayed above the component. Click the hidden tool button under the toolbar, and then use the control pen to hide the other parts except the paper feeding device. The die-cutting feeding device is shown in Figure 1-11.

Moving the control pen and place the control pen over the component. Left-click on the component to remove the part to the periphery of the machine for easy observation of the component's structure and shape. At the same time, it is also convenient to view the internal mechanism of the machine and disassemble the machine, as shown in Figure 1-12. After disassembly, left-click on the installation button in the function button area below the module, and the disassembled parts will be returned or installed in the order of disassembly.

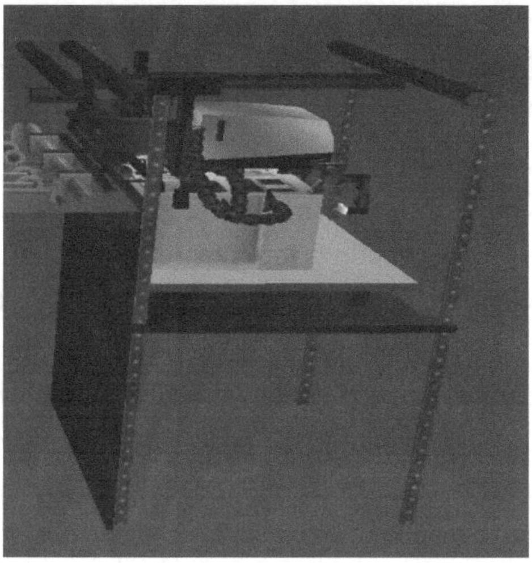

Figure 1–11 3D illustration of the die cutting feeding device

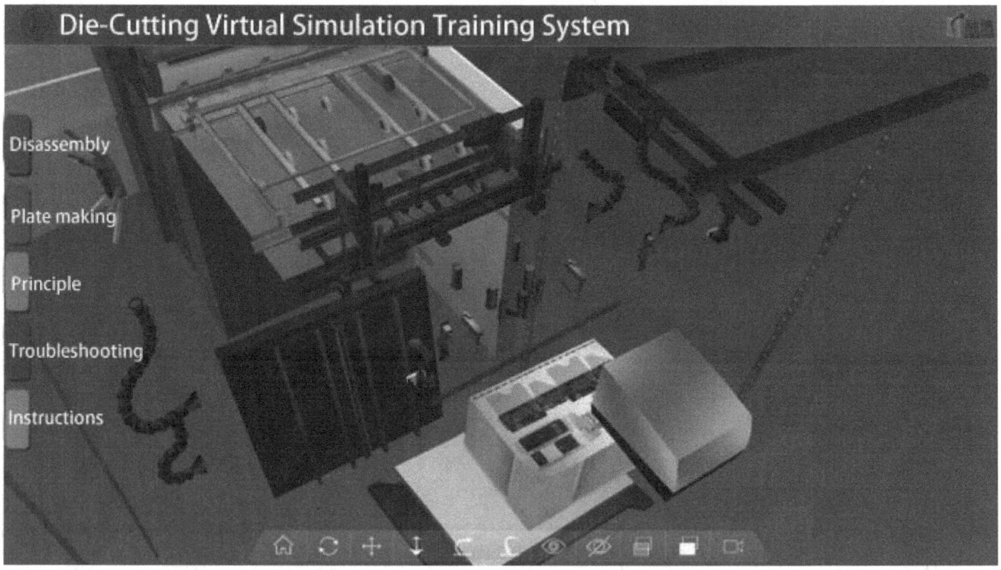

Figure 1–12 3D drawing of the die–cutting feeding device after removed

1.2 Paper conveying device

The structure of the conveying device of the flat-flat die-cutting device is similar to the sheet-fed offset printing machine. The main function of conveying device is to receive the paper separated by the paper separating device, convey it smoothly,accurate to the positioning component, and detect whether the paper has a skew, early arrival, late arrival, multiple sheets, empty sheets, during the paper feeding process. The paper conveying device is mainly divided into two types: ordinary belt feeding and suction belt feeding. The main components of the conveying device are: paper pickup roller mechanism, paper conveying table and conveyor mechanism, detection and control device, learning the paper conveying device with the virtual simulation system, etc. This section takes the ordinary belt feeding mode as an example to give a brief introduction.

(I) Paper pickup roller mechanism

The paper pickup roller mechanism is composed of a paper pick-up roller, paper pressing roller, a cam, a swing bar and so on. The main function of paper pickup roller mechanism is when the paper was separated by the paper separating device, the paper picking roller and the paper pressing roller's cooperation, and the paper conveyed by the paper transferring nozzle to the paper pick-up roller is forwarded to the paper conveying table at a certain speed, and a certain paper conveying distance is formed. Figure 1-13 shows the schematic diagram of the paper pickup roller mechanism.

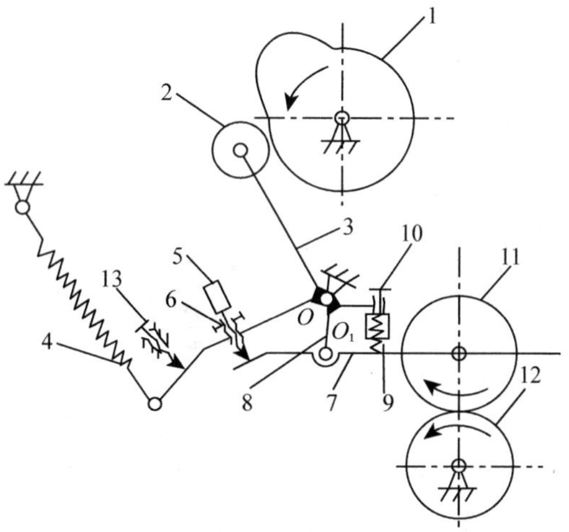

1-cam; 2-roller; 3-spoke; 4-tension spring; 5-screw; 6-nut; 7-swing; 8-support; 9-spring; 10- adjustment screw; 11- platen roller; 12- picking roller; 13-positioning screw

Figure 1–13 Schematic diagram of the paper pickup roller mechanism

(II) Paper conveying table and conveyor mechanism

The main function of the paper conveying table and conveyor mechanism is to transport the paper smoothly without relative sliding. The paper conveying table has a paper pressure frame, a paper pressing brush, a paper brush roller, a paper ball, a pressure paper, a conveyor belt, etc., as shown in Figure 1-14.

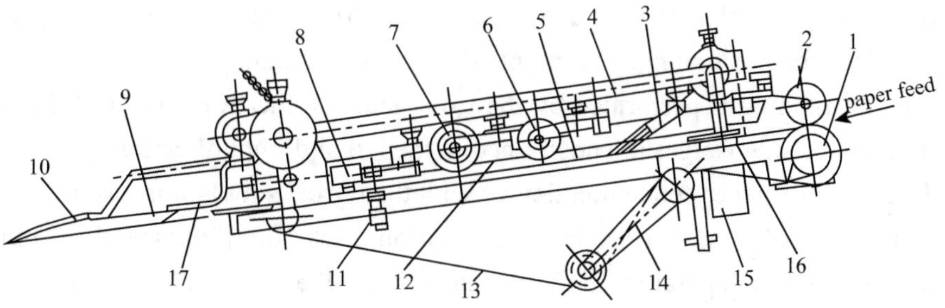

1- picking roller; 2-paper press roller; 3- paper press brush; 4- paper press frame; 5-paper conveying table; 6- paper press roller; 7- paper press brush roller; 8-press paper ball; 9- paper handing table; 10-pressing paper; 11-suction nozzle; 12-bar; 13-belt; 14-tensioning arm; 15-valve; 16-card board; 17-side gauge paper

Figure 1–14 Schematic diagram of the paper conveying table structure

(III) Detection and control device

The detection and control device are mainly used to detect whether the feeding component works normally, such as whether there is a paper jam, double sheets, paper early-arrival, paper late-arrival, etc. The detection devices include double detection devices, empty sheet detector, side gauge devices, and front gauge devices, etc.

The empty sheet detector is mainly used to detect whether the paper has empty sheet, residual pages, collapsed page, early-arrivals, late-arrivals, etc. Common empty sheet detectors include an electric contact type sheet detector, a photoelectric sheet detector and a grating type sheet detector. Figure 1-15 shows the structure of the electric contact type sheet detector.

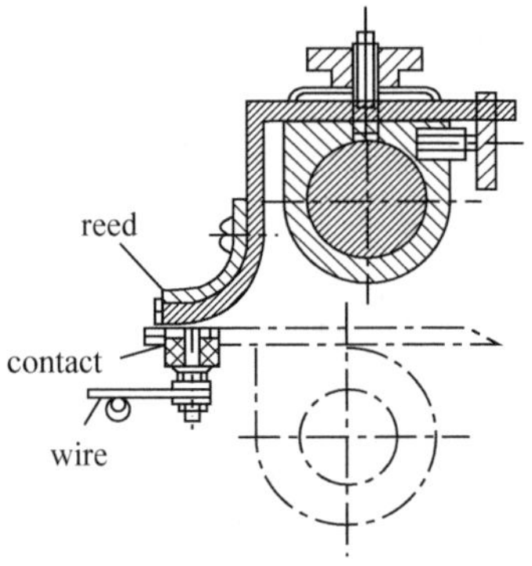

(a) structure

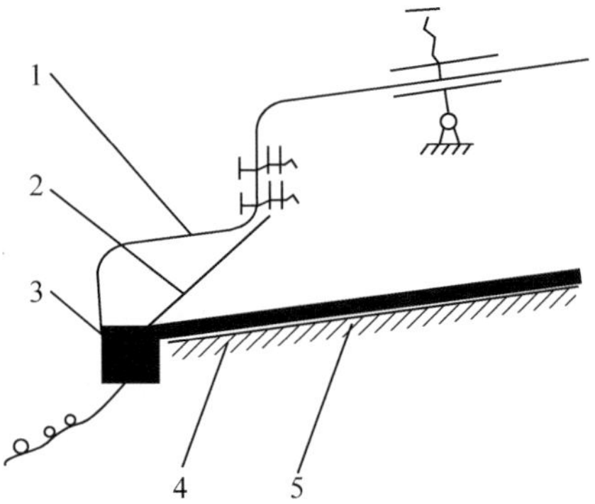

(b) working principle

1- front gauge; 2-spring; 3-contact point; 4-paper; 5- paper conveying table

Figure 1–15 Electric contact type sheet detector

The double sheet detector is mainly used to detect whether two or more sheets of paper appearing at the same time during transportation. Common double detectors have mechanical double sheets controller, photoelectric double sheets control device and fixed double sheets controller, two-wheel dual controller. Figure 1-16 shows the structure of the two-wheeled double-sheet controller.

The side gauges and front gauges are mainly used to fix the horizontal and vertical position of the paper so that the paper has a fixed position before die cutting. Then we can get a high-quality product. The principles of the side gauge and the front gauges: two front gauges and one side gauge are used for positioning; two points determine a straight line; three points determine a plane and the positioning is performed by the front gauge at the front and back (up and down) direction, and then the side gauges are positioned in the left and right direction.

(IV) Learning the paper conveying device with the virtual simulation system

Moving the control pen, and use the main button clicks the [Disassembly] button in the left selection area, then the operation module area displays the structural components of the die-cutting device. When the control pen is placed on a component of the paper conveying device, the name of this part will display above the component. Click the hidden tool button under the toolbar with the control pen, and use the control pen to hide the other parts except the paper feeding device, then the die-cutting delivery device is shown in Figure 1-17.

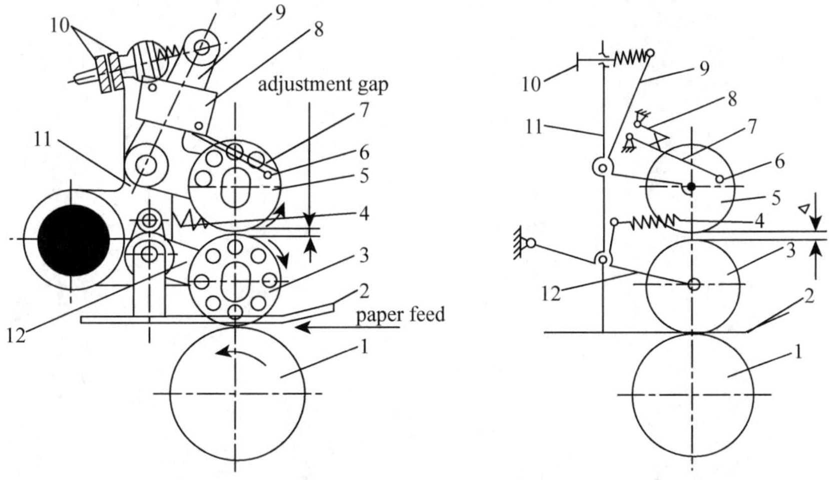

(a) structure (b) work principle

1-picking-up roller; 2-paper guide board; 3-detector wheel; 4-spring; 5-wheel; 6-pin; 7- spring; 8-contact point; 9, 11, 12-swing bar; 10- screw

Figure 1–16 The structure of two–wheeled double–sheet controller

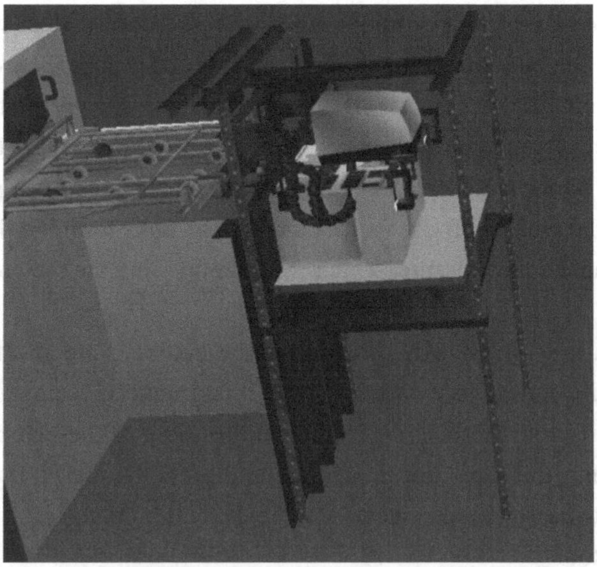

Figure 1–17 3D illustration of the die–cutting paper conveying device

Moving the control pen and place the control pen over the component. Left-click on the component to remove it. The removed component can be moved to the periphery of the machine for easy observation of the structure and shape of the component. At the same time, it is also convenient to view the internal mechanism of the machine and disassemble the machine, as shown in Figure 1-18. After disassembly, left-click on the installation button in the function button area below the module, and the disassembled parts will be returned or installed in order of disassembly.

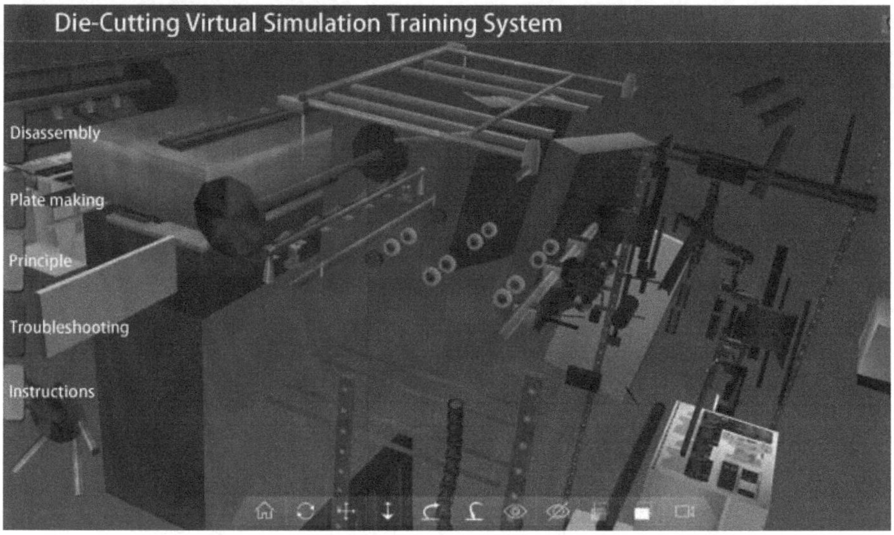

Figure 1-18 Three-dimensional diagram of die-cutting delivery device after disassembled

1.3 Die-cutting device

The main function of the flat-flat die-cutting device is to cut the paper or paperboard into a certain shape according to a certain specification, and use a steel wire to press the paper or paperboard out of the line mark, so that the paper or the paperboard can be bending and forming. The die-cutting device consists of an upper platen, a lower platen and a transmission mechanism. The upper platen is used to install the die-cutting plate. The lower platen is used to install the indentation bottom mold, and the transmission mechanism is a pressure-implementing component. Usually, the crankshaft drives the four sets of links to move the platen up and down to implement and complete the pressure, which is for completing the die cutting operation.

(I) upper platen

The upper platen is mainly used to install the die-cutting plate and the die-cutting plate is mainly composed of the cutting rule, creasing rule, lining material, sponge rubber strip, etc. The cutting rule is mainly used to perform the rolling and forming of the blank, and the creasing rule is mainly used to deform the blank under pressure and press the crease line. Sponge strips allow the product or waster to be easily separated from the die cutting platen.

(a) Die-cutting tool

The die-cutting tool is also called a cutting rule (Figure 1-19). The cutting rule's edge is sharp and can cut the cardboard to obtain the required shape of the carton. Steel knives are usually required to have characteristics such as sharpness, wear resistance, and convenience of bending. According to the requirements of different die-cut materials and cutting rule materials are classified into hard, medium-hard and soft, which can be flexibly selected according to needs. Due to the different shapes of the die-cut products. The steel knife needs to be bent into various shapes, the bending property of the hard steel knife is poor, the bending performance of the medium-hard steel knife is good, and the bending performance of the soft steel knife is the best. The operator can choose according to the actual situation.

Figure 1-19 Schematic diagram of die-cutting tool

(b) Indentation tool

Indentation tools are also called creasing rule and indentation lines, which are similar to the requirements of cutting rule, creasing rule are also required to have good wear resistance and easy bending. The height of the creasing rule is slightly lower than the height of the cutting rule, and the thickness of the die-cutting material is different for the thickness of the creasing rule. The thickness of the creasing rule is the same as the thickness of the cutting rule, but it is selected in addition to the thickness of the die-cutting material and the type of the indentation die. According to different indentation requirements, the shape of the creasing rule has single round head, double round head, pointed round head, double semicircle, square head and V shape, as shown in Figure 1-20.

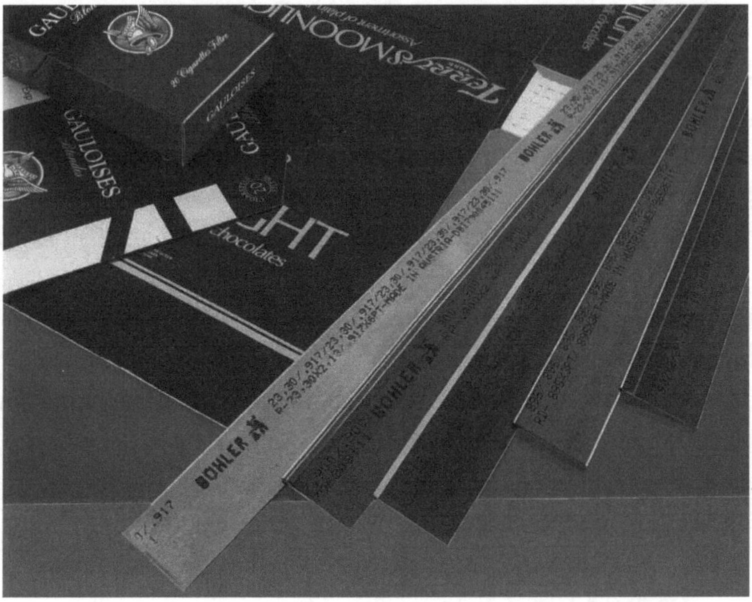

Figure 1-20 Shape of the creasing rule

(c) Support material

The support material, also known as the fill-in material, is used to hold the die-cutting tool. The common support materials are wooden, fiber plastic and steel. No matter what kind of support material is required, it is should be easy to process, flat and sturdy, and it is required to be as light and hard as possible. At the same time, it is also required to ensure that the support material has the good combination and stability after the cutting rule and creasing rule are replaced for many times.

Lead support materials include various specifications of lead and lead strips. Lead support material has the characteristics of simple layout operation, flexible plate changing, high reusability, low cost and strong practicability. The technical difficulty of fixing die-cutting tool is higher than that of the wooden board.

Wood support materials include all kinds of wood boards, plywood and so on. When the multi-layer plywood is used as the support material, the precision of plate is good;the processing of making plate is convenient; the cost of making plate is low; the weight of plate is light;the process of assembling and disassembling die-cutting plate is time-saving and labor-saving, and it is the most commonly used as the support material. Wood support materials are greatly affected by the changes in temperature and humidity. The wood absorbs water, expands and shrinks, and has dimensional instability, which affects the accuracy of die-cutting.

The fiber plastic plate is a material with high inorganic content. The material is not affected by temperature and humidity, and has good dimensional stability, which is a good die-cutting material.

Steel plates as the support material are also unaffected by temperature and humidity also has good dimensional stability. But the process of making plate is complicated, and it has low reuse rate, high cost, long plate making cycle. However, it is durable and suitable for die cutting of large quantities or shaped products.

(d) Sponge rubber strip

After installed the cutting rule and creasing rule, it is necessary to stick the sponge rubber strip on both sides of the cutting rule, in order to prevent the cutting rule from sticking to the paper during the die-cutting process. The role of the sponge rubber strip in the die-cutting process is very important, which directly affects the speed of the die-cutting and the quality of the die-cut product.

Sponge rubber strips can be divided into gas permeable sponge rubber strips, sealed sponge rubber strips, microporous sealed sponge rubber strips, solid sponge rubber strips and arched sponge rubber strips, as shown in Figure 1-21. The sponge rubber strips are all square strips. Each type of the sponge rubber strip has different hardness and size to choose from. Different die-cutting machines can select suitable sponge rubber strips according to the die-cutting speed, the requirements of die-cutting products and other relevant conditions.

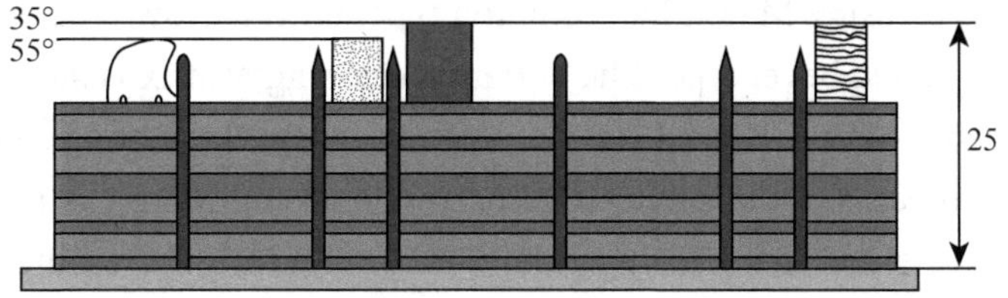

Figure 1–21 Schematic diagram of various types of sponge rubber strips after installation

(II) Lower platen

The main function of the lower platen is to install the creasing Matrix and support the creasing rule and paper. The creasing Matrix is fixed on the top of the lower platen and using with the creasing rule to ensure that the product indentation line is clear and easy to fold and form. Commonly the creasing Matrix include gypsum creasing Matrix, fiberboard creasing Matrix, steel creasing Matrix, and self-adhesive creasing Matrix.

The gypsum creasing Matrix is made of yellow board and gypsum slurry layer. The layer of gypsum slurry was coated on the yellow board paper, and the gypsum slurry is made by mixing fine gypsum powder with glue, the thickness of the gypsum layer is related to the thickness of the indented board. After the gypsum slurry layer is finished, the lower platen is loaded into the die-cutting machine together with the gypsum layer, and fix their position, then install the die cutter plate on the upper platen, start the machine and make an impression on the gypsum layer. After trimming, it will become an indentation mold. Gypsum indentation dies are suitable for indentation of the thick substrates.

The fiberboard creasing Matrix is made by sticking the cardboard adhering on the bottom plate. The thickness of creasing Matrix is approximately equal to the thickness of the substrate. Insert the creasing Matrix into the die-cutting machine, then start the machine and press the impression on the top of the cardboard. The creasing Matrix was taken out, and the cardboard from the pressed trace portion was cut away with knives. The fiberboard creasing Matrix is more durable and generally available for a large number of products.

The steel creasing Matrix is the required machine groove that uses the special equipment to process on the steel master. The steel creasing Matrix has a good dimensional stability and a mechanical strength, but it has long processing time and high cost, which is suitable for the case where the product volume is extremely large.

The self-adhesive creasing Matrix, also known as the quick-loading creasing Matrix. It is the most commonly used creasing Matrix in die-cutting processing. It consists of the indentation mold, the positioning plastic strip, the bottom rubber strip and the protective adhesive strip. Figure 1-22 shows a cross-sectional structure of the self-adhesive creasing Matrix.

The indentation mold is the main part of the self-adhesive creasing Matrix, which is used to complete the indentation function of the substrate. The positioning plastic strip is used for the positioning of the indentation mold. The main function of the strong adhesive strip is to stick the indentation mold to the plate. The protective sticker is mainly used to protect the primer to prevent damage and loss of viscosity during daily transportation and storage.

The self-adhesive creasing Matrix has common type, ultra-narrow type, single-sided narrow type, continuous pit type and bevel type. The common creasing Matrix is suitable for most cases, the ultra-narrow creasing Matrix is used for the position where the cutting rule and the creasing rule are close to each other, and the single-edge narrow creasing Matrix is used for the distance between the creasing rule and the creasing rule, the continuous pit creasing Matrix is suitable for more than two closed lines of indentation and the beveled creasing Matrix is suitable for the indentation of corrugated cardboard.

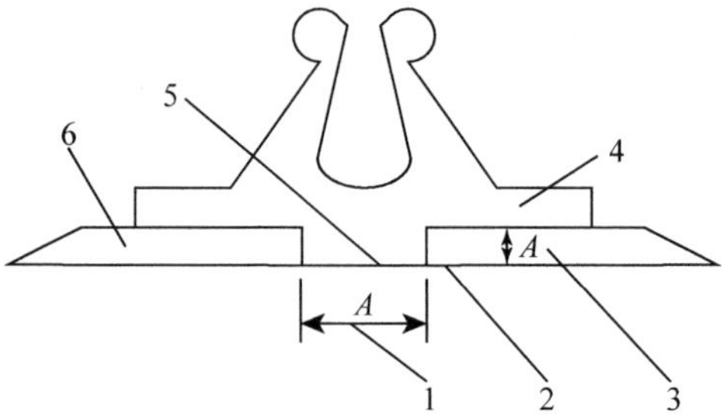

1-groove width of the creasing Matrix; 2-protection adhesive tape; 3-thickness of the creasing Matrix; 4- the positioning plastic strip; 5-strong base film; 6-indentation mold

Figure 1–22 Schematic diagram of the self–adhesive creasing Matrix cross–section structure

2. Learning the working principles of die-cutting equipment

Moving the control pen (stylus), and click the [Principle] button in the selection area on the left side of the module to enter the working principles of the die-cutting device. The interface displays the entire workflow of the die-cutting device in an animated form. The die-cutting machine shell will be hidden by default. At the same time, the operation of each component inside the die-cutting device can be clearly seen, as shown in Figure 1-23.

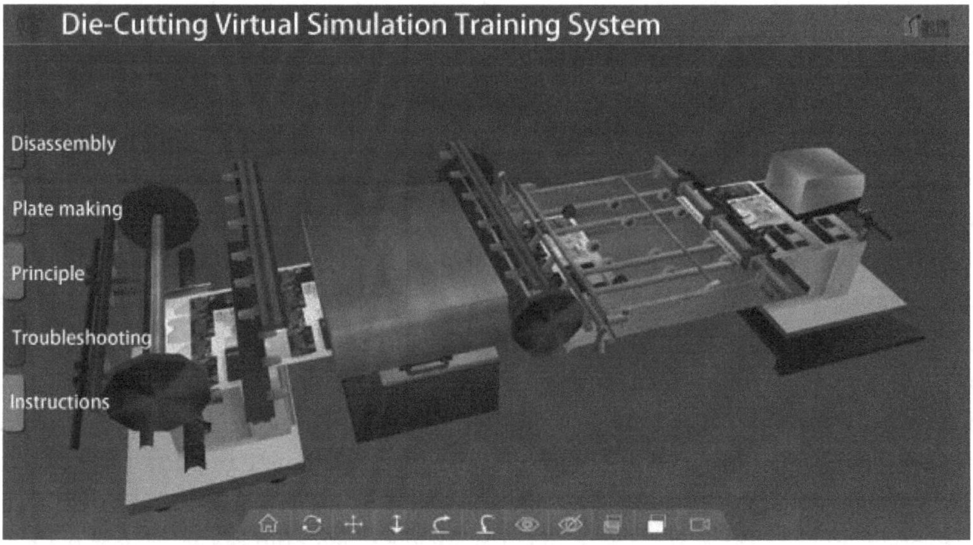

Figure 1–23 Working process of die–cutting equipment

After the die-cutting device started working, the paper separating nozzle and the paper pressing foot separate the paper on the paper stack. The paper which was separated by paper separating nozzle is conveyed to the paper pick-up roller. The paper pick-up roller picks up the paper and makes it through the paper conveying table to the front gauge for positioning. The double detector and side gauge on the paper conveying table detect the thickness and the position of the paper to ensure it is transported smoothly to the front gauge. The tooth of the paper feeding chain bites the paper at the front gauge, and conveys the paper to the die-cutting unit. After the die-cutting is completed, the paper is conveyed to the top of the receiving table. The paper aligning device on the paper receiving table aligns the paper, and the paper feeding chain returns to start the next cycle work. The animation of the die-cutting device presents a series of die-cutting operations from separation to conveyance, positioning, die-cutting, and receiving. The operator can use the tool button to perform internal observation and meticulous exploration of the die-cutting.

Task 3: Learning the process of making the model–cutting pressing–marks equipment and the stamped sheet

1. The stamped sheet making process and steps of die-cutting

There are two main types of die-cutting plates: flat die-cut plate and round die-cut plate. Flat die-cut plate are commonly used. The production of die-cut plate is also called the arrange cutting rule and creasing rule, and it is the process of manufacturing a mold plate by the cutting rule, the creasing rule, the creasing Matrix, the lining material, etc. The production process of the flat die-cutting plate is as follows:

Drawing skeleton map → bottom plate slotting → the cutting rule and creasing rule forming → loading and fixing the cutting rule and creasing rule → manufacturing the connection point → sticking sponge → installing the plate → installing the creasing Matrix → try die cutting and adjust layout pressure → signing.

1.1 Drawing the contour map of the die–cutting product

When drawing the die-cutting contour map, in order to make the cutting rule and the creasing rule of the die-cutting plate have a better suitability so the following requirements should be paid highly attention.

(I) The design tips for die-cutting plate:

① The cutting line of the slotted opening should use a complete line as much as possible. The corners of the line should be rounded or with a certain degree of curvature to prevent the

perpendicular lines from being connected, as shown in Figure 1-24(a).

② The sharp corners should be avoided at the connection of the two lines, as shown in Figure 1-24(b).

③ In order to avoid the connection of multiple adjacent narrow waste edges, the connecting part should be enlarged to facilitate the removal of the waste edge, as shown in Figure 1-24(c).

④ In order to prevent the occurrence of multiple continuous sharp corners, the sharp corners without special requirements can be changed into rounded corners, as shown in Figure 1-24(d).

⑤ When the sharp line intersects the middle portion of the other straight line, it is easy to make fixing the blade difficult, and make the blade loose, also reduce the suitability of die-cutting. At this time, the sharp line should be changed to an arc or the contact angle should be increased, as shown in Figure 1-24(e).

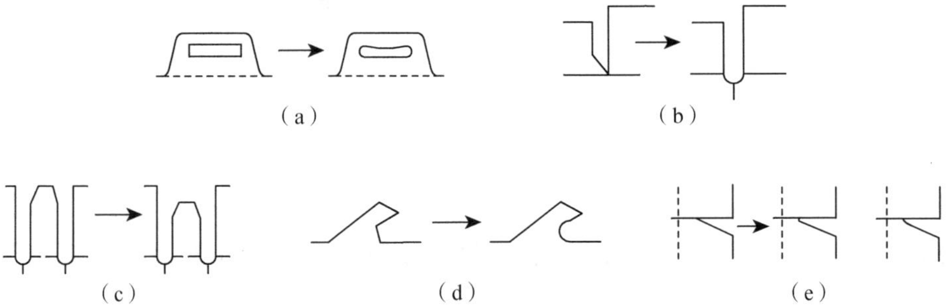

Figure 1–24 Schematic diagram of the product connect design

(II) The requirements of a good die-cutting plate design are as follows:

① It is necessary to ensure that the size of the molded plate is matched with the specifications and working abilities of the selected equipment, so as to ensure the quality of the processing and to be better utilize the capabilities of the equipment;

② It is necessary to ensure that the position of the die-cutting should match the printing position;

③ The working part should be in the central of the template, and the transplantation of lines and figures should ensure the precision required by the product.

④ Straight and longitudinal lines in the layout line should be at right angles to each other and parallel to the sides of the stencil. Short cutting and short lines should be aligned.

Die-cutting profile is the expansion of the entire product and the first key link in the production of die-cutting plate. If the pre-press production uses a full-page imposition system, the die-cutting profile can be directly output in the plate making process, which can effectively ensure the consistency of the printing plate and the die-cutting plate. If the manual imposition is used in the pre-press process, it is necessary to draw the die-cutting profile according to the actual size of the printed sample. Note that it is necessary to leave a number of "crossing bridges" in the large-area closed graphic part. The width of the "crossing bridge" is determined according to the size of the plate.

1.2 Slotting

After drawing the die-cutting skeleton map, copy the skeleton map to the die cutting bottom plate according to the scale of the real sample, and make the slit for the cutting line. The accuracy of the pattern reproduction and the quality of the slit are the key factors affecting the quality of the die cutting process. The bottom plate is the "lining material". The main methods for cutting the bottom plate are manual cutting method, mechanical cutting method, laser cutting method and high-pressure water jet cutting method. The manual cutting method is to draw or paste the pattern on the bottom plate and then use a mechanical saw to sew. The accuracy of the bottom plate is entirely dependent on the individual skill level of the operator.

The sawing method is the main method for small and medium-sized enterprises to process die-cutting plates by themselves. The working principle is to use the upper and lower movement of the saw blade to cutting a slit on the bottom plate into where the cutting rule and the creasing rule can be inserted. The thickness of the saw blade is equal to the thickness of the cutting rule or the creasing rule. Commonly, the thickness of the saw blade is 0.7 to 2.0 mm and the width is 1.5 to 3.0 mm. The Sawing machine is equipped with an electric drill, which can be drilled on the bottom plate. After drilling, the saw blade is passed through the bottom plate for cutting. With the development of technology, the function of the sawing machine has become more and more perfect. Some sawing machines can be equipped with a vacuum system, and can also be connected to the CAC/CAM software to control the cutting through the computer, so that the quality of the slotting is greatly improved. Figure 1-25 shows the sawing machine.

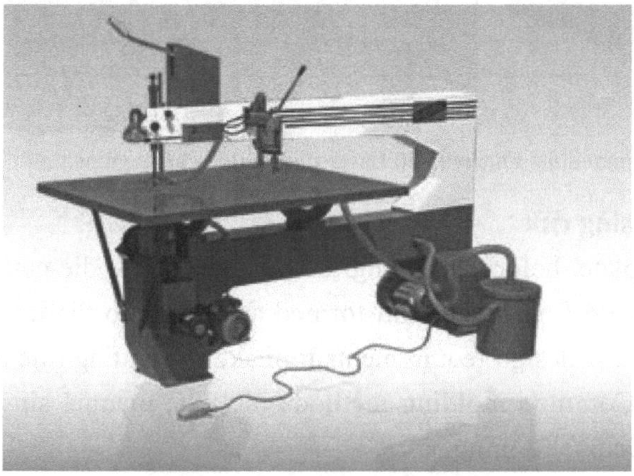

Figure 1–25 Sawing machine

Figure 1–26 Laser cutting machine

The laser cutting method is to input the parameters such as the specification and the shape of the product into the computer and the computer prepares the die-cutting program according to the input relevant parameters. The computer creates a single graphic and automatically adds the "bridge position" firstly, then determines the layout with the die-cutting, the numbers for the plate version, and outputs the laser cutting pattern. The computer controls the laser cutter head to cut arbitrarily complex slits on the bottom plate. The laser cutting method has the characteristics of high precision and high production cost. The laser cutting machine is shown in Figure 1-26.

The high-pressure water jet cutting method is used for the cutting of fiber plastic plate. For fiber plastic plate, smoke, dust and harmful gases are generated as they are cutting with a sawing machine or laser cutting machine, which will pollute the environment and affect the health of the operator. The high-pressure water beam is similar to the laser beam, and the die-cut skeleton map can be precisely controlled by a computer. The die-cutting process is not polluted, and the quality of the cutting is high. The high pressure water jet cutting machine is shown in Figure 1-27.

In addition, there is a new technology that uses lasers to evaporate materials to complete die-cutting of various products. This method is called laser digital die-cutting. The laser digital die-cutting operation is flexible, and it can produce arbitrarily complex shapes to realize the personalization of die-cutting. The laser digital die-cutting precision is very high, up to 0.05mm, which can make up for the dimensional error of the product after printing and other post-press processing. The laser digital die-cutting process does not require pressure and damage the die-cut material, so it is suitable for die-cutting the self-adhesive label material. Figure 1-28 shows the laser digital die-cutting machine.

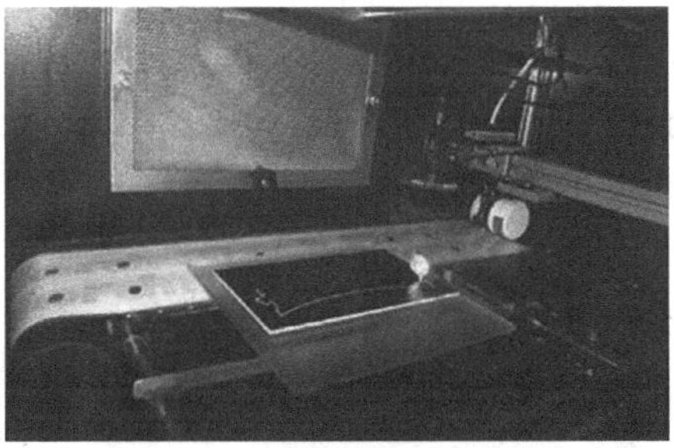

Figure 1–27 High–pressure water jet cutting machine Figure 1–28 Laser digital die–cutting machine

1.3 Forming of cutting rule and creasing rule

In the process of making die-cutting plate, before arranging the position of the die-cutting tool, the cutting rule and creasing rule should first be cut and formed according to the design specifications and shapes. It is according to the design requirements to make the cutting rule and creasing rule into corresponding shapes. Common molding methods include: manual single-machine forming and automatic bending machine forming.

(I) Manual single machine processing

This processing method requires a dedicated blade cutting machine, a blade forming machine (bending machine), a blade punching machine (cross-bridge cutter), and a blade chamfering machine. Among them, the blade cutting machine is used for cutting the length of the cutting rule and the creasing rule, the blade forming machine is used for the precise forming of the arc or the angle of the cutting rule and creasing rule, and the blade punching machine is used for punching the cutting rule and creasing rule of the bridge part. The blade chamfering machine is used for cutting the angle between the cutting rule and creasing rule.

The manual single-machine forming processing has the characteristics of slow speed, low production efficiency and poor repeatability. It cannot be used to process complex patterns and requires a high level of operator proficiency and skills. However, the production cost is low and it is suitable for the processing of low-quality die-cutting plates.

(II) Automatic bending machine forming processing

The automatic machete forming machine is used together with the laser cutting machine to jointly complete the die-cutting plate. The graphic used in the automatic machete comes from the graphic design file of the product. When the graphic file is directly transferred into the computer during work, and input the quantity to be formed and the forming process can be automatically completed.

1.4 Install and fix the cutting rule and creasing rule

After the cutting rule and the creasing rule are formed, the bottom plate is placed on the platform, and the die-cutting plate is combined according to the assembly. If we use metal lead as the filling material, the cutting rule and the creasing rule should be fixed with the lead block directly at the designated position of the plate according to the process requirements, and the operation is similar to the typesetting operation in the movable type printing. At this time, the staff is required to use the lead pieces of various specifications very well and the die-cutting plate cannot be loosened during working.

If the multi-layer plywood is used as the lining material, the cutting rule and the creasing rule embedded in the stencil of the bottom plate should be perpendicular to the plane of the bottom plate, and no deformation or twisting should be occurred. During the installation process, the rear of die-cutting rule and creasing rule should be pointed down to the bottom plate position, and the upper cutting edge of cutting rule and creasing rule should be hit with a special inverted hammer to insert into the bottom plate. When hammering the cutting rule and creasing rule, use a special metal hammer or wooden hammer. The metal hammer head should be made of high-elastic rubber or copper, so that the blade edge is not damaged when it is hammering the knife's edge.

1.5 Making the connection point

The connection point is to make a small opening on the edge of the blade to ensure that the scrap side is still partially connected to the entire sheet without being scattered after the die cutting, so that the paper delivery is smooth. The connection point cannot be made with a hammer, otherwise the cutting rule is easily damaged, and burrs are easily generated at the joint portion. Therefore, it is necessary to use a special punching machine (grinding wheel) to make the joint by grinding. The connection point's width is 0.3mm, 0.4mm, 0.5mm, 0.6mm, 0.8mm, 1.0mm, etc., and the commonly width is 0.4mm.

As making the connection point that should be placed in the hidden part of the product. If it needs to make the connection point at the appearance of the product, the connection point should be as small as possible to avoid affecting the appearance of the product. In addition, the position of the "crossing bridge" and the glued place cannot make the connection point.

1.6 Sticking the sponge strip

In order to prevent the cutting rule from sticking to the paper during the die-cutting, it is necessary to stick a sponge strip on both sides of the cutting rule and the die-cutting product is pushed out from the knife's edge by the elastic action of the sponge strip to ensure smooth paper transport.

1.7 Sticking the creasing Matrix

After made the die-cutting plate, the creasing Matrix needs to be attached to the bottom plate on the pressing platform. The creasing Matrix works together with the creasing rule to ensure a clear indentation. When we are selecting the creasing Matrix, the widths and heights of the creasing Matrix need to be considered according to different products. The installation process of the self-adhesive creasing matrix is as follows:

① According to the size of the product, measuring the length of the required creasing matrix and cut, and the ends of the bottom mold are made into a 90° sharp angle after cutting;

② Fix the positioning plastic strip on the steel wire of the die-cutting plate;

③ Peeling off the protective strip on the creasing matrix;

④ Fixing the die-cutting plate with the creasing matrix on the die-cutting machine, and then starting the die-cutting machine to fix the creasing matrix on the bottom plate;

⑤ After the creasing matrix is fixed, tear off the positioning strip;

⑥ Use a rubber hammer to tap the creasing Matrix for reinforcement, and the sharp corner of the creasing Matrix opposite to the paper feed direction should be sanded with sandpaper.

1.8 Try die–cutting and adjusting the plate pressure

After finished the die-cutting plate, it needs to be installed on the die-cutting machine for trial cutting. If the sample is partially cut off but the part cannot be, it is necessary to adjust the uniformity of the pressure of the die-cutting plate by adding gasket below the base plate.

The operation of adding gasket is performed by sticking a 0.05 mm paperboard to the bottom of the die-cutting plate to compensate for the height of the cutting rule and the creasing rule. If the implementation of the additional gasket operation is finished, and there are still some positions on the paperboard that are insufficiently cut, the another gasket should be added in the corresponding position. The add gasket progress is to directly paste the bottom plate of the die-cutting with a narrow strip of 0.02mm, 0.03mm, and 0.05mm thickness to compensate for the height of the cutting rule and creasing rule.

To check whether the pressure of the die-cutting plate is uniform, the following methods can be used:

(I) Paperboard and Kraft paper pressure test method

Covering the die-cutting plate with paperboard or Kraft paper which is larger than the plate and trying die-cutting. If it is found that there is a shallow indentation on the paperboard, a gasket should be added in the corresponding position. If a deep indentation is found, there is no need to increase stress.

(II) Applying ink method

The ink is coated to the die-cutting plate by an ink roller, and then the pressure is applied.

The deep ink portion does not need to increase stress; the shallow ink portion must increase stress.

(III) Pressing carbon paper method

Laying a white paper under the carbon paper, then place the die-cutting plate on the carbon paper for pressing, and observe the marks on the white paper after pressing. The deep marks indicate that the pressure is large, and there is no need to increase stress; the shallow marks indicate that the pressure is small, and it need to increase stress.

2. Using the virtual simulation system and learning the process of making the stamped sheet

Moving the sensor control pen (stylus), and click the [Plate Making] button in the selection area on the left side of the module to enter the process of the die-cutting plate making. The simulation operation displays the production desk of the die-cutting plate, and the desktop is placed with die-cutting filling board and the die-cutting plate fixing frame. The right side of the screen is the virtual process of the die-cutting, and the processes are as follows: Slotting of the bottom plate → insert the cutting rule and creasing rule → fixed the cutting rule and creasing rule → sticking the sponge strip → install the die-cutting plate → install the creasing matrix → adjust the plate pressure. As shown in Figure 1-29.

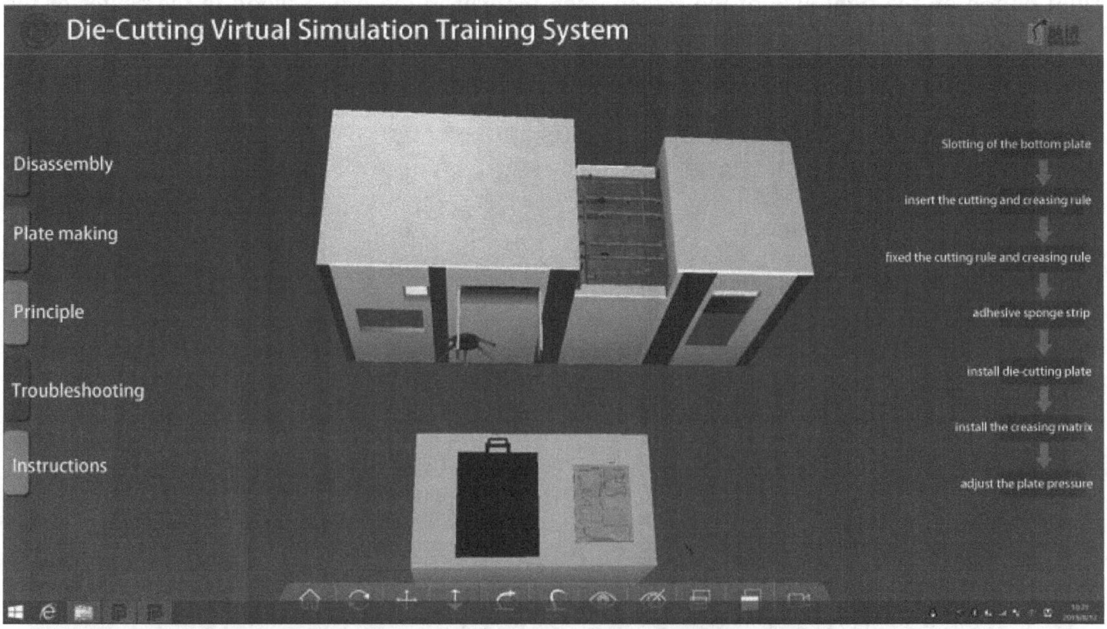

Figure 1–29 The main interface of the die–cutting board production process

(I) Slotting of the bottom plate

Moving the control pen (stylus), and left click on the "bottom plate slotting" button on the right side of the screen, then the wooden board on the desktop of the screen starts generating kerf, as shown in Figure 1-30. After finished the kerf, the outline of the package is displayed on the filling wooden board.

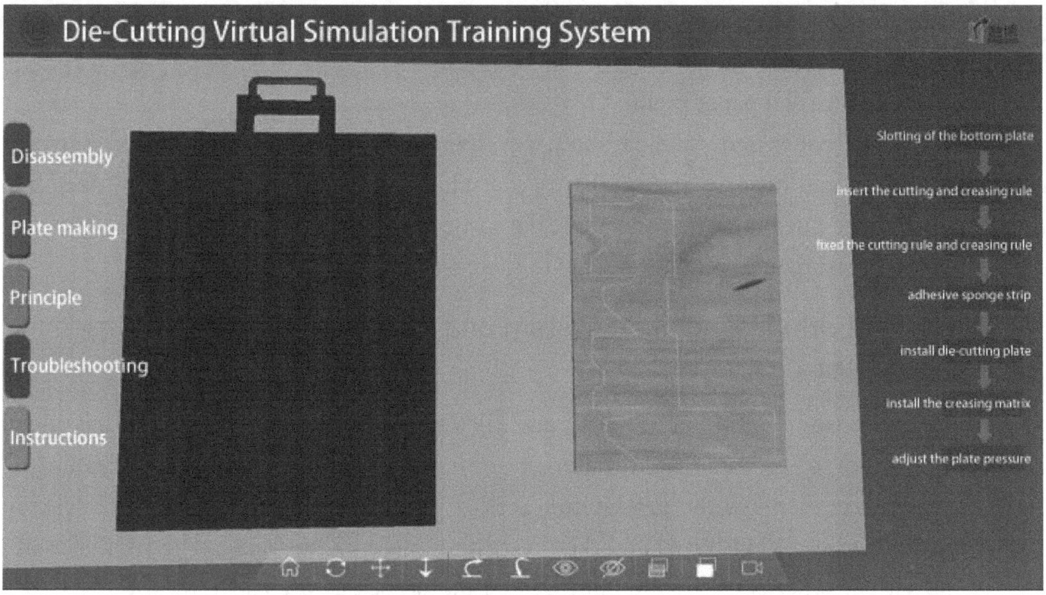

Figure 1–30 Slotting of the filling wooden plate

(II) Insert the cutting rule and the creasing rule

Move the control pen (stylus), and left-click on the[insert the cutting rule and the creasing rule] button on the right side of the screen, then the gap in the lining wood in the center of the screen begins to insert the cutting rule and the creasing rule, as shown in Figure 1-31. After the process is finished, the die-cut profile on the filling wooden board will be black.

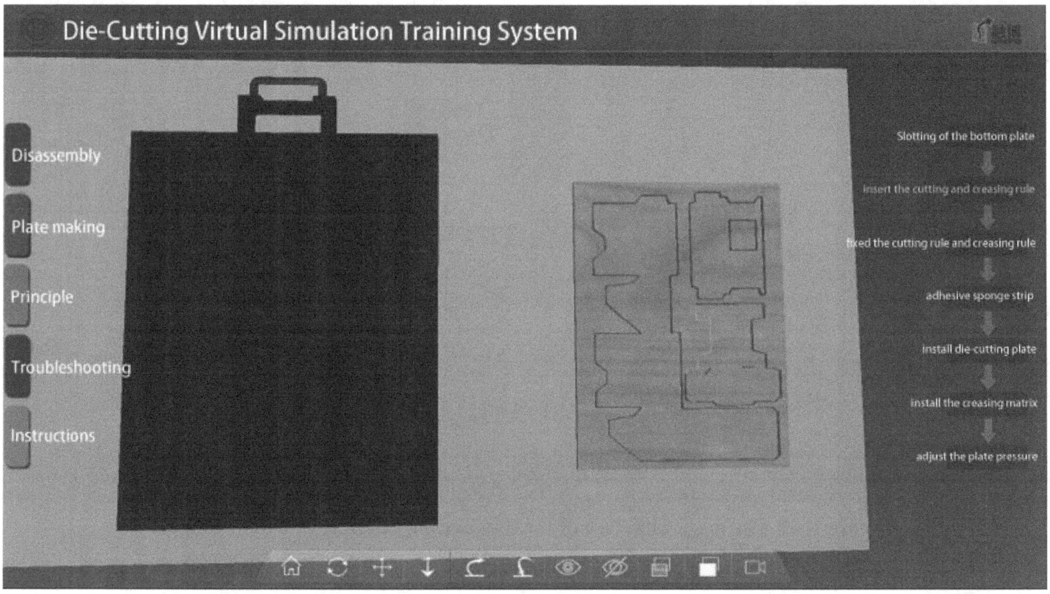

Figure 1–31 Insert the cutting rule and the creasing rule into the gap in the filling wooden board

(III) Fixed the cutting rule and the creasing rule

Move the control pen (stylus), and left-click on the [fixed the cutting rule and the creasing rule] button on the right side of the screen, and a plastic hammer will appear on the top of the

desktop at the center of the screen to gently tap the cutting rule and the creasing rule to fix it. As shown in Figure 1-32.

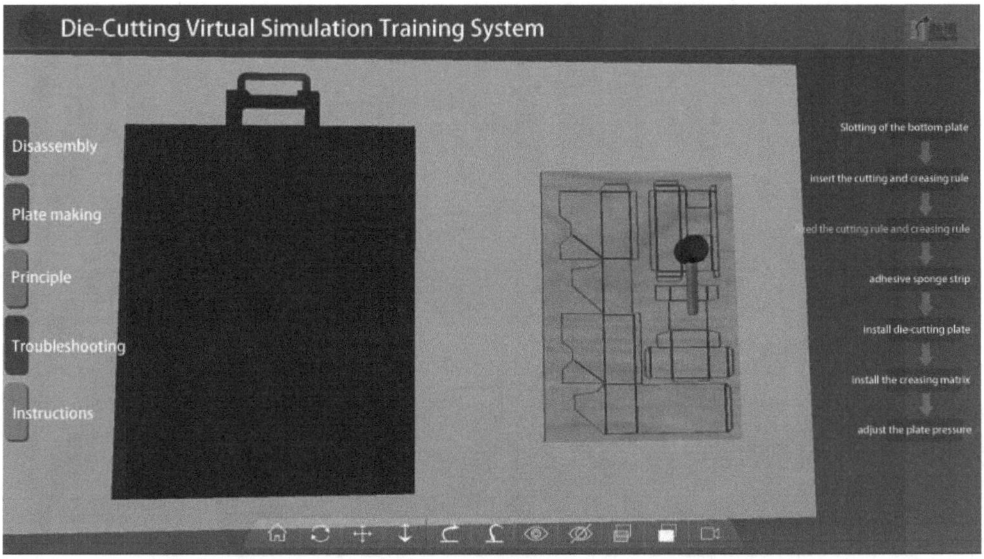

Figure 1–32 Fixed the cutting rule and the creasing rule

（IV）Sticking the sponge strip

Move the control pen (stylus), and left-click on the [Sticking sponge strip] button on the right side of the screen, then the sponge strip starts to be stuck onto the both sides of the cutting rule in the middle of the screen, as shown in Figure 1-33. The gap between the sponge strip and the cutting rule is about 1mm, and no sponge strip is attached to both sides of the creasing rule.

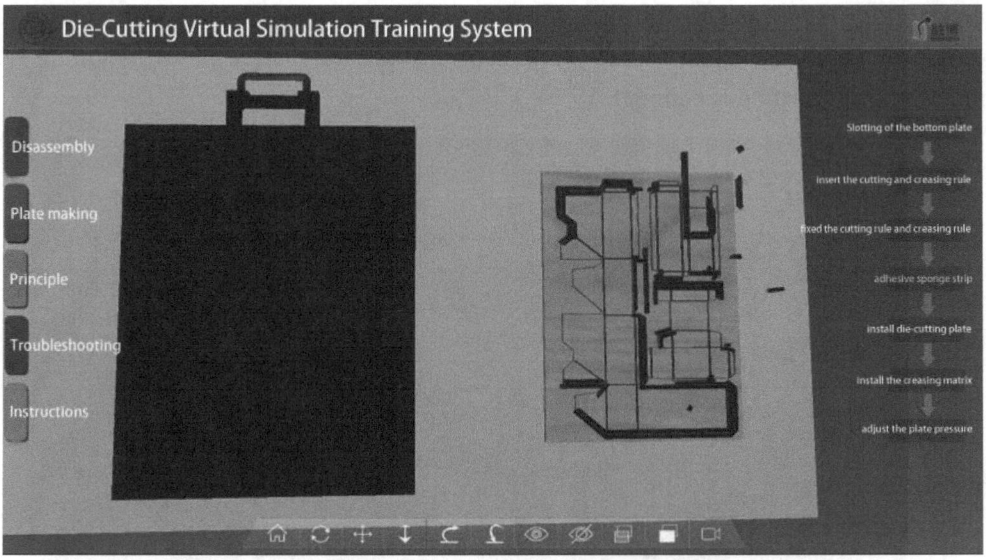

Figure 1–33 Sticking the sponge strip on the filling wooden board

（V）Install the die-cutting plate

Move the control pen (stylus), and left-click on the [Install die-cutting plate] button on the

right side of the screen, then the filling wooden board in the center of the screen will be fixed inside the metal frame, as shown in Figure 1-34.

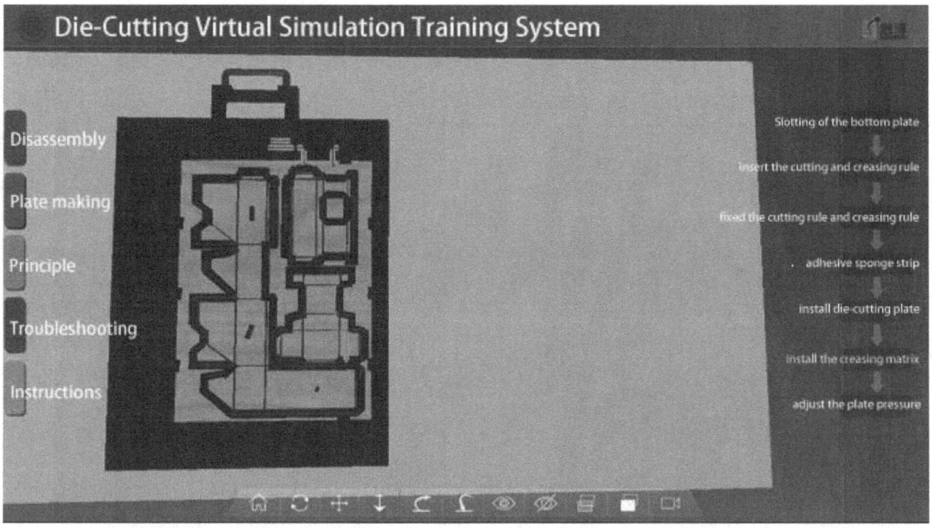

Figure 1–34 The filling wooden board is fixed inside the metal frame

（VI）Install the creasing Matrix

Move the control pen (stylus), and left-click on the “install the creasing Matrix” button on the right side of the screen. The creasing Matrix is stuck on the creasing rule through the positioning bar, as shown in Figure 1-35.

When you are pasting the creasing Matrix, firstly, tear the protective adhesive tape on the creasing Matrix; Secondly, press the die-cutting plate and the bottom plate, and then release the pressure; Thirdly, the creasing Matrix is pasted onto the bottom plate. Then tear the positioning strip of the creasing Matrix, and trim the corners of the creasing matrix on the bottom plate. The creasing Matrix installation is completed.

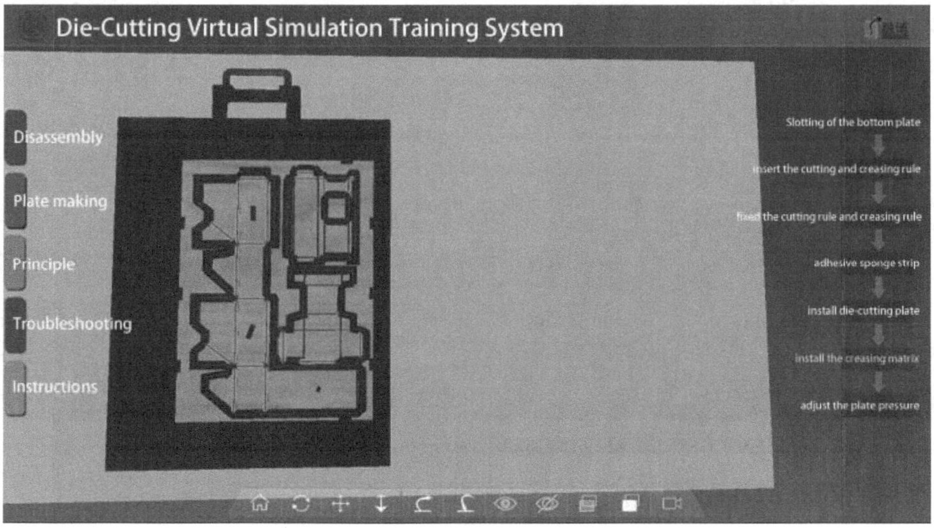

Figure 1–35 The process of install the creasing Matrix

(VII) Adjust the plate pressure

Move the control pen (stylus), and left-click on the [Adjust the plate pressure] button on the right side of the screen, then the plate pressure adjustment process is shown in Figure 1-36.

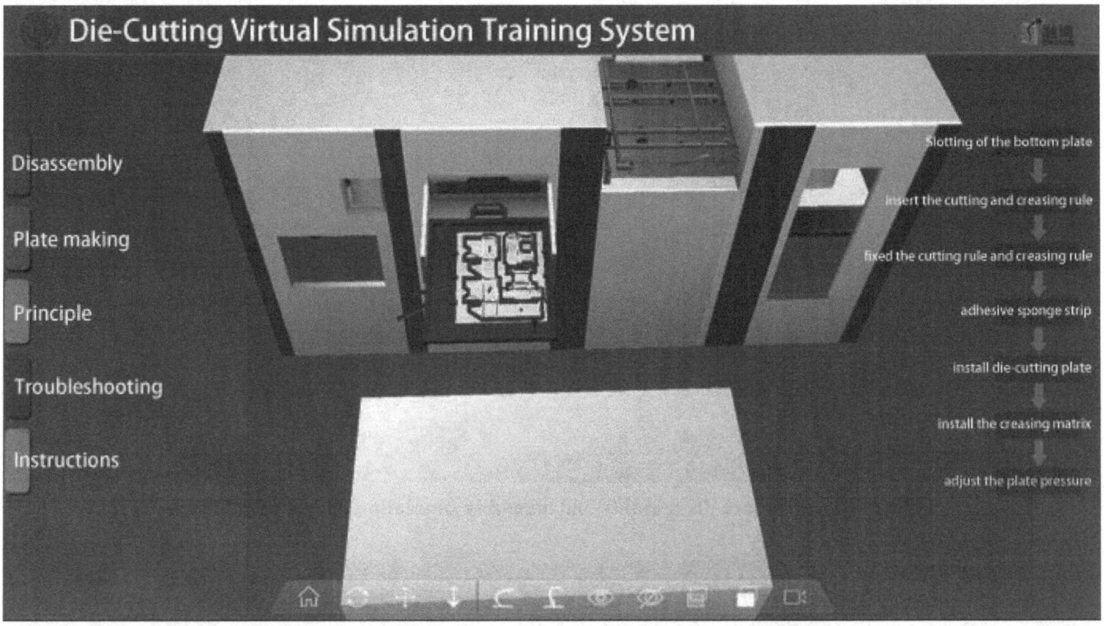

Figure 1–36 The process of plate pressure adjustment

Task 4: Learning the simulation disassembly of the die–cutting equipment

The steps for disassembling and assembling the die-cutting equipment are as follows:

(I) Firstly, enter the die-cutting virtual training system according to the operation method in task one. Secondly, move the control pen to the function module area on the left side of the interface, and select the [disassembly] button. Thirdly, click the main button to enter the structure disassembly and assembly simulation operation interface, as shown in Figure 1-37.

(II) Disassemble the outer casing. Firstly, using the control pen to select the disassembly button below the toolbar. Secondly, using the control pen to select the outer box to be removed. Thirdly, pressing and holding the main button to move the outer casing to the appropriate position. According to the movement path of the paper, disassemble the machine casing one by one, as shown in Figure 1-38.

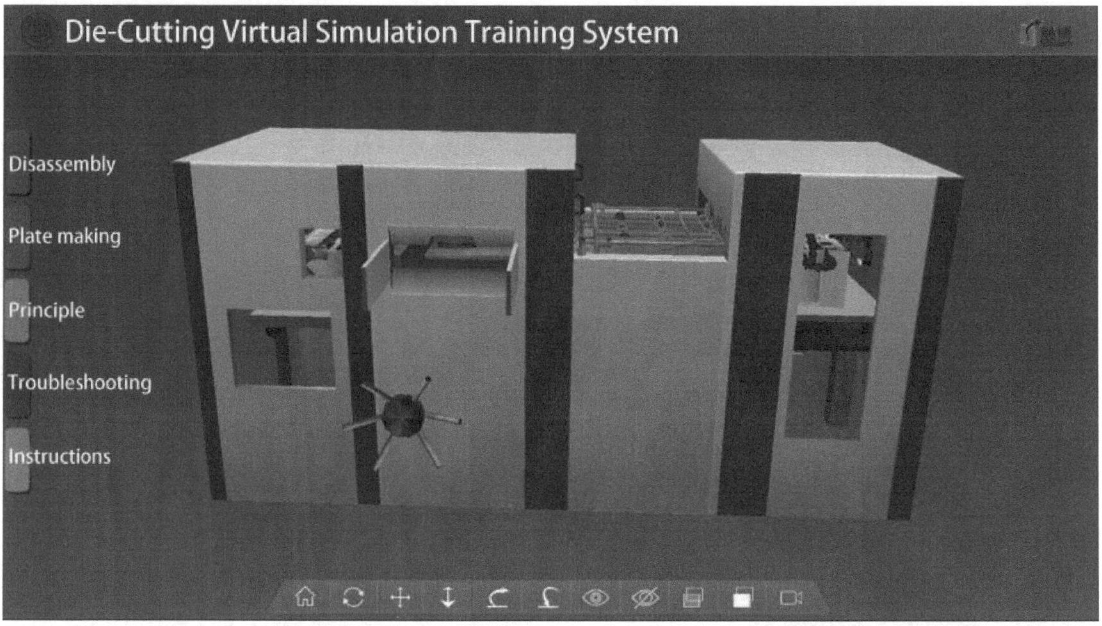

Figure 1–37 Structure disassembly and assembly simulation operation interface

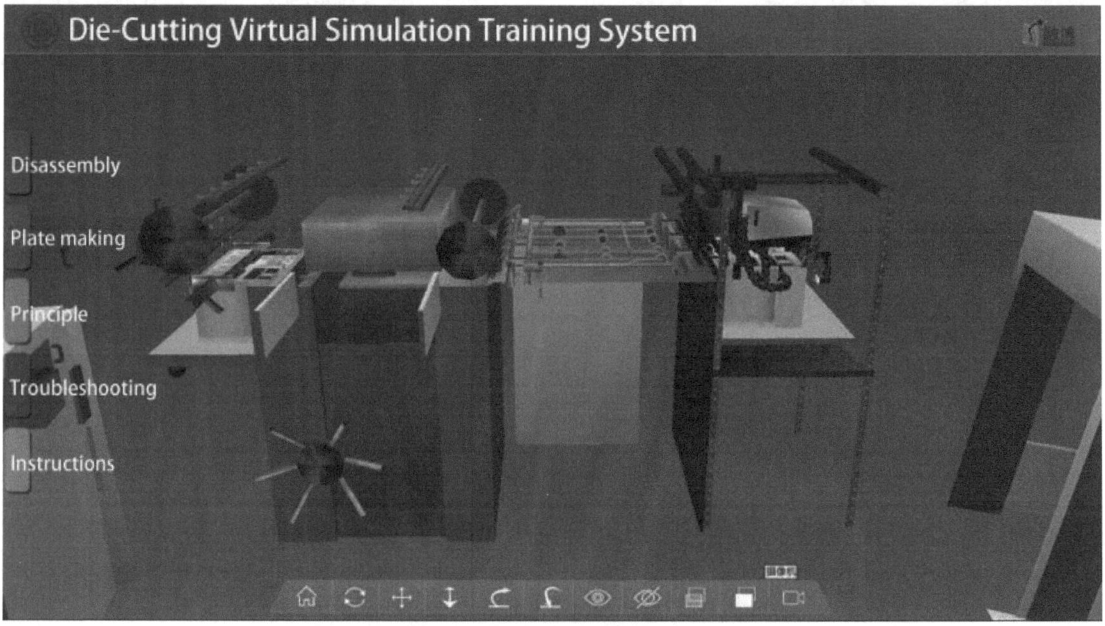

Figure 1–38 Disassemble the machine casing

（III）Disassemble the paper feed unit. Firstly, using the control pen to select the disassembly button below the toolbar. Secondly, using the control pen to select the paper feeder to be removed. Thirdly, pressing and holding the main button to move the parts of the paper feeding device to the appropriate position. After removed the paper feeding device, as shown in Figure 1-39.

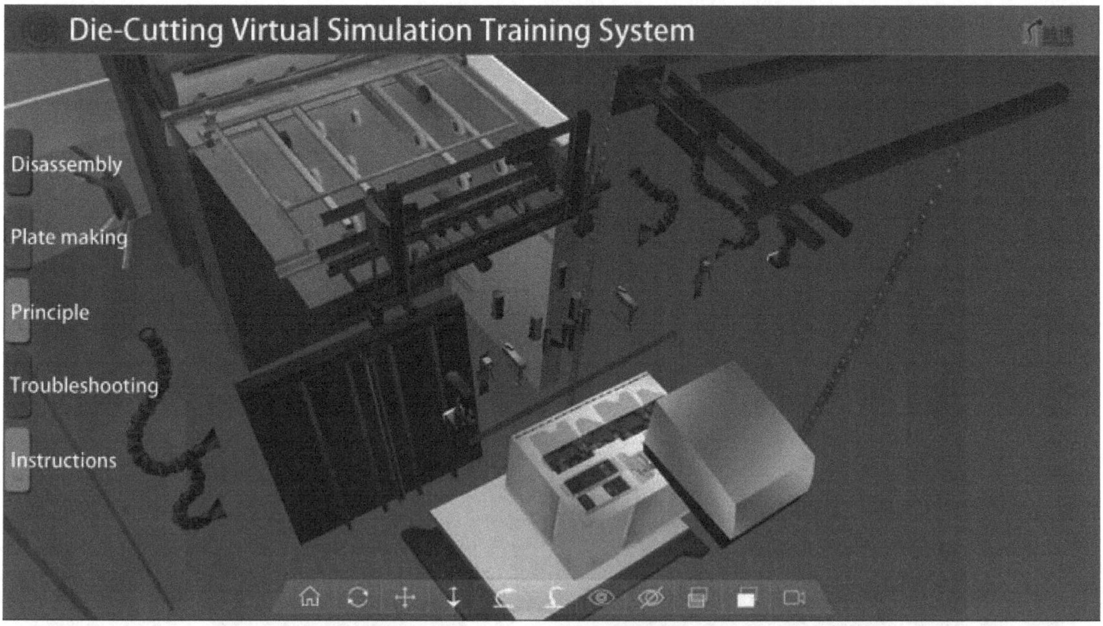

Figure 1–39 Disassemble the paper feeding device

（IV） Disassemble the paper conveying unit. Firstly, using the control pen to select the disassembly button below the toolbar. Secondly, using the control pen to select the paper conveying device. Thirdly, pressing and holding the main button to move the paper conveying device parts to the appropriate position. After disassembled the paper conveying device, as shown in Figure 1-40.

Figure 1–40 Disassemble the paper conveying device

(V) Disassemble the die-cutting unit. Firstly, using the control pen to select the disassembly button below the toolbar. Secondly, using the control pen to select the die-cutting unit. Thirdly, pressing and holding the main key to move the die-cutting unit component to the appropriate position. After removed the die-cutting unit, as shown in Figure 1-41.

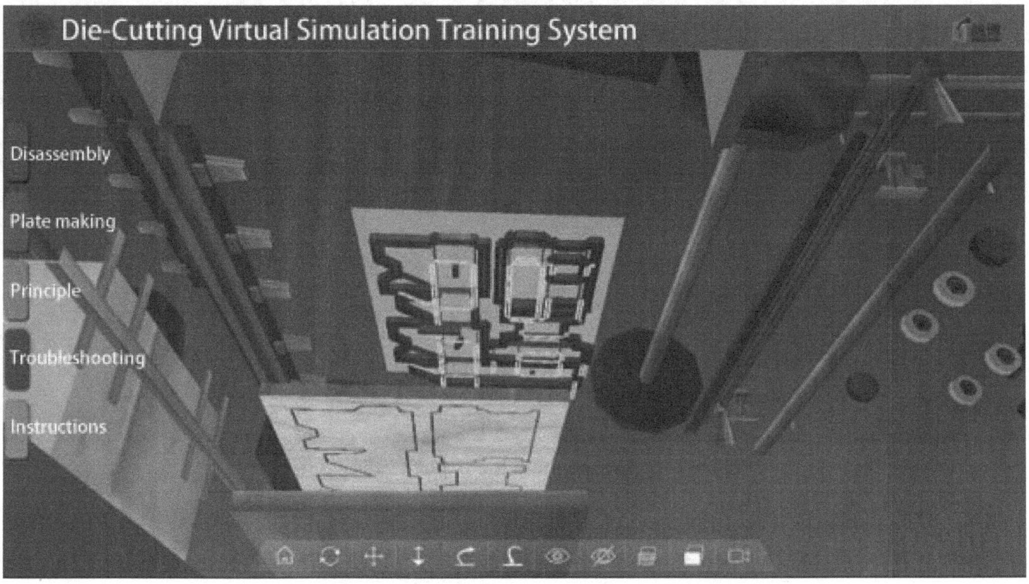

Figure 1–41 Disassemble the die–cutting unit

(VI) Disassemble the delivery unit. Firstly, using the control pen to select the removal button below the toolbar. Secondly, using the control pen to select the delivery device to be removed. Thirdly, pressing and holding the main button to move the parts of the delivery unit to the appropriate position. As shown in Figure 1-42, the delivery unit is removed.

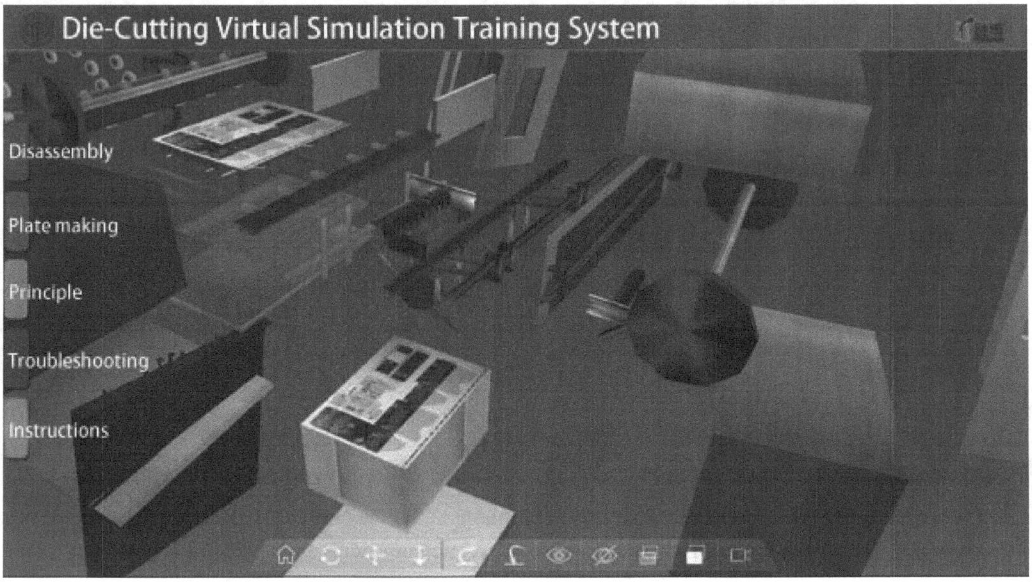

Figure 1–42 Disassemble of the delivery device

(VII) Assemble the die cutting equipment. After disassembled all the components, as shown in Figure 1-43, use the inductive control pen to select the installation button below the toolbar, then the disassembled components are automatically installed.

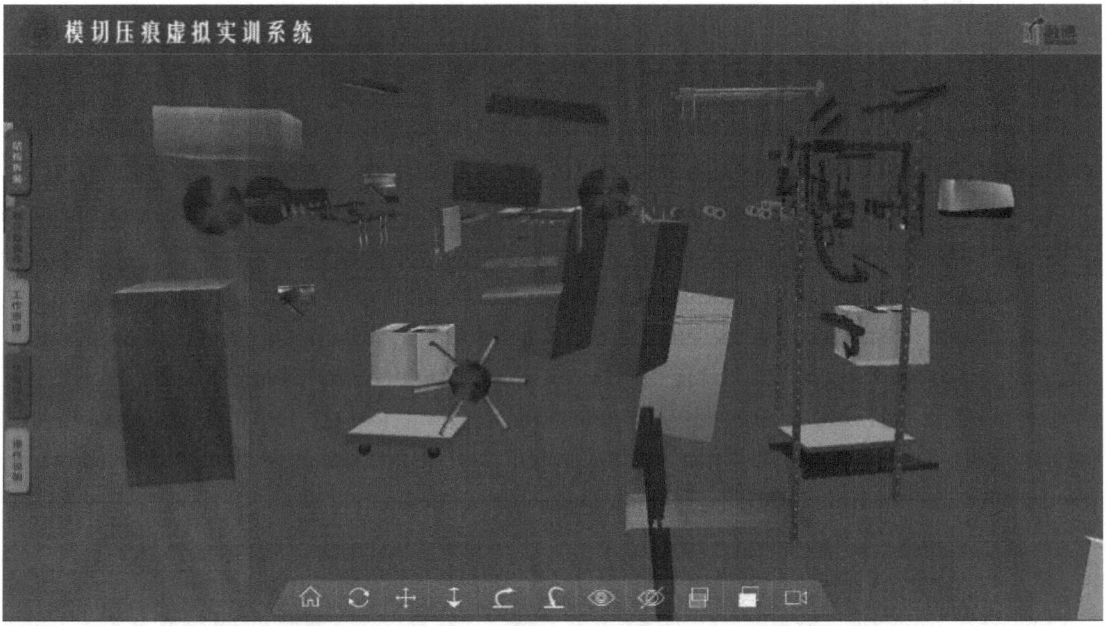

Figure 1–43 Overview of the die–cutting device after disassembly

Task 5: Learning the simulation operation of die–cutting Troubleshooting

Common quality problems during the die-cutting include: insufficient die-cutting, too deep or too many creasing rule, inaccurate die-cutting locations, unsmooth die-cutting edges, adhesion of cardboard to cutting rule, and so on. In this book, the simulation operation demonstration is carried out with the faults: creasing rule is too deep and the die-cutting pressure is too small.

1. The troubleshooting simulation operation of "too deep or too many creasing rules "

1.1 The reasons and solutions for too deep or too many creasing rules

Too many creasing rules refer to the indentation that should not be made, too deep creasing rules refer to the broken cardboard which is due to the pressure of the indentation.

(I) The reasons

The thickness of the creasing rule pad is not accurate, the paper is too thin or too thick,

the creasing rule is not properly, the pressure of the die-cutting device is improperly, the paper quality is too bad. The water content of the paper is too low, which makes the brittleness of paper increase and the toughness of paper decreases, and so on.

(II) The solutions

We need recalculate and adjust the thickness of the pad paper, check if the creasing rule selection is appropriate, and adjust the pressure of the die cutter appropriately. According to the condition of the die-cutting cardboard, the die-cutting is adjusted to make the two adapt as much as possible. When designing the creasing matrix, the width of the creasing matrix parallel to the direction of the paper fiber should be narrow, and the width of the creasing matrix to the fiber direction should be wide.

1.2 The troubleshooting simulation operation of "too deep or many creasing rules"

(I) Firstly, entering the die-cutting virtual training system according to the operation method in task one. Secondly, moving the control pen to the function module area on the left side of the interface. Thirdly, clicking the [troubleshooting] button in the left function module area uses the main key of the control pen and the initial state of the screen is displayed as shown in Figure 1-44, and the troubleshooting simulation operation begins.

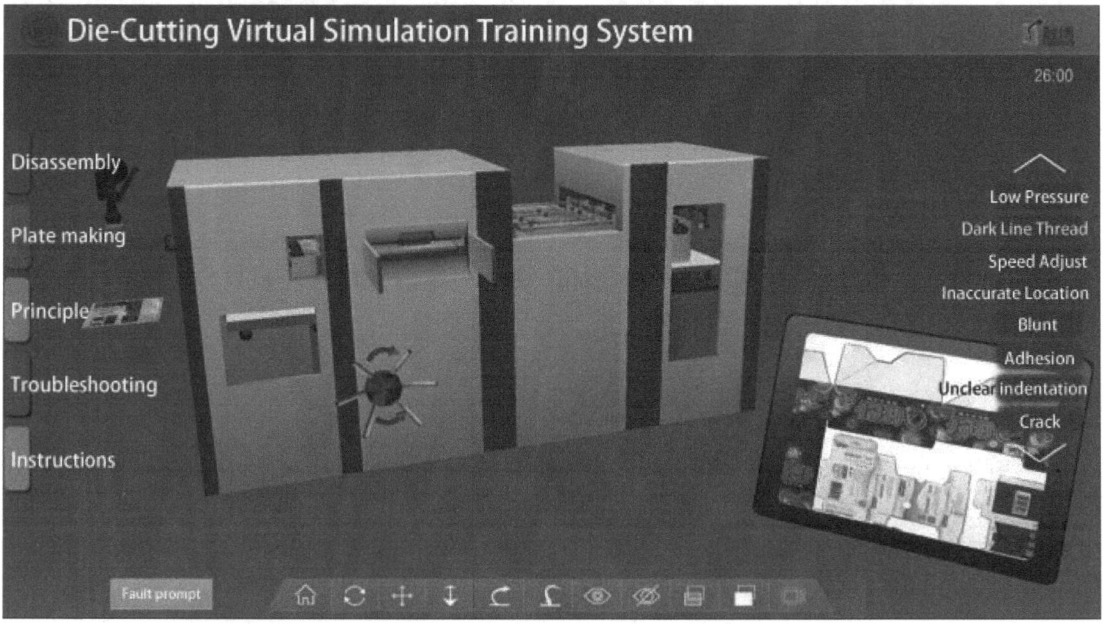

Figure 1–44 The initial interface of troubleshooting simulation operation

(II) Move the control pen, and click the button: [Dark Line Thread] on the right side of the screen. Then, the color of the button font turns yellow, and the red prompt font pops up at the fault prompt area. The specific operation result is shown in Figure 1-45.

(III) The fault prompt is to reduce the pressure. Move the inductive control pen and click the counterclockwise rotation arrow above the rotary bar of the die-cutting to reduce the pressure, as shown in Figure 1-46.

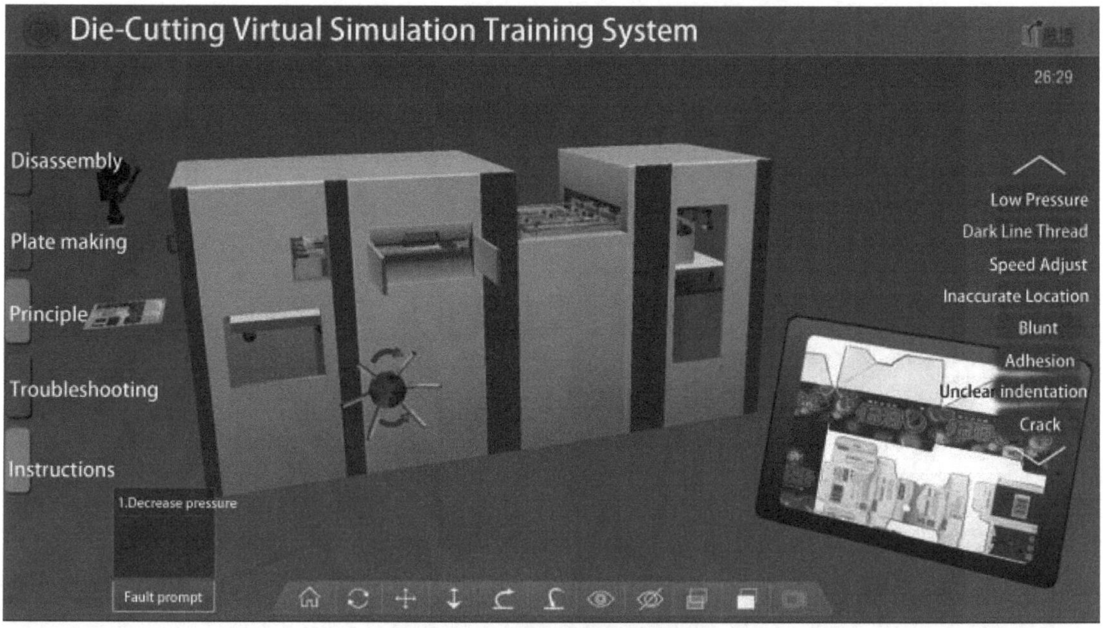

Figure 1–45 Troubleshooting tips

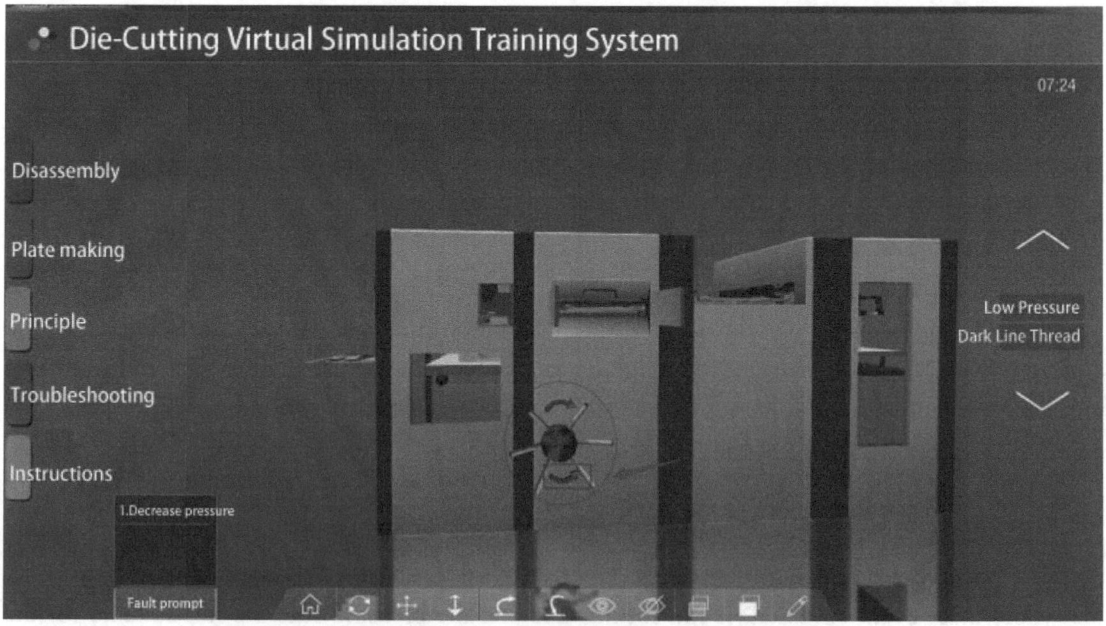

Figure 1–46 The simulation operation of reduce the pressure

(IV) The font of fault prompt becomes white, and the font of [Dark Line Thread] becomes the background color. At this time, a congratulatory prompt appears in the center of the interface, indicating that the fault is eliminated. As shown in Figure 1-47.

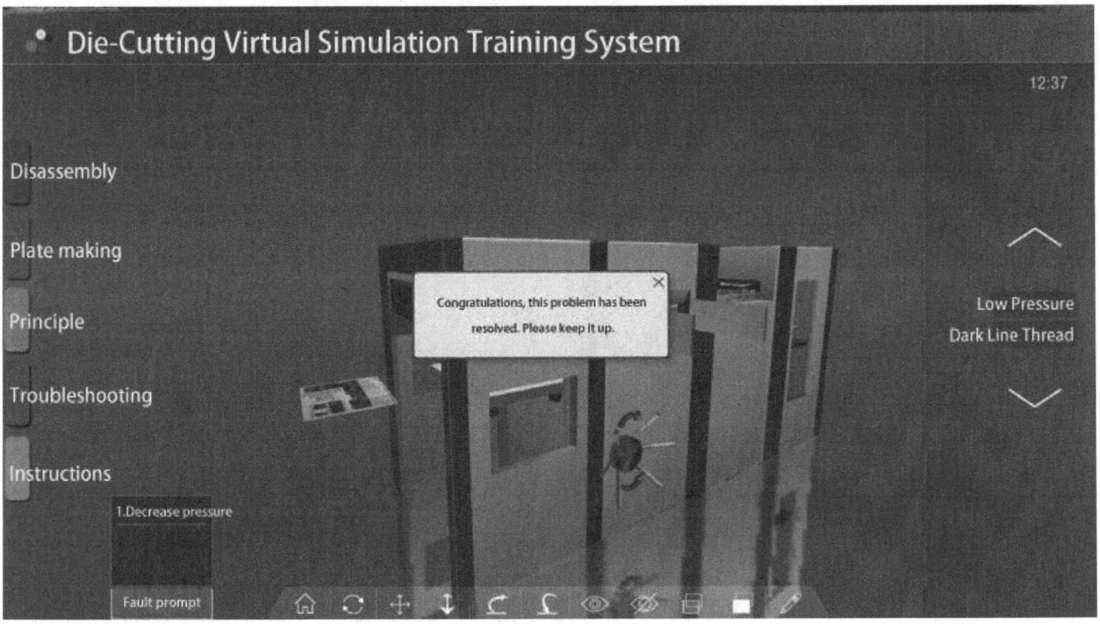

Figure 1–46 Troubleshooting successfully

2. The troubleshooting simulation operation of "Insufficient die-cutting pressure"

2.1 The causes and solutions for "Insufficient die–cutting pressure"

Insufficient die-cutting pressure mainly means that during the die-cutting process, the product is not completely cut by the cutting rule and the indentation line of the creasing rule is not clear enough.

(I) The causes

In the die-cutting process, the die-cutting pressure is too small, which may result in the product not being completely cut off, and the indentation line is not clear. The selection of the cutting rule and the creasing rule is not high enough, which may cause the insufficient die-cutting pressure. In addition, the pressure of the cutting rule and the steel wire is not uniform during the die-cutting process, and also get a fault die-cutting pressure.

(II) The solutions

For the die-cutting plates with the insufficient pressure, a method of increasing the die-cutting pressure is employed. For the case of uneven pressure, the partial filling method is used to make the whole plate evenly pressed. If the cutting rule and the creasing rule are not suitable for the product, it need to choose a suitable cutting rule and creasing rule.

2.2 The troubleshooting simulation operation of "insufficient die–cutting pressure"

(I) Firstly, entering the die-cutting virtual training system according to the operation method in task one. Secondly, moving the control pen to the function module area on the left side of the interface. Thirdly, clicking the [troubleshooting] button in the left function module area with the main key of control pen, then the initial state of the screen is displayed as shown in Figure 1-48. At this time, you can start the troubleshooting simulation operation.

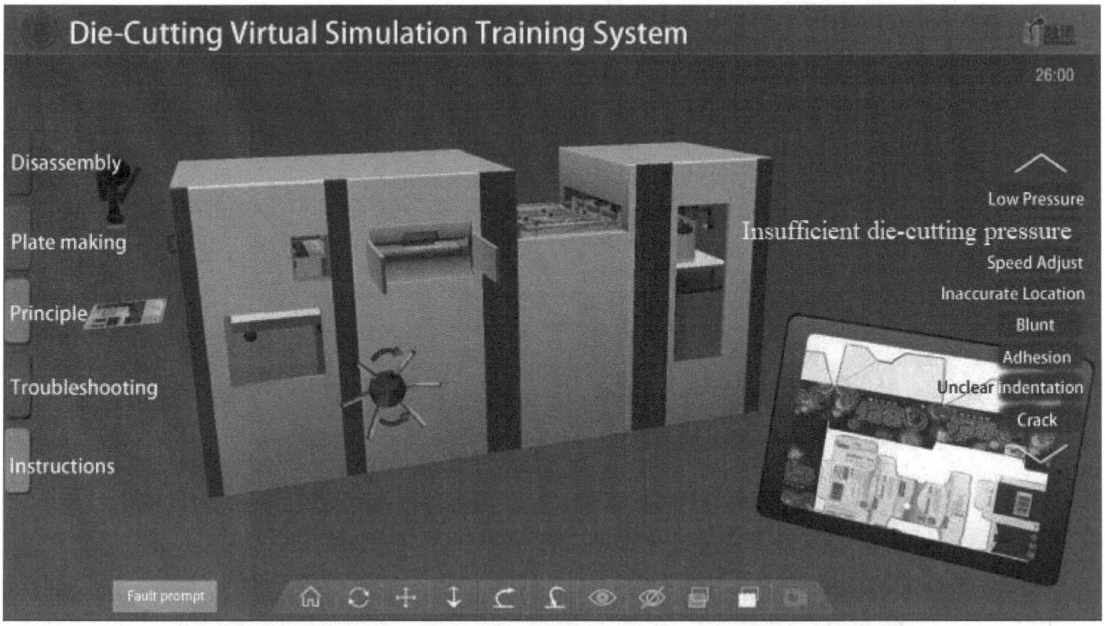

Figure 1–48 The initial interface of troubleshooting simulation operation

（II）Move the control pen and click the fault [insufficient die-cutting pressure], on the right side with the main key, then the color of font turns yellow. A fault prompt pops up with some red fonts. The specific operation result is shown in Figure 1-49.

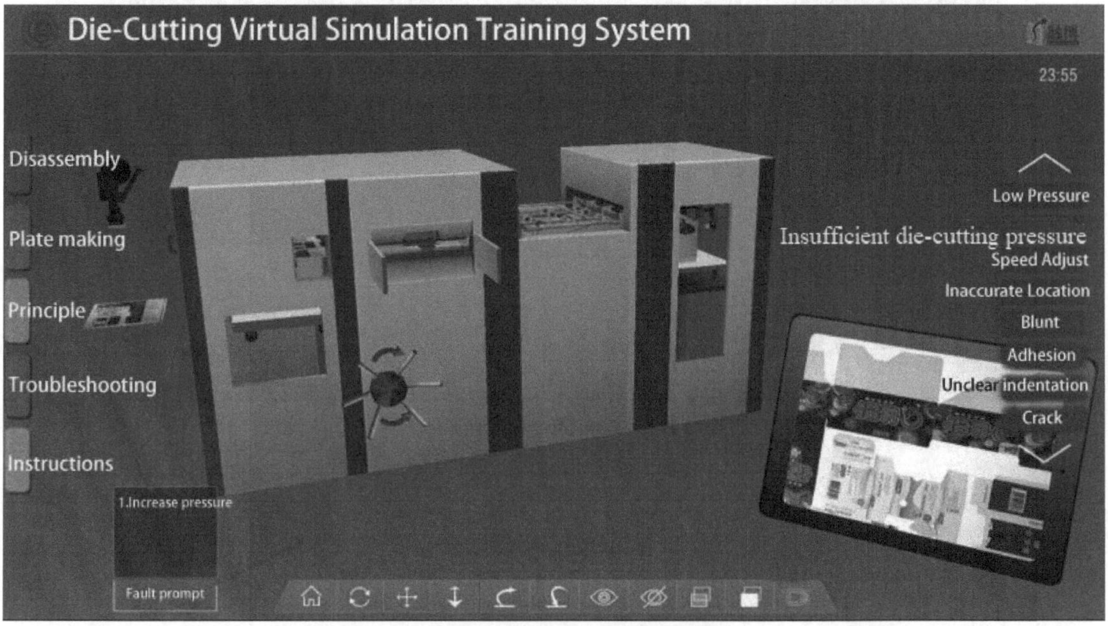

Figure 1–49 Troubleshooting tips

（III）The fault prompt is "increase pressure". Move the control pen, and click the clockwise rotation arrow above the rotary bar of the die-cutting device with the main key, as shown in Figure 1-50.

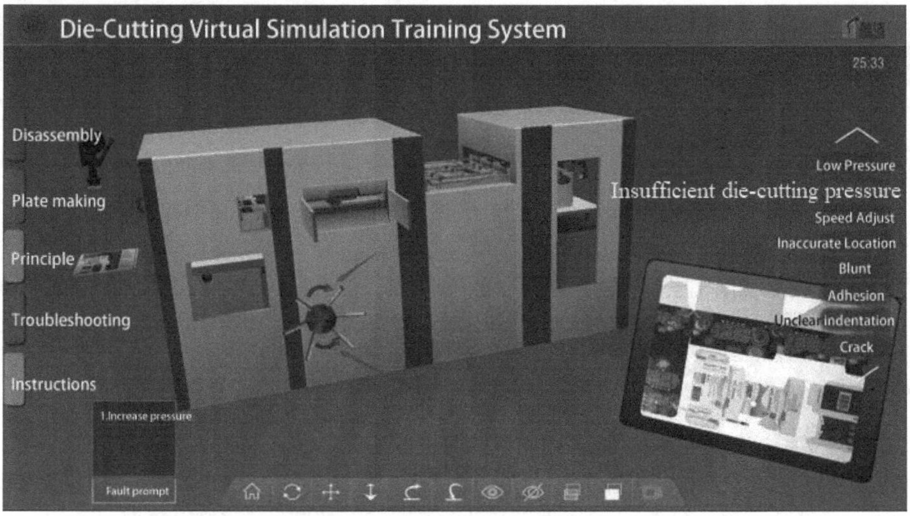

Figure 1–50 The simulation operation of increase pressure

(IV) The color of fault prompt font becomes white, and the color of [the pressure is small] becomes the background color, then a congratulatory prompt appears in the center of the interface, which is indicating that the fault is eliminated. As shown in Figure 1-51.

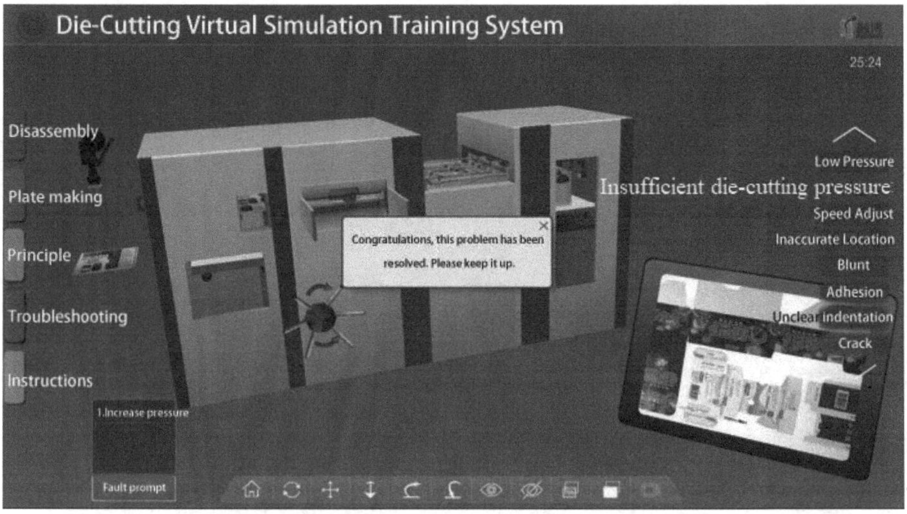

Figure 1–51 Troubleshooting succeeded

Project section

Project 2 Practical Training of Folding Simulation

Teaching Objectives

With studying this project, students need to master the basic components of the folding equipment, the working principles of the folding equipment and the structure disassembly method, as well as the troubleshooting methods of the folding equipment.

Ability Goal

1. Understand the basic composition of folding equipment
2. Be able to disassemble folding equipment
3. Be able to eliminate the main faults in the folding production process

Knowledge Goal

1. Be able to understand the basic composition and function of virtual simulation equipment
2. Be able to familiarize with the working principle of folding equipment
3. Understand the causes and troubleshooting of folding faults

Task 1: Learning the working principles and the main components of folding equipment

1. The type and main components of folding equipment

According to the paper type, the folding device can be divided into a sheet folding equipment and a web folding device . According to the structural, the web folding device can be further divided into an impact folding device and a rolling folding device and the sheet folding device can be further divided into a knife folding device, a fence folding device, and a grid knife hybrid folding device. This section gives a brief introduction to knife folding and fence folding.

1.1 Knife folding equipment

(I) Working principle

The knife folding mechanism is mainly composed of a folding knife, a folding roller, a cover table and a gauge, as shown in Figure 2-1. The knife folding mechanism has the characteristics of complex mechanism, large space occupation, low folding speed, but a good folding precision when it is folding thicker paper.

The printing sheet is sent by the conveying mechanism to the cover table above the folding roller. After being positioned by the gauge, the folding knife falls and presses the sheet and it is making the sheet into the middle of the two folding rollers. When the folding knife drops to about 4 mm from the center line of the folding roller, the folding knife starts to return upward. The sheet is driven by the folding roller and continues to complete the subsequent folding.

Among the two folding rollers, one is a fixed folding roller, which only rotates; and the other is a floating folding roller, besides the rotary motion, it also floats with the thickness of the sheet to ensure the folding accuracy. If it is a multi-folded page, multiple folding unit need to be installed on the folding machine.

According to the above principles, after completed the first folding, the cutting knife cuts the paper on the middle of the sheet, and the punching knife punches on the two-fold line. The one-folded signature conveyed to the two-fold station by the conveyor belt, repeating the process of folding, and repeatedly the process to complete the third and fourth folds.

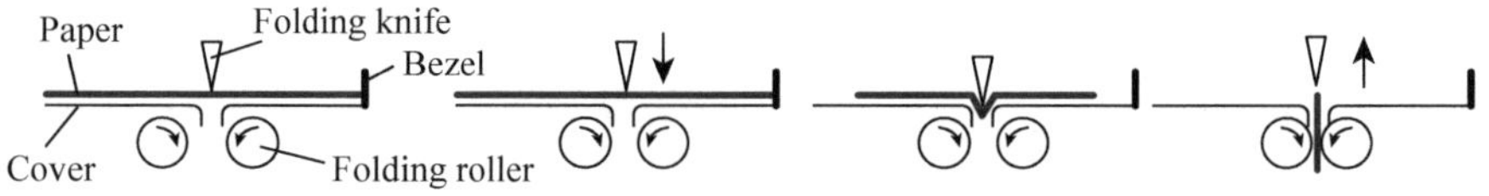

Figure 2–1 Working principle of the knife folding mechanism

(II) Main components

① Folding knife

There are many movement forms of folding knife. Common folding knife movements include reciprocating swing and reciprocating movement. The principle of reciprocating swing is

to use the cam swing lever to make the folding knife reciprocate swing, and the cam rotates and pushes the roller to make the swing rod reciprocate. The folding knife is mounted on the swing rod, and the folding knife reciprocates swing to complete the folding work.

The reciprocating swing folding knife has the characteristics of simple structure, small space occupation, large reciprocating oscillating inertia and low precision. It is mainly used in the third and fourth folding units of the knife folding machine. The reciprocating movable folding knife mechanism has characteristics of the complicated structure, large space occupation, small reciprocating inertia and high precision. It is mostly used for the first and second folding units of large formats. The small knife folding machine generally adopts a reciprocating oscillating folding knife.

② Folding roller

Each folding group of knives folding machine has two folding rollers.One is a fixed folding roller and the other is a floating folding roller to accommodate the thickness variation of the book. The fixed folding roller performs a rotary motion, and the floating folding roller performs both a rotary motion and a translational motion.

1.2 Fence folding machine

The fence folding machine has the characteristics of simple structure, small space occupation, and high speed, but the folding accuracy is low when it's performing a multi-folded page of a thicker paper.

(I) Working principle

The folding mechanism is composed of a folding roller, a folding fence and a gauge. The fence type folding mechanism has three folding sticks in each group. When the paper feeding mechanism sends the paper to the folding mechanism, the folding rollers feed the paper into the fence at high speed, and complete the folding under the cooperation of the gauges and the folding rollers. As shown in Figure 2-2.

Figure 2-2(a) The paper are feed into the fence at high speed with the help of two folding roller, and the paper hits the gauge;

Figure 2-2(b) The paper continues to advance under the action of folding rollers A, B, and the paper is forced to bend;

Figure 2-2 (c) Bend the paper into the relatively rotating folding roller B&C to complete the folding. Repeat the above process to complete the two-fold or more fold, as shown in Figure 2-3.

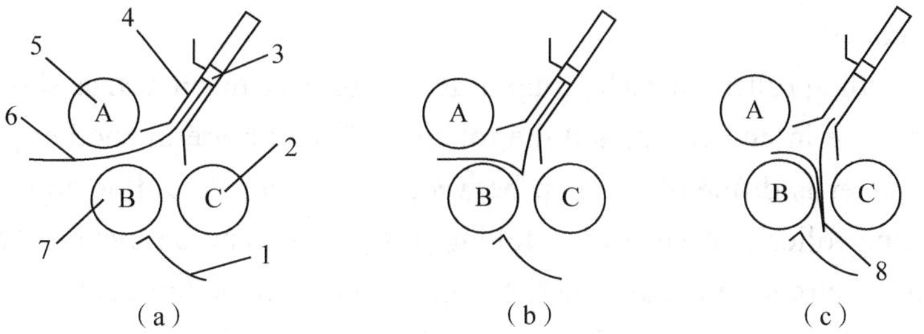

Figure 2–2 Working principle of the fence folding machine

1-receive guide board; 2, 5, 7-folding rollers; 3-gauge block; 4-fences; 6-paper; 8-book block

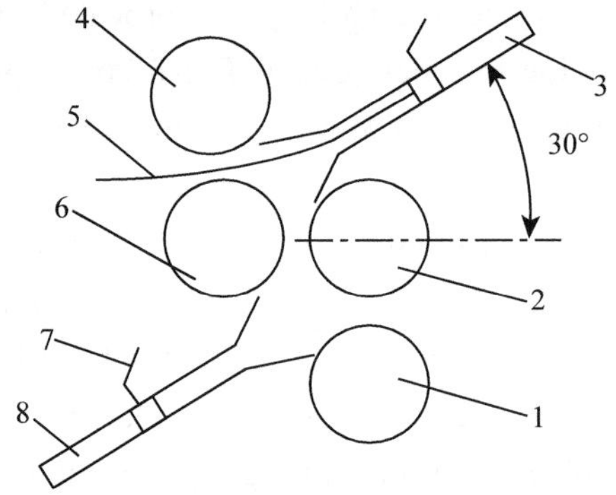

Figure 2–3 Principle of bi–folding

1, 6-fixed folding roller; 2, 4-floating folding roller; 3-upper fence; 5–paper; 7–gauge block; 8-lower fence

(II) Main components

① Folding fence

Folding fences are composed of an upper fence and a lower fence, as shown in Figure 2-4. A gauge block is installed between the two fences to control the width of the paper. The height and parallelism of gauge block can be adjusted, and the fence can also be closed. The folding fence is installed obliquely, and the general installation angle is 30° . The fence can be raised and lowered, and the angle of fence remains the same. This will not only reduce the height of the folding machine but also allow the paper to smoothly enter the fence. The width of the fence is larger than the width of paper, and the paper enters the fence and maintains a certain gap between the sides of the fence to allow it to move freely.

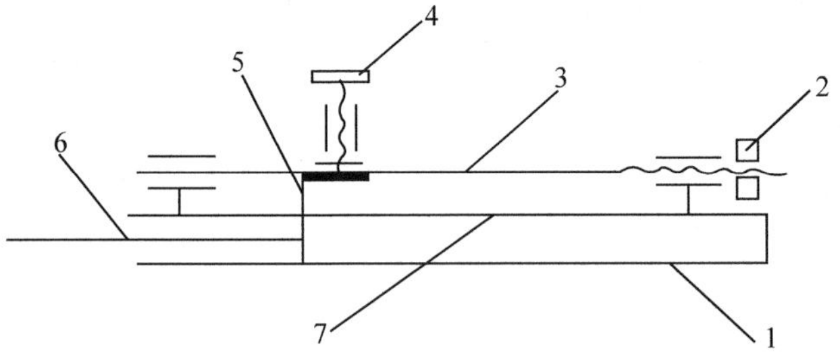

Figure 2–4 The diagram of folding fence and gauge block

1-low fence board; 2-fine adjustment nut; 3-slider; 4-screw; 5-gauge block; 6-paper; 7-upper fence board

② Folding roller

There are 3 folding rollers in each group of fences folding machines, as shown in Figure 2-5. Rollers 2, 1, and 7 are in one group, and the rollers 2, 7, and 6 are in another group. Due to the thickness of the paper is different, the gap between the rollers should be adjustable. Therefore, there is one floating roller in each pair of folding rollers that can be moved. The floating roller can be rotated in the circumferential direction, and also can move horizontally to adjust the gap. The other folding roller is the fixed roller can only be rotated in the circumferential direction. The floating roller sleeve is installed in the movable sliding seat equipped with a spring. Due to the

action of the spring, the floating roller and the fixed roller are always kept at a minimum gap. The small gap creates a squeezing force on the signature in working condition, thereby it completes the folding.

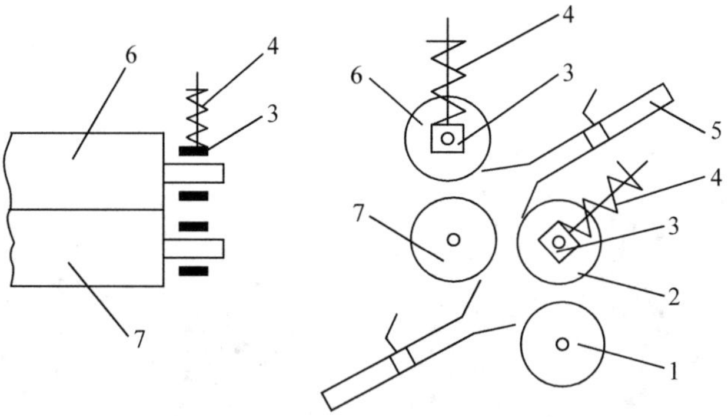

Figure 2–5 The fence roller diagram of folding machine

1, 7-fixed folding roller; 2, 6- floating folding roller; 3-slide; 4-spring; 5-fence

2. Learning the fence folding device with the virtual simulation system

2.1 Familiarity to the virtual operating environment of the fence folding device

After entering the interface of post-press processing virtual simulation system, press and hold the circular main key on the control pen, then move to select the corresponding system module. Also you can press and hold the left or right keys on the control pen to select the folding machine module in training system. As you select the folder module, you need to move the control line cursor to the triangle block in the lower right corner of the module. If the triangle shape control block is lighting, it means that the module has been selected, then click the main key of control pen. The screen displays "loading, please wait" , which means you are entering the folding machine module. Figure 2-6 shows the interface of starting the folding machine training module.

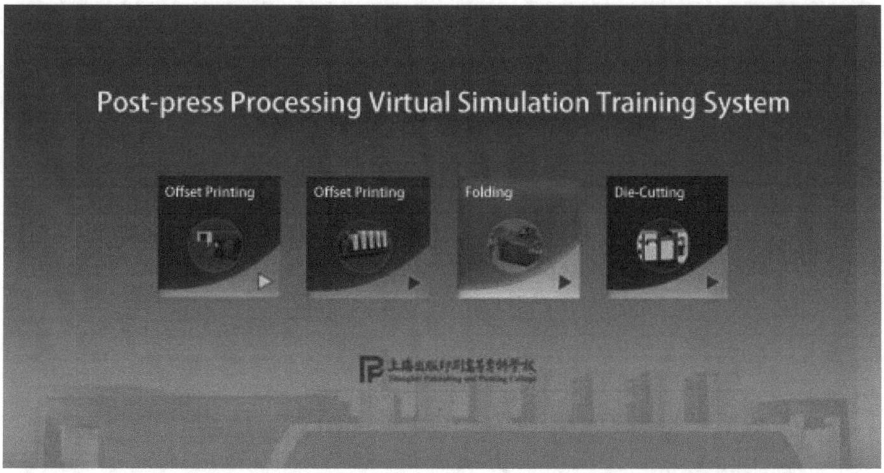

Figure 2–6 The starting interface of folding machine training module

Move the control pen, and click the [Disassembly] button in the left selection area with the main button of control pen, then the operation module area displays the structure of the folding device. When the control pen corresponding cursor is placed on one component of the folding device, the name of the part is displayed above the component. When the control pen clicks the hidden tool button under the toolbar, you can hide the component. According to the learning requirement, the operator can choose the components need to hided or not. The hidden components are shown in Figure 2-7.

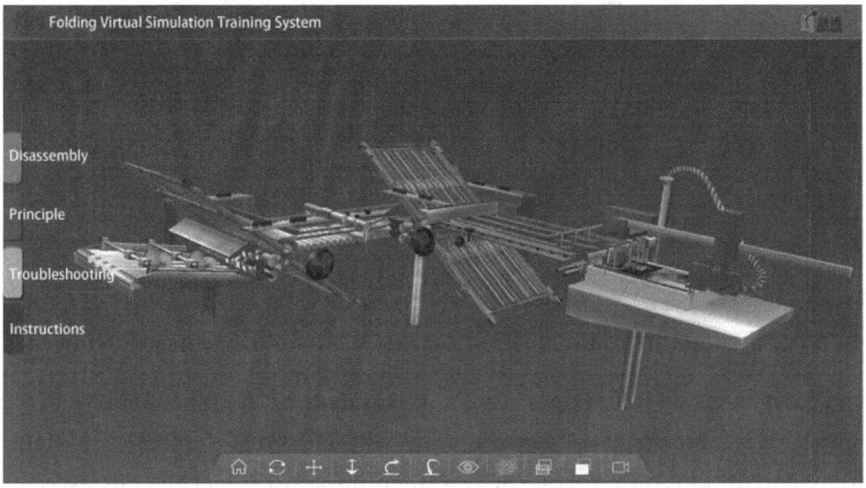

Figure 2–7 Fence folding machine behind the shell

Move the control pen and place the control pen cursor over the component. Left-click on the component to remove the part. The component can be moved to the periphery of the machine for easy observation of the structure and shape. At the same time, it is also convenient to view the internal mechanism of the machine and disassemble the machine, as shown in Figure 1-12. After disassembled the machine parts, left-clicking on the installation button in the function button area below the module, the disassembled parts will be returned or installed in order of disassembly.

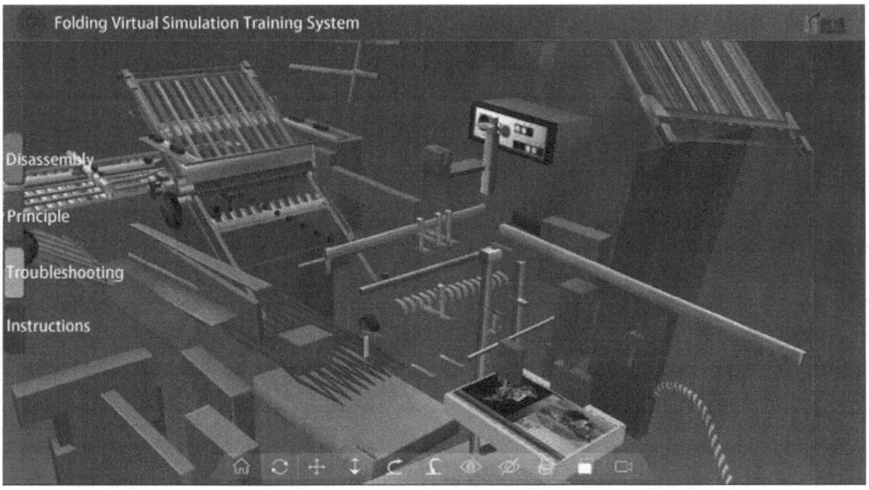

Figure 2–8 The three–dimensional diagram of folding equipment

2.2 Learning the working principle of folding equipment

Move the control pen (stylus), and click the [principle] button in the selection area on the left side of the module to enter the working principle interface of the folding machine. The right side of the working principle interface displays parallel folding, vertical folding and mixed folding. The type of folding is shown in Figure 2-9.

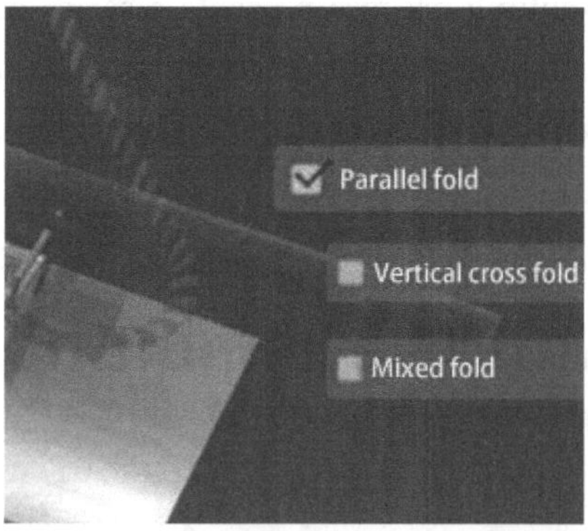

Figure 2–9 Selection the mode of folding

When you click on the folding mode on the right side of the selection interface, then the interface displays the entire workflow of the folding device in an animated form, and the folding machine shell will be hidden by default. At this time, you can clearly see the operation of each component inside the folding device, as shown in Figure 2-10.

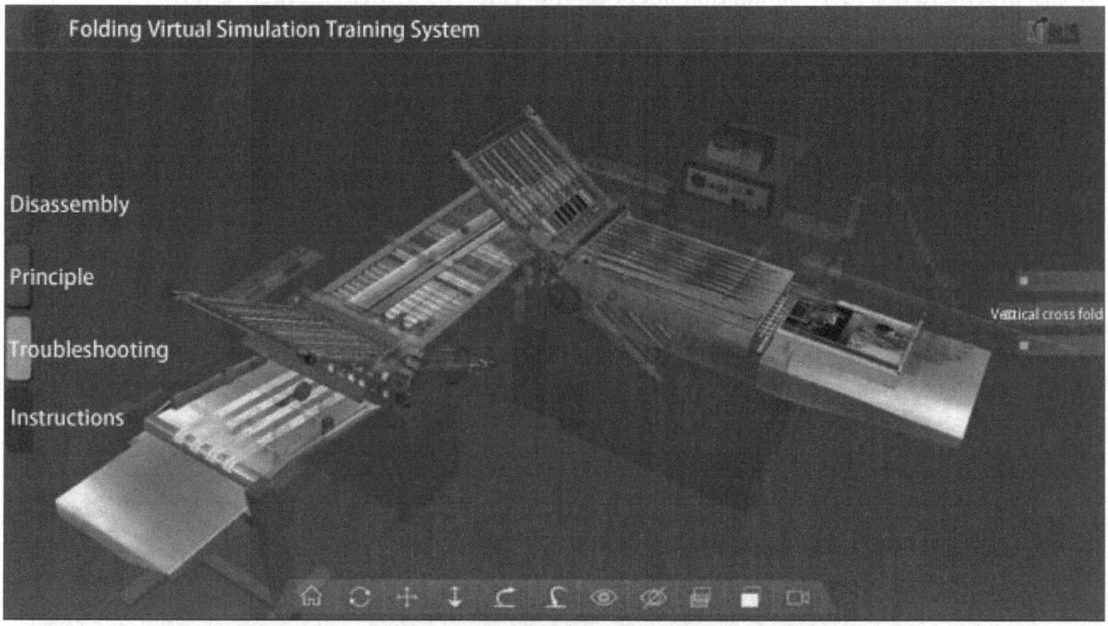

Figure 2–10 Working principle of vertical folding device

After the folding device starting to work, the first paper on the paper stack is fed and separated by the paper separation nozzle. The separated paper is delivered to the paper pick-up roller, and the paper pick-up roller passes the paper through the paperboard table and transport

to the baffle board on the fence for positioning. The paper stops moving and shaking when it meets the baffle board inside the fence. However, when the jitter of the paper is transmitted to the neutral of the two folding rollers, the bending deformation of the paper increases. The bent paper is in contact with the paper guide roller, and the paper is folded under the action of friction force. The paper falls into the lower paper feeding platform to enter the next folding process.

The animation of the die-cutting process presents a series of folding processes from paper separation to paper conveying, folding, and paper receiving. The operator can use the tool button to perform internal observation and detailed exploration of folding.

Task 2: Learning the simulation disassembly process of folding equipment

The steps for disassembling and assembling the folding equipment are as follows:

(I) Firstly, enter the folding virtual training system according to the operation method in task one. Secondly, move the control pen to the function module area on the left side of the interface, and select the [disassembly] button. Thirdly, click the main button to enter the structure disassembly and assembly simulation operation interface, as shown in Figure 2-11.

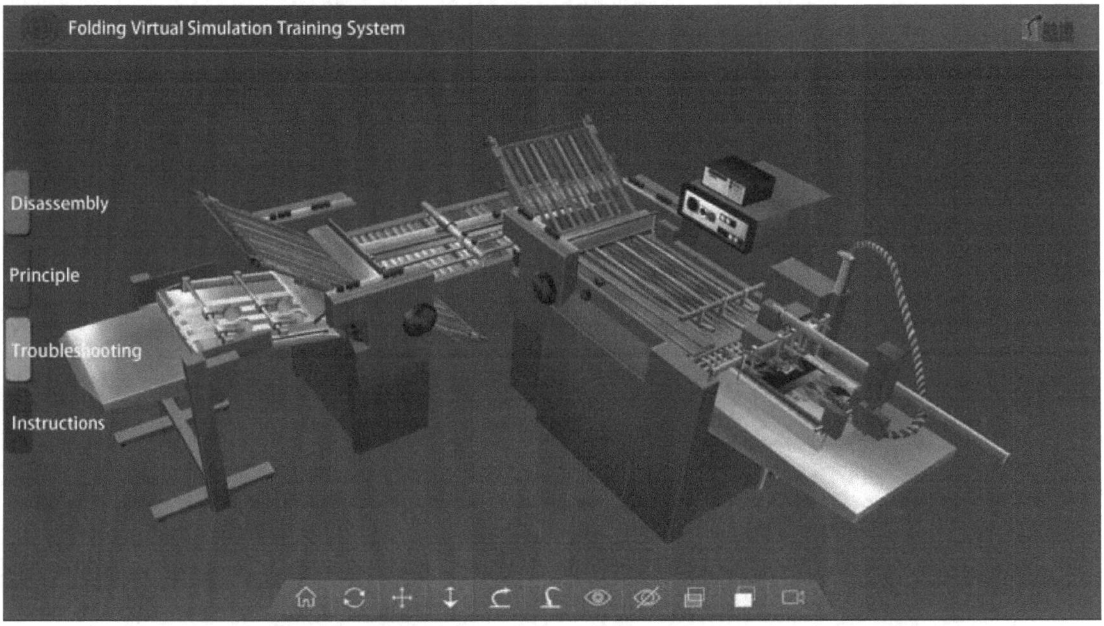

Figure 2-11 The simulation operation interface of folding machine disassembly and assembly

(II) Disassembling the outer casing. Firstly, we need to use the control pen to select the disassembly button under the toolbar. Secondly, use the control pen to select the outer box to

be disassembled. Thirdly, press the main button and move the outer casing to be removed to the appropriate position. According to the movement line of the paper, disassemble the machine one by one, as shown in Figure 2-12.

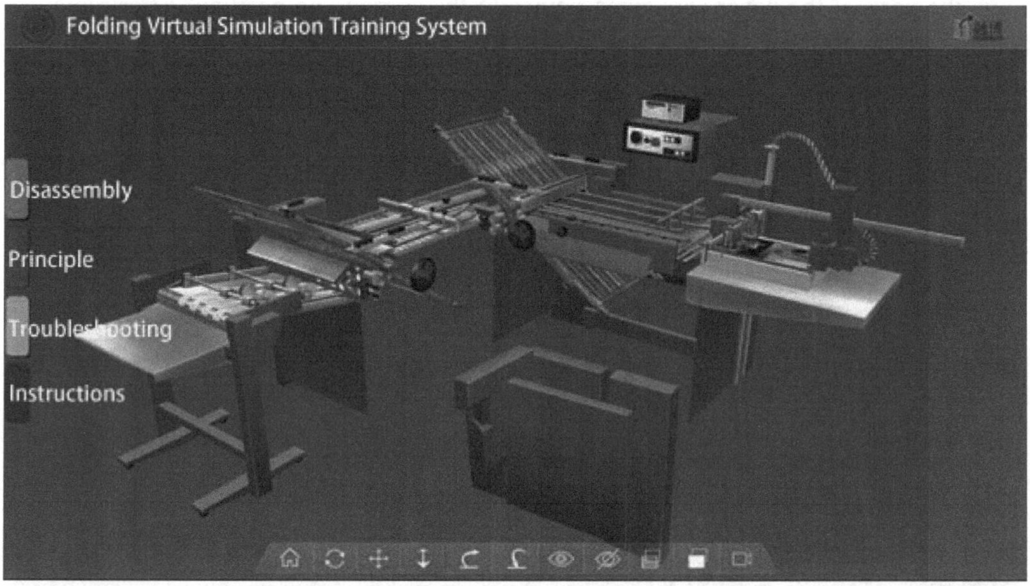

Figure 2–12 Disassembling the machine casing

(III) Disassembling the paper feed device. Firstly, we need to use the control pen to select the disassembly button under the toolbar. Secondly, use the control pen to select the paper feeding device and remove it. Thirdly, press and hold the main button of control pen to move the components to the appropriate position. After removed the components of paper feeding device, it is shown in Figure 2-13.

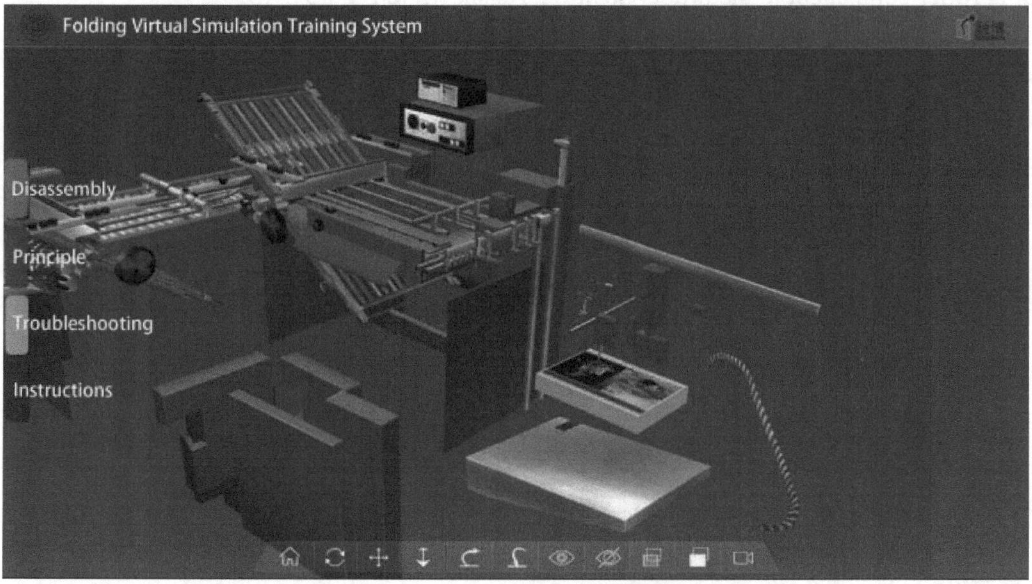

Figure 2–13 Disassembling the component of paper feed device

(IV) Disassembling the paper conveying device. Firstly, we need to use the control pen to select the disassembly button under the toolbar. Secondly, using the control pen to select the paper conveying device to disassemble it. Thirdly, pressing and holding the main button of control pen to move the parts of the paper conveying device to the appropriate position. After removed the components of paper conveying, it is shown in Figure 2-14.

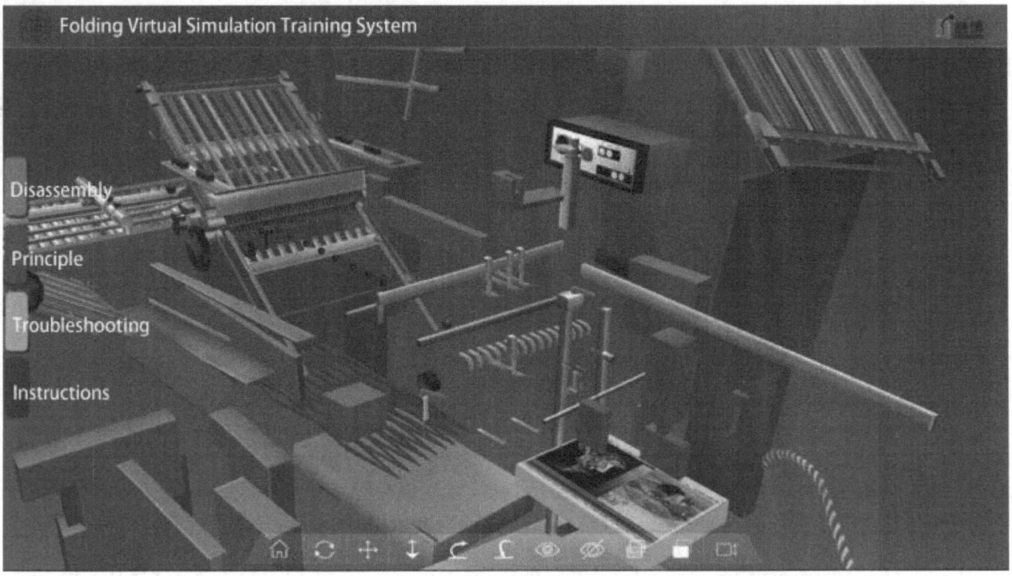

Figure 2–14 Disassembling the component of paper conveying device

(V) Disassembling the folding roller. Firstly, we need to use the control pen to select the disassembly button under the toolbar. Secondly, using the control pen to select the folding roller to be disassembled. Thirdly, pressing and holding the main button of control pen to move the folding roller component to the proper position. As shown in Figure 2-15.

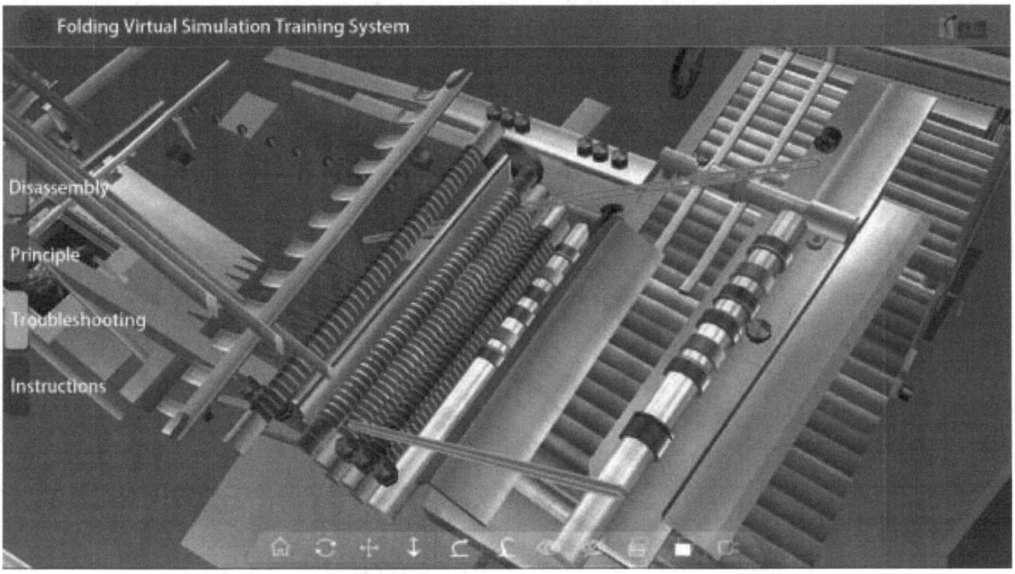

Figure 2–15 Disassembling the folding roller

(VI) Disassembling the delivery device. Firstly, we need to use the control pen to select the disassembly button under the toolbar. Secondly, using the control pen to select the delivery device to be removed. Thirdly, pressing and holding the main button to move the component of delivery unit to the appropriate position. It is shown in Figure 2-16.

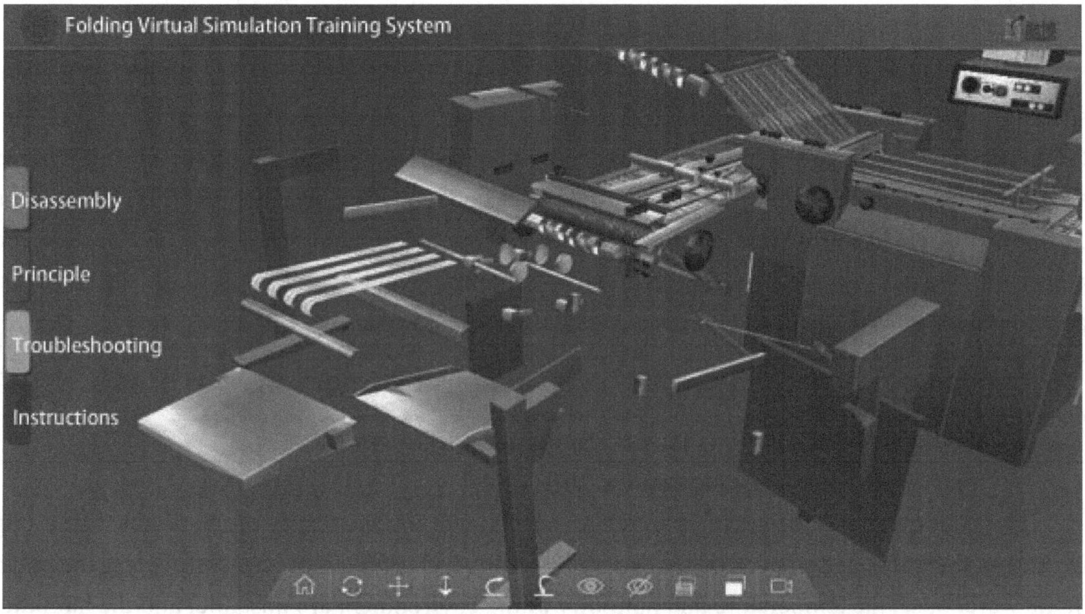

Figure 2–16 Disassembling the component of the delivery device

(VII) Assembling the folding device. After disassembled all the components, we use the control pen to select the installation button below the toolbar, and click the right button of the control pen, then the selected model parts will be installed immediately, as shown in Figure 2-17.

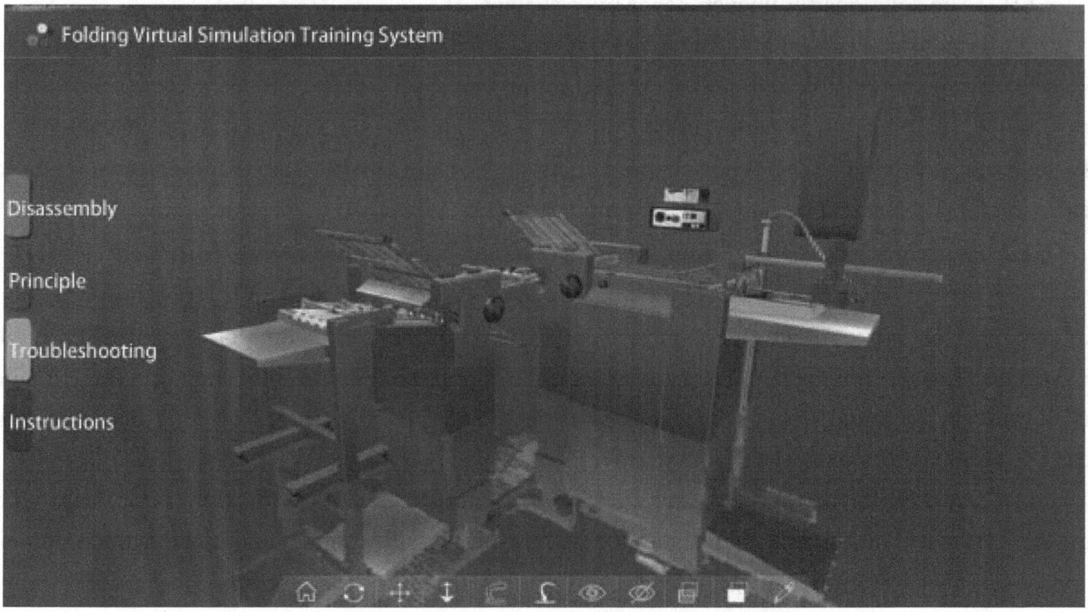

Figure 2–17 The diagram of folding device after installation

Task 3: Learning the troubleshooting simulation operations of the folding machine

The common quality problems in the folding process are: the surface of paper pile is not flat; the nozzle is not working well; the wind wheel is not sucking paper; the suction nozzle is not sucking paper ; the paper is blocked at the wind wheel; the paper feeding speed is not uniform; the paper transport is not smooth; the first, second, third fold faults, double or multiple paper simultaneously feeding; paper is cracked at the fold line, and the paper is broken on the process of folding. This chapter gives a brief description and simulation demonstrations, such as uneven paper piles surface, nozzle moves up and down abnormally and double or multiple sheets in the paper feeding process, inaccurate creases, cracking or breakage at the fold line.

1. The troubleshooting simulation operations of "uneven paper piles surface"

1.1 The causes and solutions for uneven paper piles surface

(I) The causes for uneven paper piles surface

The poor quality of the paper product and poor dimensional stability of the product, resulting in uneven thickness and uneven of the paper. In addition, during the process of placing the paper in the warehouse, the temperature and humidity of the environment are unstable, and the humidity is too high to cause the paper to wrinkle, and the humidity is too low to cause the paper edge to bend, resulting in the uneven paper stack surface. The paper pile generates static electricity during the placement process, which cause the paper to fluffy ,the paper edge to curl up and the paper pile to be uneven.

(II) The solutions for uneven paper piles surface

A wedge block can be inserted at the bottom or the middle of the stack. The position at the inserted wedge block is determined according to the uneven position of the stack surface. For the case where the paper stack is curled up due to the unstable temperature and humidity, the paper surface can be flattened by paper-shaking method. For the fluffy paper edge caused by static electricity, the paper can be flattened by removing static electricity.

1.2 The troubleshooting simulation operation of "uneven paper stack surface"

(I) Firstly, entering the folding virtual training system according to the operation method in task one. Secondly, moving the control pen to the function module area on the left side of the interface. Thirdly, clicking the [Troubleshooting] button in the function block area on the left side of the screen, the initial state of the screen is displayed as shown in Figure 2-18. At this time, you can start the troubleshooting simulation operation.

(II) Moving the control pen, and clicking the button [Uneven] in the right fault menu with the main key of control pen, then the color of font turns yellow, and a red small wooden block appears in the right corner of the interface. When we click the fault prompt button, a red faulty prompt content appears, as shown in Figure 2-19.

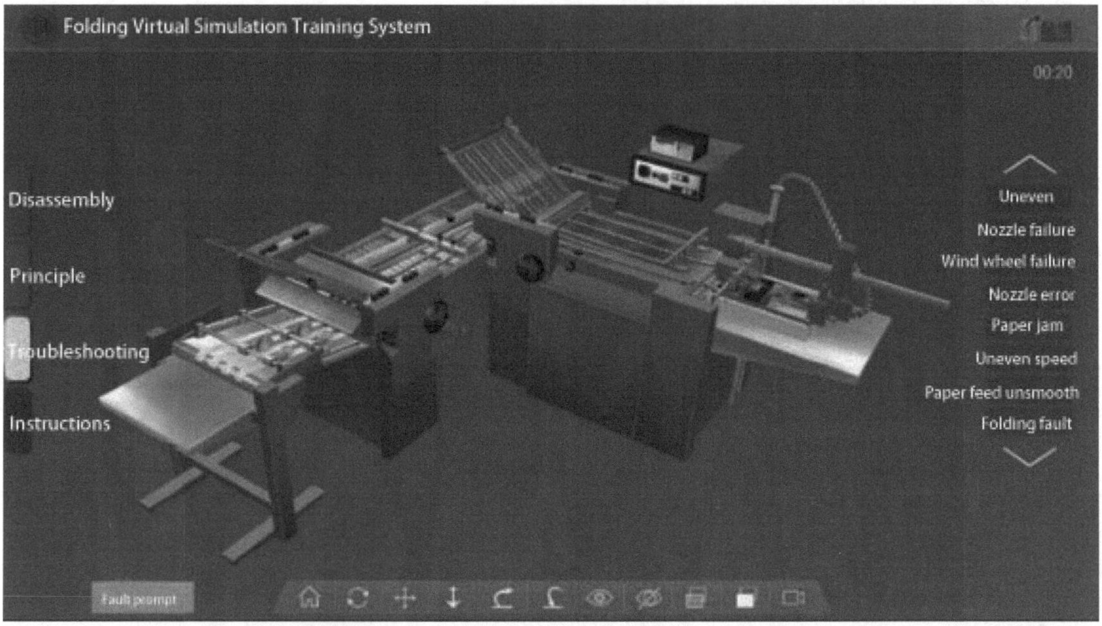

Figure 2–18 The initial interface of troubleshooting

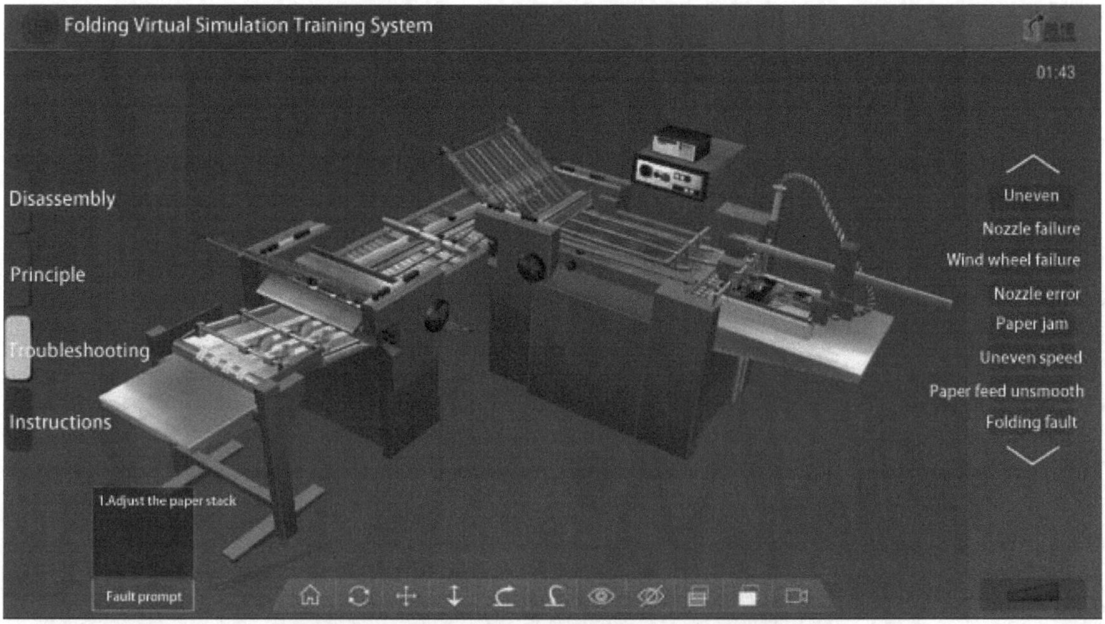

Figure 2–19 The fault of uneven paper stack surface

(III) According to the fault prompt, we need to use the control pen to move the operation model to adjust the paper stack to the first viewing angle. The specific operation result is shown in Figure 2-20.

(IV) Use the main key of control pen click the red small wooden block in the lower right corner. Move the red wooden block below the paper pile while holding down the main key of control pen, and flatten the paper stack. As shown in Figure 2-21.

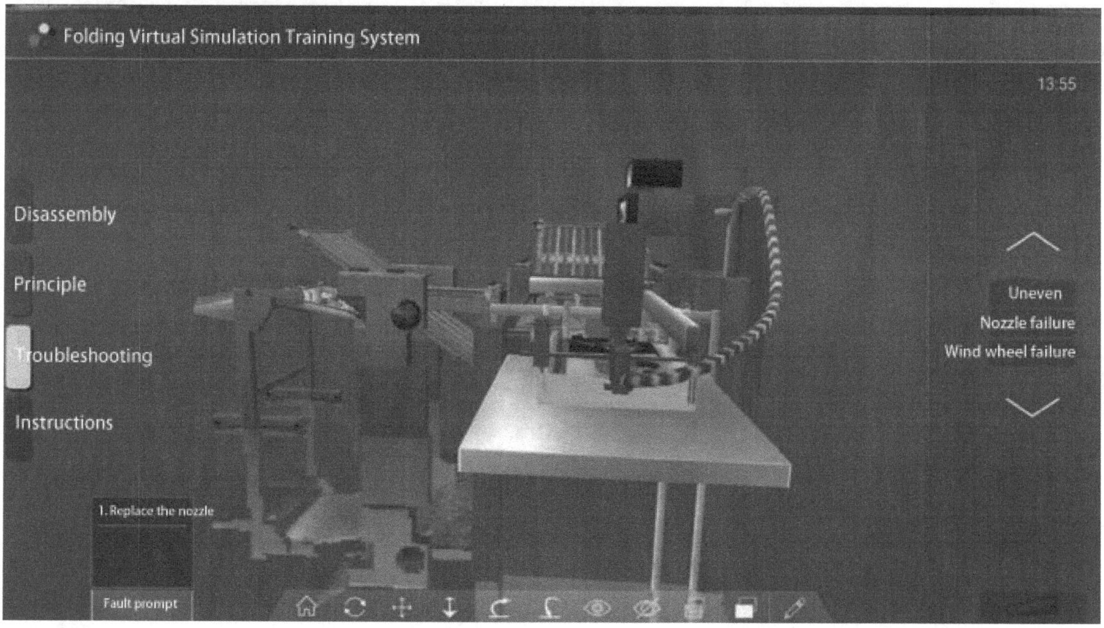

Figure 2–20 Adjusting the angle of view

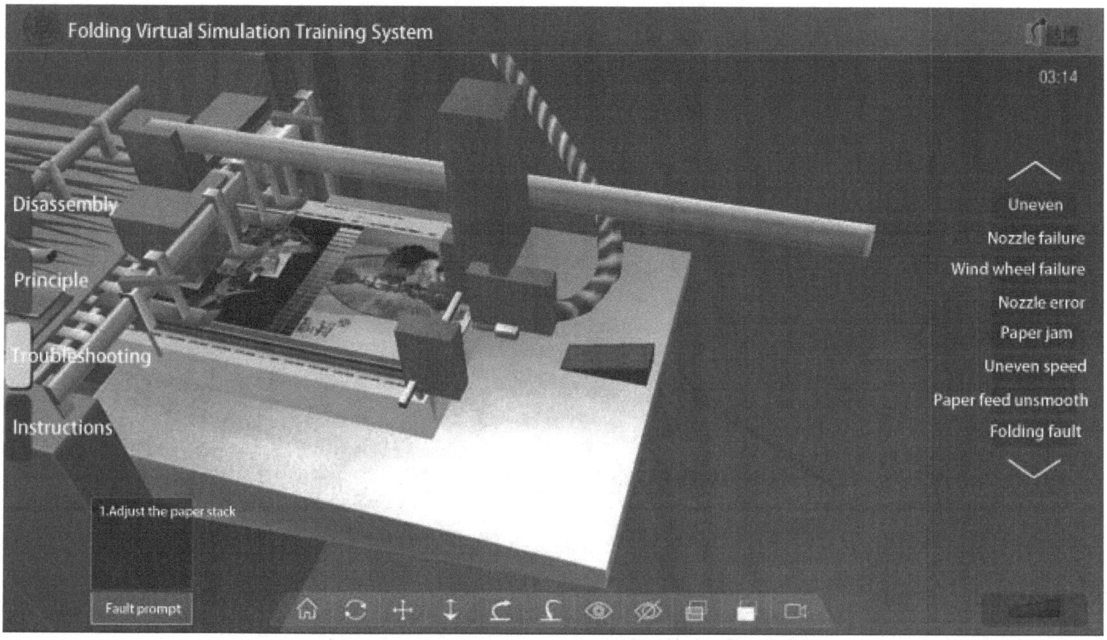

Figure 2–21 Flatten the surface of paper stack

(V) After leveled the paper stack, the folding machine works normally, and the interface prompts that the fault is successfully eliminated. The color of the fault font changes from yellow to blue, and the fault prompt font changes from red to white, which means the fault has been eliminated. As shown in Figure 2-22.

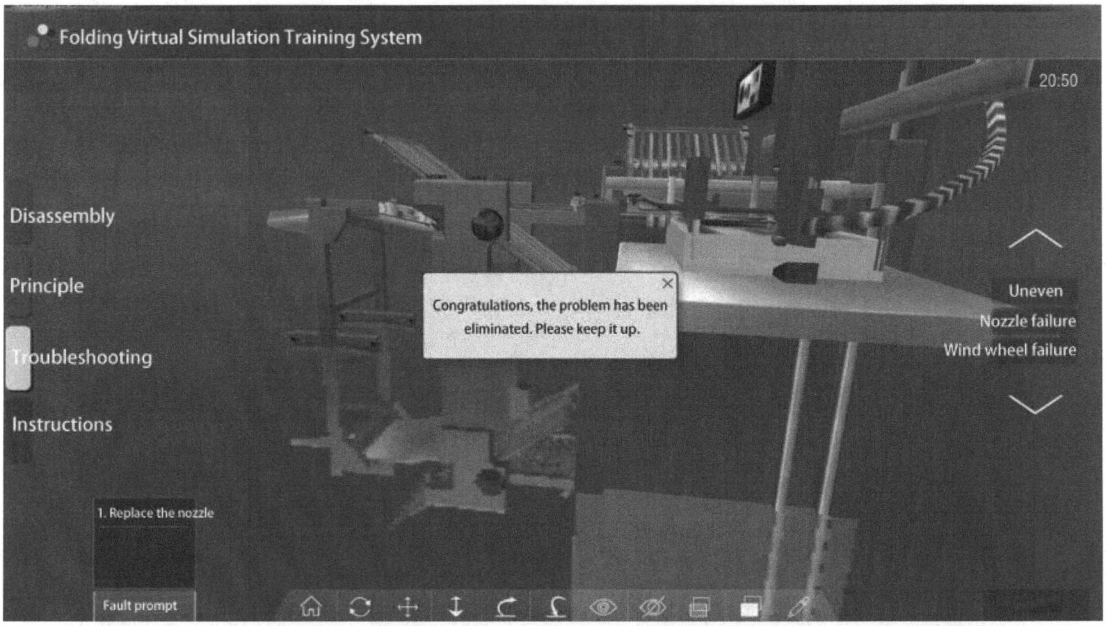

Figure 2–22 Troubleshooting succeeded

2. The troubleshooting simulation operations of up and down nozzle moves irregularly

2.1 The causes and solutions for the nozzle moves up and down irregularly

(I) The causes for nozzle moves up and down irregularly

The nozzle is used too many times; the nozzle is used for a long time; the metal tube of nozzle is seriously worn; the nozzle leaks so it can't move up and down. The inner spring of the nozzle pipe is used for a long time, the spring elasticity is lowered, and the resilience is insufficient, which may cause the nozzle move up and down irregularly. In addition, the rubber of the nozzle is too long to be used or used too much times, the rubber is aging, and the elasticity of rubber is poor, so that the nozzle can't move up and down smoothly. However, the folding environment is rather harsh; the environment is too dusty; the surface of the paper is rough and the confetti will block the piston when there is too much paper dust.

(II) The solution for nozzle moves up and down irregularly

If the faults are caused by the nozzle, being used for a long time and occured the rubber aging phenomenon, or being used for too many times, we should replace the old piston with a new piston. If the fault was caused by the spring of insufficient spring elasticity, we need replace the old spring with a new spring. If the fault was caused by the dusty environment, we need improve the cleanliness of the environment, increase the humidity of the environment, and use relatively smooth paper to reduce the generation of paper powder.

2.2 The troubleshooting simulation operation of nozzle moves up and down irregularly

(I) Moving the control pen, and click the [troubleshooting] button in the function block area on the left side use the main key of control pen, then the initial state of the screen is displayed as

shown in Figure 2-18. At this point, you can start the troubleshooting simulation operation.

(II) Moving the control pen, and use the main key of the control pen to click the fault button[Nozzle failure] on the right side. The result is shown in Figure 2-23. At the time, the fault prompt button appears at the left side of the screen. Clicking the fault prompt button to get the fault prompt: "replace the nozzle", as shown in Figure 2-23.

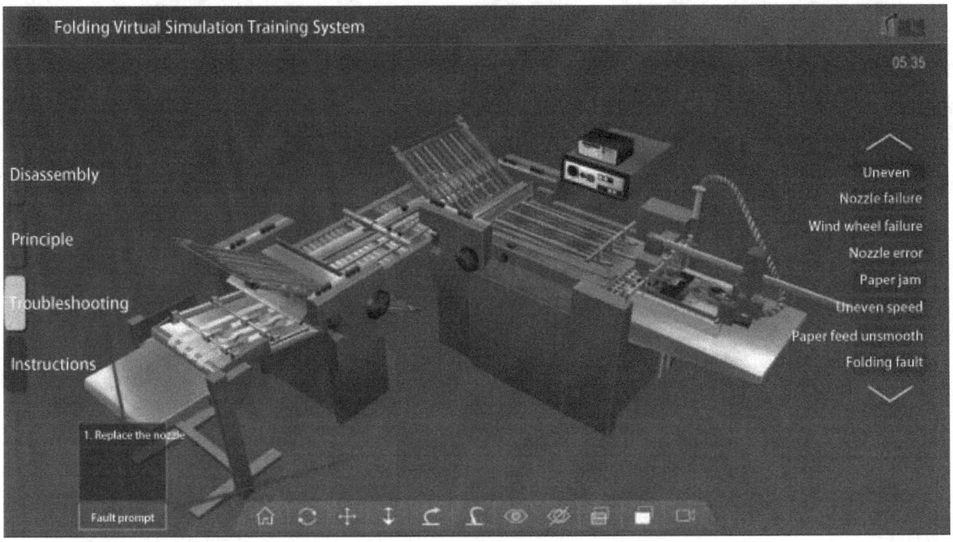

Figure 2–23 The nozzle moves up and down abnormally

(III) According to the operation prompt: "replace the nozzle", use the control pen to adjust the nozzle to the first angle of view. The result is shown in Figure 2-24.

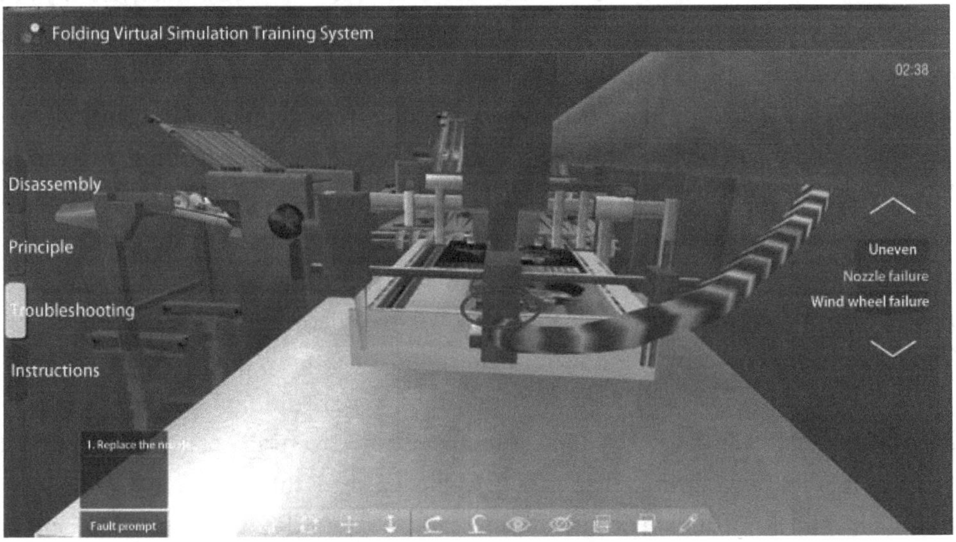

Figure 2–24 Adjusting the angle of view

(IV) Move the control pen, and use the main key of the control pen to click the nozzle in the model. The replacement operation is shown in Figure 2-25.

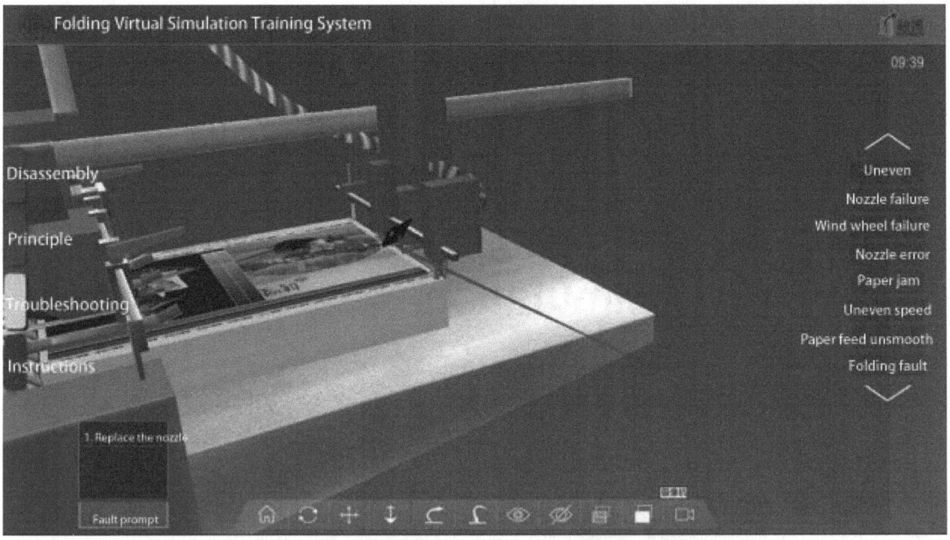

Figure 2–25 Clicking to replace the nozzle

(V) After completed the nozzle replacement, the interface prompts that the fault was successfully removed. The operation result is shown in Figure 2-26.

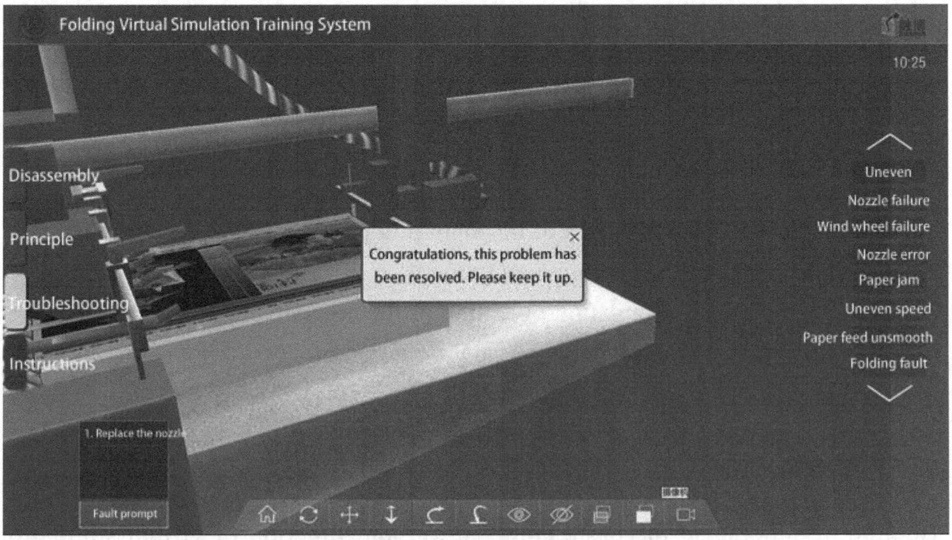

Figure 2–26 Troubleshooting succeeded

Project section

Project 3 Practical Training of Hot Stamping Simulation

Teaching objectives

Through the study of this project, students need master the basic components of the hot stamping equipment, familiar with the working principle and structure disassembly method of the hot stamping equipment, as well as the simulation operation and troubleshooting methods of the hot stamping equipment.

Ability goal

1. Understand the basic composition of hot stamping equipment
2. Be able to disassemble hot stamping equipment
3. Be able to complete the simulation operation of the hot stamping equipment
4. Be able to eliminate the main faults in the production process of hot stamping

Knowledge goal

1. Be able to understand the basic composition and function of virtual simulation equipment
2. Be able to familiarize with the working principle of hot stamping equipment
3. Understand the causes and troubleshooting methods of hot stamping faults

Task 1: Learning the working principles and the technologocal process of hot stamping equipment

1. Learning the types and the technologocal processes

Hot stamping is also called hot foil. It refers to the use of metal foil or pigment foil as a hot stamping material transfers the hot stamping material to the surface of printed matter or other articles by hot pressing or other means to improve the decorative effect of the product. Hot stamping is an important process of post-press processing. Hot stamping can be divided into metal foil hot stamping, hot stamping foil and powder foil hot stamping. At present, most post-press companies use the hot stamping foil process. Due to the different uses and requirements of printing products, the form of hot stamping is also different. According to the hot stamping temperature, it can be divided into cold stamping process and hot stamping process. According to the hot stamping effect, it can be divided into flat hot stamping, three-dimensional hot stamping and holographic hot stamping. According to hot stamping materials, it can be divided into gold foil hot stamping, silver foil hot stamping, copper foil hot stamping, aluminum foil hot stamping, powder foil hot stamping, and hot stamping foil stamping.

1.1 The type of hot stamping material

Hot stamping materials refer to those materials such as metal foil, hot stamping foil, powder foil, etc., which are hot-pressed on paper, fabric, leather, coated fabrics and other materials. A brief introduction about the hot stamping materials is given as follows.

(I) Gold foil

Gold foil, also known as red gold foil, is a very thin hot stamping material that is stretched out of pure gold. The appearance of pure gold is gorgeous, soft in texture, stable in chemical properties. Gold is hard to oxidize and lose luster, and the ductility of pure gold is the best in metal. The thickness of gold foil used for bronzing is only about 1μm.

It is difficult to use gold foil for hot stamping, and it requires many operational skills and experience for operators. The color and gloss of the stamped product have a long-lasting property, but the gold foil is expensive, and the price is limiting the use of gold foil. The gold foil usually used on valuable books, precious albums and some luxury packaging products. When these products are general books and packaging materials, we can use the hot stamping foil to replace the gold foil.

(II) Silver foil

Silver foil is a hot stamping material that is stretched into foil by pure silver. The ductility of silver is second only to gold, so silver foil is slightly thicker than gold foil. Silver is gorgeous in appearance and stabled in chemical properties, it can be preserved for a long time. The price of silver is much cheaper than gold, and it is also a valuable material. Before found the hot stamping foil , the silver prints had been stamped with silver foil.

(III) Copper foil

The ductility of copper is worse than that of gold and silver. Therefore, copper foil is produced by pressing a layer of resin binder on a transparent paper base impregnated with resin or wax, the resin binder is coated by a layer of brass powder pressed by a rubber roller. After dried the resin filler layer, the copper powder is flaked to form a copper foil hot stamping material.

Copper is easily oxidized to become dark brown in the air. The printed image will lose its original luster after a period. The copper powder of the copper foil is easily fall off due to friction, because it is coated on the resin binder. Therefore, the copper foil is often stamped on the low-lying place of the cover, and the hot stamping pressure is increased to make the hot stamping deeper to reduce friction and ensure that the copper powder does not fall off.

(IV) Aluminum foil

Aluminum foil is a hot stamping material that is directly rolled into sheet of aluminum. Before found the hot stamping foil, in addition to use silver to stamp silver color, the rest are replaced with aluminum foil so the aluminum foil is also called fake silver foil.

The aluminum has a good ductility, and a silver-white luster. If the aluminum sheet is pasted on an offset paper coated with a material such as sodium silicate, then an aluminum foil sheet can be formed. The aluminum foil sheet can be used as the high-grade wrapping paper by printing with all kinds of ink. However, the aluminum foil is susceptible to oxidation and darkens the color. Friction will also cause aluminum foil to fade, so aluminum foil is not suitable for long-term storage packaging.

(V) Hot stamping foil

Hot stamping foil is the most widely used material in hot stamping processing. It is a hot stamping material made by vacuum-depositing a layer of metal on a film base. The hot stamping foil can be used as a decorative material instead of metal foil. It has the characteristics of bright color, good metallic luster and portability. It is suitable for hot stamping on paper, plastic, leather, coated fabric, organic glass, plastic and other materials. The hot stamping foil is usually made of 5 different materials, as shown in Figure 3-1.

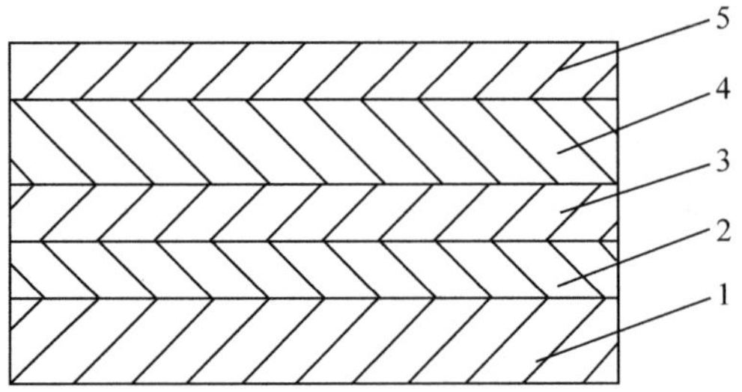

Figure 3–1 Composition of hot stamping foil

1- base layer; 2-isolation layer; 3-dyeing layer; 4-aluminized layer; 5-adhesive layer

① Base layer

The base layer is also called the base film layer, which is a bilateral stretched polyester film or polyester film. The base layer's main function is to support the coatings attached to it, and

guaranteed continuous operation of hot stamping during processing. The thickness of the base layer is 12 to 25μm, and 16μm polyester film is commonly used in China, and 12μm polyester film is usually used abroad.

② Isolation layer

The isolation layer is also referred to a release layer, and is generally a silicone resin layer. The main function of isolation layer is to make the color material, aluminum and rubber layer quickly separated from the polyester film and transferred to the surface of the object after hot stamping (heating and pressing) process. The release layer should have better shedding performance, otherwise the hot stamping will be blurred and affect the quality of the hot stamping product.

③ Dyeing layer

The dyeing layer is the color layer of the hot stamping foil, and the main components are synthetic resins and dyes. The main functions of the dyeing layer has two: one is to display the color, and the other is to protect the image of the aluminized layer coated on the production from oxidation.

④ Aluminized layer

The aluminized layer refers to a thin aluminum layer adheres to film surface by a vacuum aluminum plating process. The main function of the aluminized layer is to take advantage of the high reflectivity of aluminum, which can better reflect light, present a dazzling metallic luster, and make the color of the dyed layer more dazzling.

⑤ Adhesive layer

The adhesive layer is generally a fusible thermoplastic resin. The main function of the adhesive layer is to paste the aluminized layer and dyeing layer on the surface of the product after the hot stamping foil was heated and contacted with the product. At the same time, the adhesive layer also has the function to protect the hot stamping foil during the storage and transportation process.

1.2 Type of hot stamping equipment

According to the different methods of hot stamping, the hot stamping machine can be divided into flat to flat hot stamping machine, round to flat hot stamping machine, round to round hot stamping machine. According to the number of colors that can be stamped at one time, the hot stamping machine can be divided into single color hot stamping machine and a multi-colors hot stamping machine. According to the different degrees of automation, the hot stamping machine can be divided into manual hot stamping machine, semi-automatic hot stamping machine and automatic hot stamping machine. According to the different forms of the machine, the hot stamping machine can be divided into vertical hot stamping machine and horizontal hot stamping machine. This section gives a brief introduction to the example of flat to flat, round to flat and round to round hot stamping machine.

(I) Flat to flat hot stamping machine

The flat to flat hot stamping are widely used because of the high pressure, simple structure, convenient operation and high quality of hot stamping. Nowadays, there are mainly vertical flat

to flat hot stamping machines and horizontal flat to flat hot stamping machines on the market. The vertical flat to flat hot stamping machines and horizontal flat to flat hot stamping machines are as shown in Figure 3-2 and Figure 3-3.

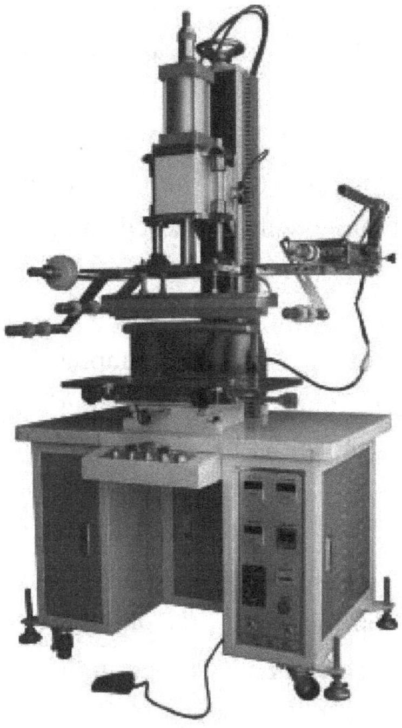

Figure 3–2 Vertical flat to flat hot stamping machine

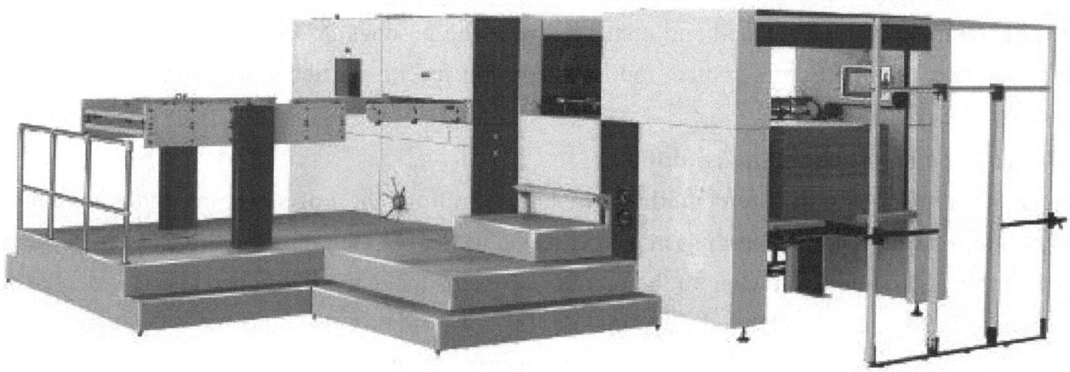

Figure 3–3 Horizontal flat to flat hot stamping machine

The flat to flat hot stamping machine are mainly composed of a frame, a hot stamping device and a hot stamping foil conveying device. The frame includes the fuselage and the paper feeding table and the delivery table. The hot stamping device are composed of a heating plate, a hot stamping plate, a pressure control mechanism and a bottom plate. The heating plate is fixed on the hot stamping platform, and the heating plate is equipped with a round electric heating wire, the power of electric heating wire is about 600~2500W. The bottom plate is an aluminum plate with

a thickness of about 7 mm, which is used to paste hot stamping plates. The hot stamping plates are corroded copper or zinc plates. The hot stamping plates have good heat transfer, good stability and better friction.

The hot stamping foil conveying device is composed of an unwind axle, an unwind rolls and an auxiliary roller, a winding roller of hot stamping foil and a feeding mechanism. The hot stamping foil is mounted on the unwinding axle, and passed between the two feeding rollers. The feed mechanism composed of cam, main shaft, ratchet wheel and pawl, drives the intermittent rotation of the feeding shaft. The intermittent rotation of the feeding roller drives the feeding of the hot stamping foil, and the feeding distance is set to the length of the hot stamping pattern.

(II) Round to flat hot stamping machine

The structure of the round to flat stamping machine is generally the same as the two-rotation letterpress machine. When we change the inking device of the letterpress machine into the hot stamping foil unwinding and winding device, we can get an round to flat stamping machine. The round to flat stamping machine as shown in Figure 3-4.

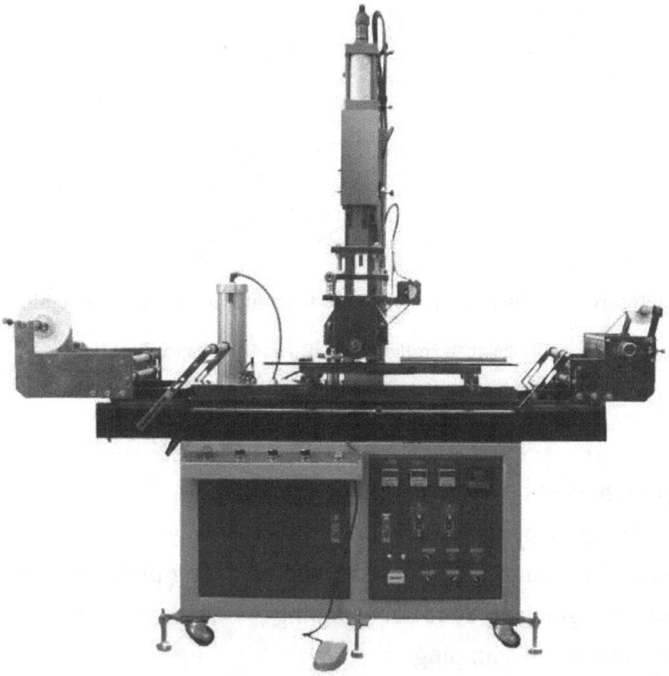

Figure 3–4 Round to flat stamping machine

The round to flat stamping machine is usually used at a speed of 1000 to 3000 sheets per hour. Generally, it uses a small-diameter foil roll, so it is rarely used for high-speed production. However, because of the linear contact between the hot stamping foil and the substrate during hot stamping, it can be used for non-porous materials, such as polyester materials, it also can be used on large-area hot stamping, which is difficult to complete with a flat to flat stamping machine.

(III) Round to round hot stamping machine

The advent of round to round stamping machine meets people's large demand for hot

stamping packaging products. The speed of round to round hot stamping can reach 100m/min, so the production efficiency is high. The impact force of round to round hot stamping machine is small when it is working, and the working state is relatively stable. After round to round stamping machine starting to work, the contact surface of two rollers is much smaller than the flat to flat and round to flat stamping machine, the hot stamping area of round to round stamping machine is up to 70% of the contact area. The speed of the hot stamping foil move is controlled by the control device through a servo motor. When the two rolls start to work, the aluminized layer and the color layer on the hot stamping foil are transferred to the paper under the pressure and adhesive. The principle of the round to round hot stamping machine is shown in Figure 3-5.

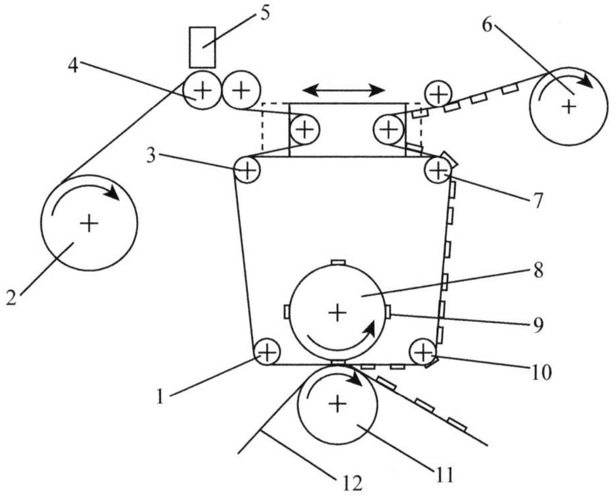

Figure 3–5 The principle of round to round hot stamping machine

1, 3, 7, 10-pneumatic roller; 2-foil paper; 4-foil paper drive wheel;
5-holographic detector; 6-waste foil roll; 8-hot stamping roller;
9-hot stamping plate; 11-pressure roller; 12-web paper

1.3 Hot stamping process

Usually the hot stamping process are as follows:

Preparation before hot stamping → loading and adjusting plate → determination of process parameters → testing → signing → start hot stamping

(I) Preparation before hot stamping

The preparations before hot stamping mainly include the selection, inspection and slitting of hot stamping foil, and the preparation of hot stamping plates. Before the operation of hot stamping, the hot stamping foil should be inspected. Firstly, a simple visual inspection of the hot stamping foil should be carried out to check whether the surface of the film has scratches, blisters, wrinkles and so on. Secondly, it is necessary to observe the brightness of the hot stamping foil is satisfactory or not. After the quality test of the hot stamping foil is over, we can cut the large-width hot stamping foil into the required specifications according to the hot stamping area.

Before hot stamping, we need to choose the appropriate thickness of the plate, according

to the specific conditions and thickness of the material to be stamped. The thickness of the hot stamping plate is generally 1.5 to 2.5 mm. Before the plates are used, we need check whether the plate has burrs, unclear graphics, etc., and repair the unqualified areas before hot stamping.

（II）Loading and adjusting plate

The prepared hot stamping plate is fixed on the bottom plate of the machine by means of paste or screw connection. Adjusting the position of the positioning block so that the graphic portion of the hot stamping plate corresponds to the hot stamping position on the substrate. At the same time, adjusting the gap between the hot stamping plate and the base plate, so that the hot stamping pressure is basically appropriate.

（III）Determination of process parameters

The hot stamping temperature should be determined according to these factors, for example: type, performance, hot stamping pressure, hot stamping area, hot stamping speed, graphic structure, and thickness of the underlying ink layer.

The stamping pressure should be determined according to the property, thickness and the form of hot stamping. When the pressure is high, it is necessary to meet the requirements of non-paste plate and clear and bright traces at least. When the pressure is low it is necessary to meet the requirements that the pattern is firm and does not fall off or bloom at least.

The hot stamping time must match the pressure and temperature. When the hot stamping speed is too fast, the isolation layer of the hot stamping foil is not melted or insufficient melting, which may result in hot stamping failure or blur. When the hot stamping speed is too slow, it will cause the hot stamping foil to become black due to oxidation.

1.4 Learning the flat to flat hot stamping device with a virtual simulation system

After entering the interface of post-press processing virtual simulation training system, press and hold the main key of the control pen, then move the left or right key to select the corresponding system module. Before selecting the stamping machine module, you need to move the control line cursor to the triangle shape button in the lower right corner of the module. If the triangle shape control is light, it means that the module has been selected. Then click the main key of the control pen, the screen displays "Starting, please wait" in the middle, and entering the hot stamping machine training module." Figure 3-6 shows the interface of the hot stamping machine training module before entering.

Move the control pen, and click the [Structure Disassembly] button in the left selection area using the main button of the control pen, then the operation module area displays the structure of the hot stamping device. When the cursor of the control pen is placed on one of the components on hot stamping, the name of the part is displayed above the component. When the primary key clicks the hidden tool button under the toolbar, we can selectively hide the component using the control pen. According to the learning requirements, the operator can choose whether it's need to hide the components. The structure of the stamping machine behind the cover is shown in Figure 3-7.

Figure 3–6 The interface of the hot stamping machine training module before entering

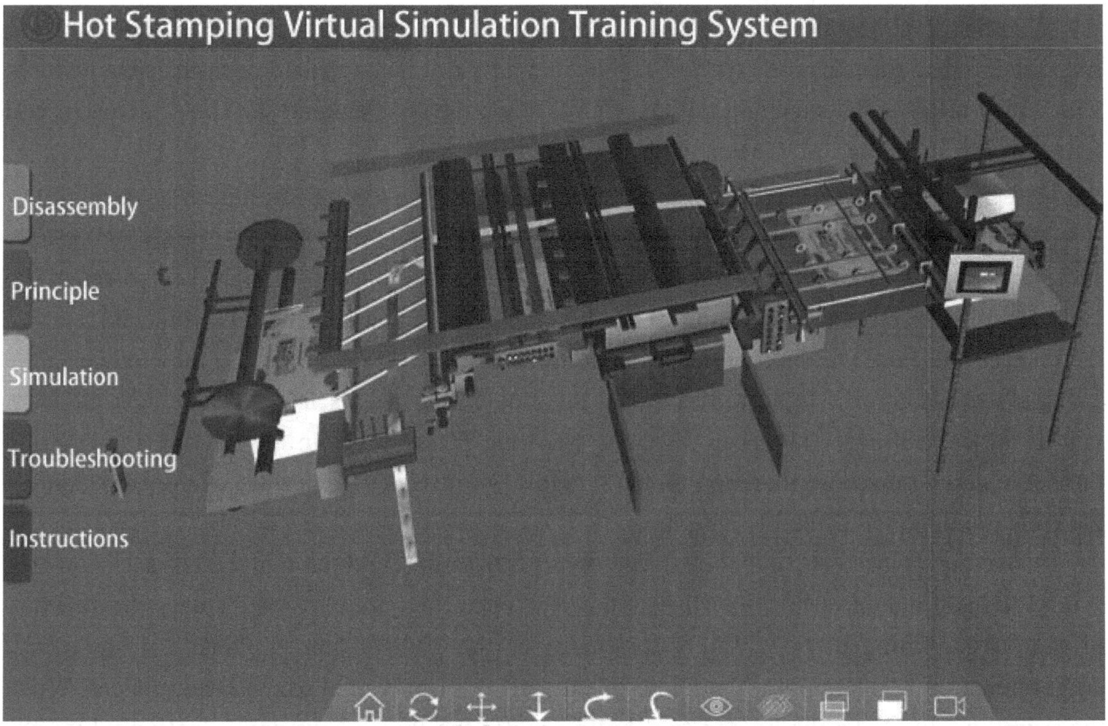

Figure 3–7 The hot stamping machine structure behind the cover

Move the control pen and place the cursor of control pen over the component. Left-click on the component to remove the part, then the part can be moved to the periphery of the machine for observing the structure and the shape of the component. At the same time, it is also convenient to view the internal mechanism of the machine and disassemble the internal structure of the

machine, as shown in Figure 3-8. After disassembly is complete, click on the installation button in the function button area below the module, and the disassembled parts will be returned or installed in the order of disassembly.

Figure 3–8 3D illustration of hot stamping equipment removal

2. Learning the work principles of hot stamping equipment

Move the control pen and click the [Principle] button in the selection area on the left side of the module to enter the working principle interface of the hot stamping machine. The interface displays the entire workflow of the hot stamping in an animated form. The cover of the hot stamping device will be hidden by default. At this time, the operation process of each component inside the hot stamping device can be clearly seen, as shown in Figure 3-9.

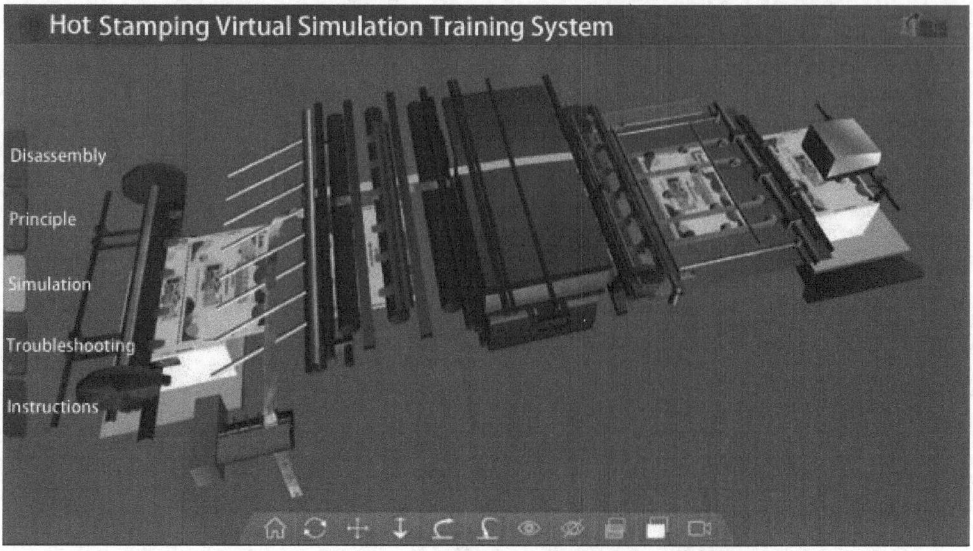

Figure 3–9 Working principle of hot stamping equipment

After the hot stamping device starts working, the first paper on the paper stack is sucked up by the paper separating nozzle on the feeding device to separate and deliver to the paper picking wheel. The paper picking wheel receives the paper and passes it through. Then the paper passed through the paper feeding table and transported to the front gauge for positioning. At this time, the hot stamping foil unwinding shaft start unwinding, and the paper is conveyed to the underside of the hot stamping plate, the hot stamping plate moves up and down, and the hot stamping foil is pressed together with paper. Then the coating of the hot stamping foil is transferred to the paper. After the hot stamping plate is raised, the hot stamping foil winding reel is used to wind up the hot stamping foil had been used. At the same time, the paper is conveyed to the delivery device.

The animation process of the hot stamping presents a series processes of hot stamping from separation to conveyance, hot stamping, and delivery. The operator can use the tool buttons to perform internal observation and detailed exploration of hot stamping.

Task 2: Learning the disassembly simulation of hot stamping equipment

The steps for disassembling and assembling the hot stamping equipment are as follows:

(I) Firstly, entering the hot stamping virtual training system according to the operation method in task one. Secondly, moving the control pen to the function module area on the left side of the interface, and selecting the [Disassembly] button. Thirdly, clicking the main button to enter the structure disassembly and assembly simulation operation interface, as shown in Figure 3-10.

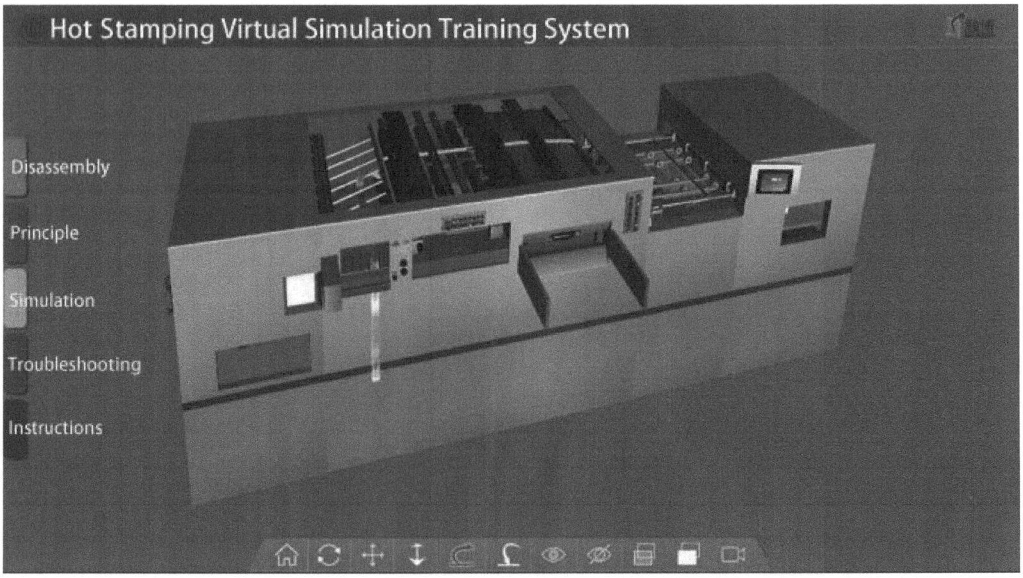

Figure 3–10 The interface of structural disassembly and assembly simulation operation

(II) Disassembling the outer casing. Firstly, using the control pen to select the disassembly button under the toolbar. Secondly, using the control pen to select the outer casing to be disassembled. Thirdly, pressing the main button of the control pen and moving the outer casing to the appropriate position. According to the movement line of the paper, disassemble the machine casing one by one, as shown in Figure 3-11.

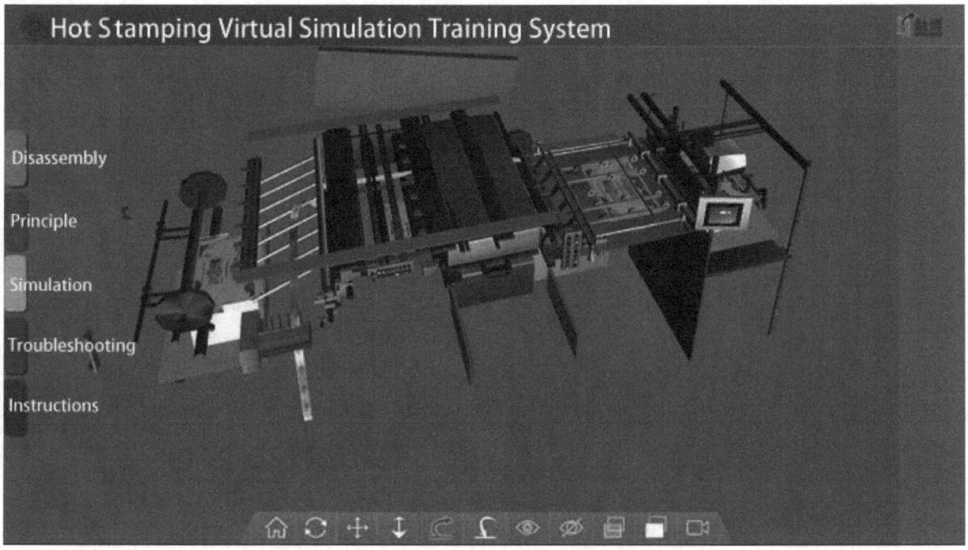

Figure 3–11 Disassembling the machine casing

(III) Disassembling the paper feed unit. Firstly, using the control pen to select the disassembly button under the toolbar. Secondly, using the control pen to select the parts of paper feeding device to be removed. Thirdly, pressing the main button of control pen to move the parts of the paper feeding device to the appropriate position. After the paper feeding unit was disassembled, the schematic diagram as shown in Figure 3-12.

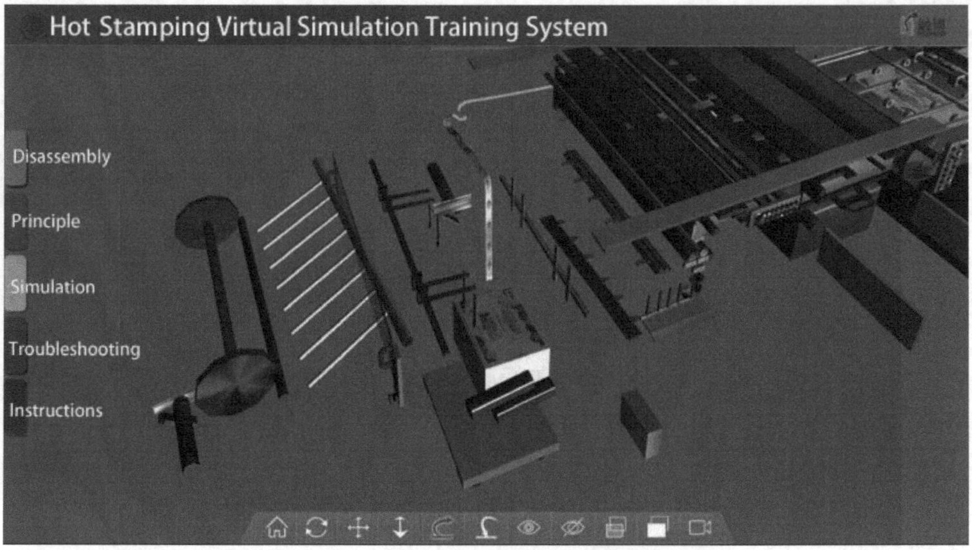

Figure 3–12 Disassembling the paper feed unit

(IV) Disassembling the hot stamping unit. Firstly, using the control pen to select the disassembly button below the toolbar. Secondly, using the control pen to select the hot stamping unit. Thirdly, pressing the main button of control pen to move the hot stamping unit parts to the appropriate position. As shown in Figure 3-13 .

Figure 3–13 Disassembling the stamping unit

(V) Disassembling the delivery unit. Firstly, using the control pen to select the disassembly button below the toolbar. Secondly, using the control pen to select the delivery device to be removed. Thirdly, pressing the main button to move the delivery unit to the appropriate position. After removed the delivery device, it is as shown in Figure 3-14.

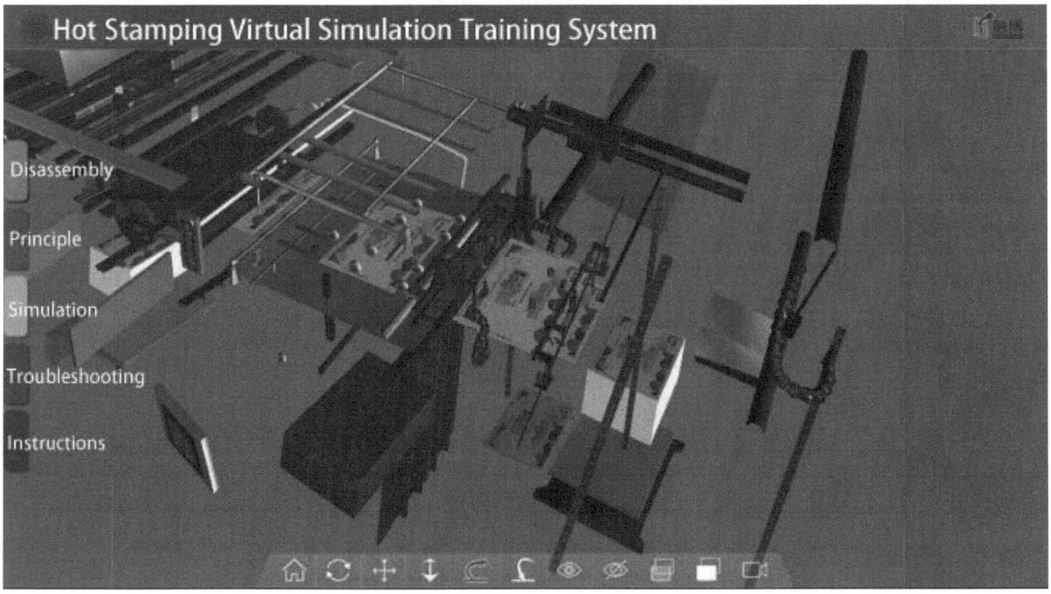

Figure 3–14 Disassembling the delivery unit

(VI) Hot stamping equipment assembly. After all the components are disassembled, using the control pen to select the installation button below the toolbar, and click the right button of the control pen, then the selected model parts will be installed to the hot stamping model immediately. The effect after installation is shown in Figure 3-10.

Task 3: Learning the simulation operations of hot stamping machine

1. Familiarity to the operation interface

(I) Firstly, entering the hot stamping virtual training system according to the operation method in task one. Secondly, moving the control pen to the function module area on the left side of the interface.Thirdly, selecting the [simulation] button, and clicking the main button of the control pen to enter the simulation operation interface, as shown in Figure 3-15.

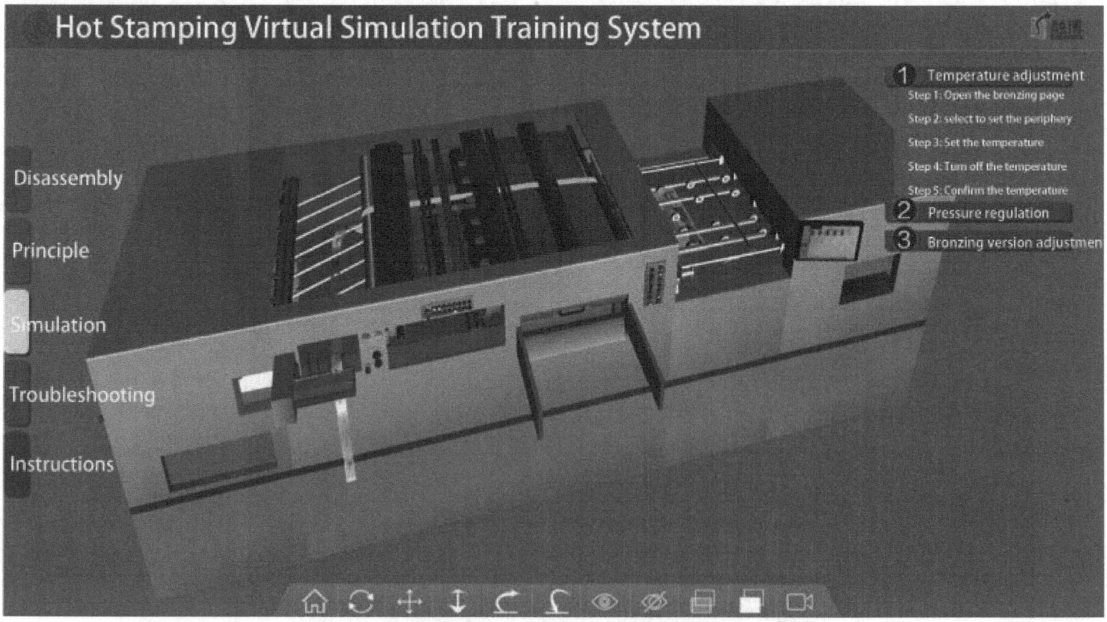

Figure 3–15 The interface of simulation operation

(II) The simulation operation list menu is displayed on the right side of the interface. Use the primary button of the control pen to click on the menu bar and select to open the corresponding menu. Use the primary key of the control pen to click the item menu bar of simulation operation. As shown in Figure 3-16.

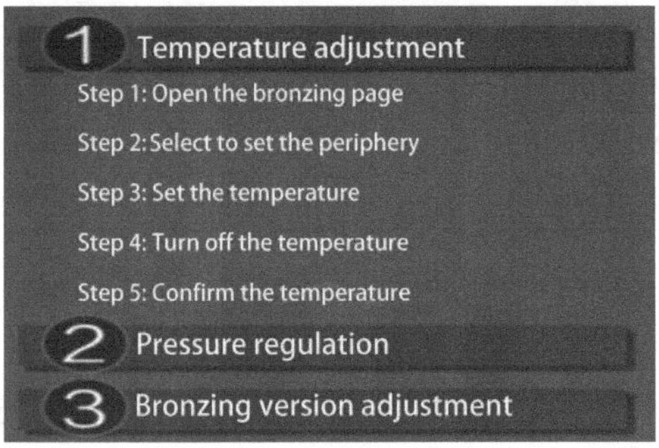

Figure 3–16 The step menu of simulation operation

(III) The entire hot stamping machine model is shown in the center of the screen by default. After using the main key of control pen to click the first analog operation task [temperature adjustment] in the right operation list, the temperature adjustment operation steps are listed under the task list, as follow: open the hot stamping interface, select to set the periphery, set the temperature, turn off the temperature, and determine the temperature. The system enters the first step by default: Open the hot stamping interface, double-click the operation interface of the hot stamping device, and the interface is enlarged, as shown in Figure 3-17.

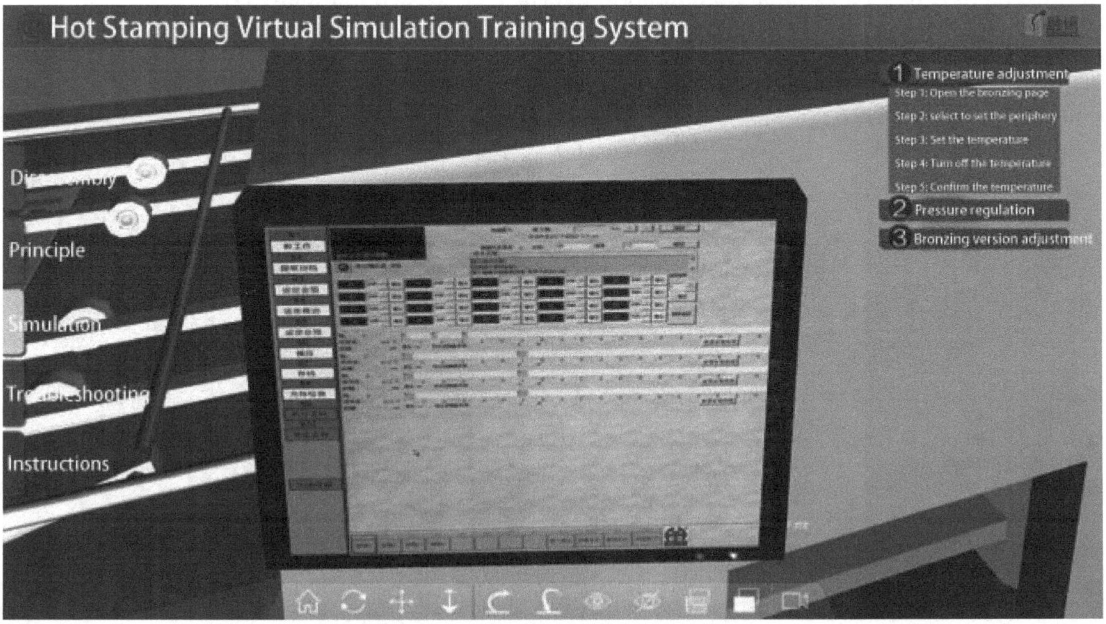

Figure 3–17 Magnification of the operation interface

(IV) Moving the control pen and adjust it according to the right adjustment step. After completed the operation, the corresponding step text on the right menu bar will be displayed in blue, as shown in Figure 3-18.

2. The simulation operations of temperature adjustment

(I) Open the hot stamping interface. Firstly, click the operation [temperature adjustment] with the main button of the control pen, the screen display is as shown in Figure 3-19. Secondly,

click [step 1: open the bronzing page] with the main key of control pen. Thirdly, click the operate monitor of hot stamping machine to enlarge the display screen", as shown in Figure 3-20.

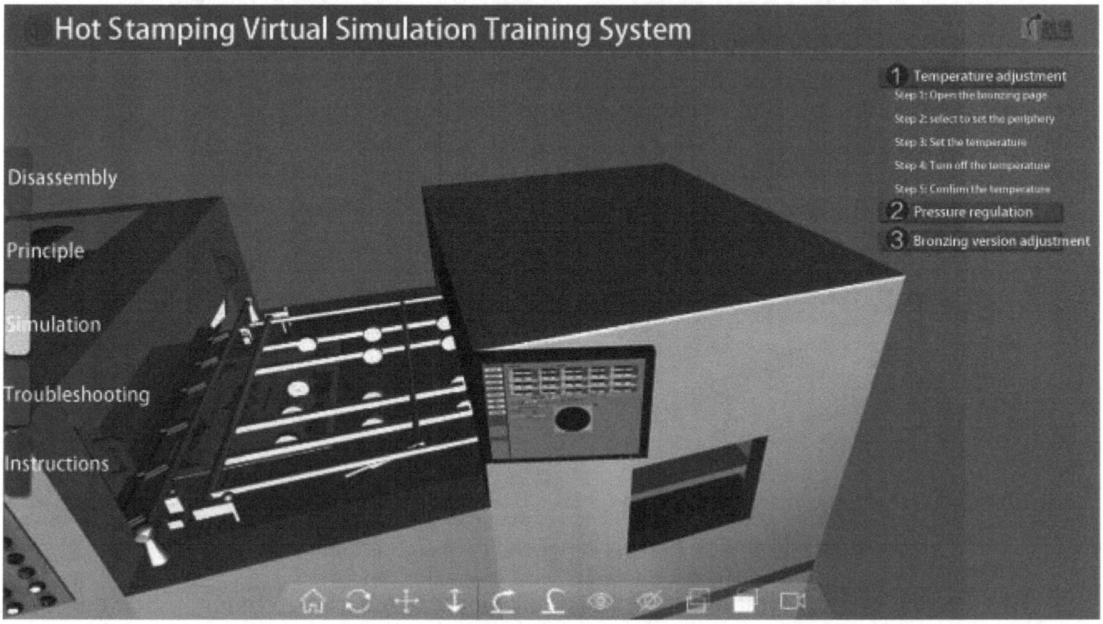

Figure 3–18 Font color change after the operation step is completed

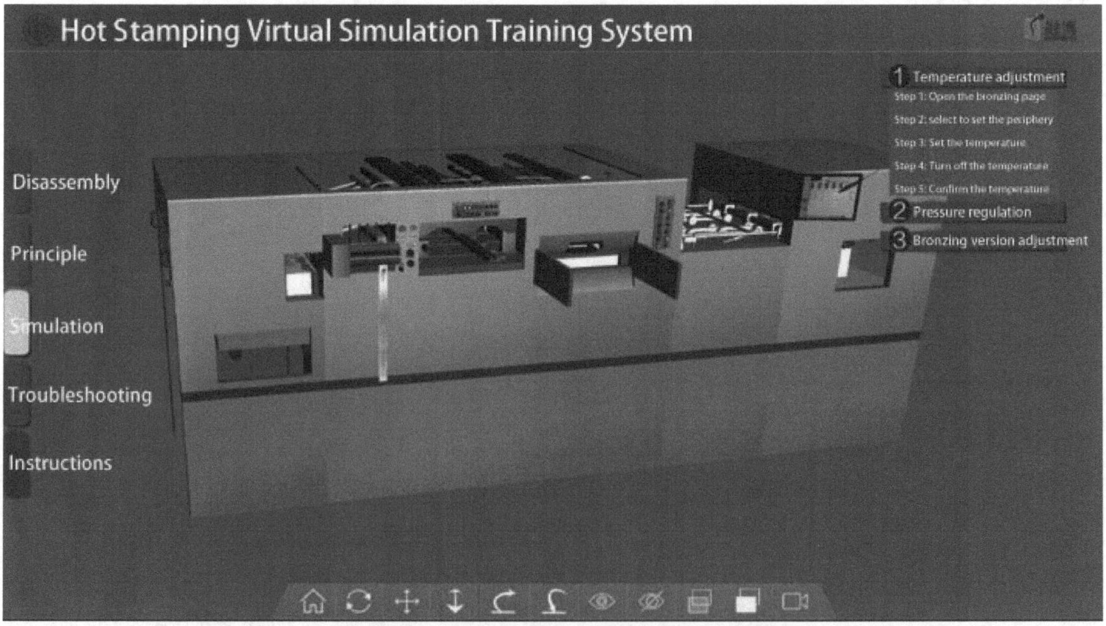

Figure 3–19 Temperature adjustment interface

(II) Selecting set periphery button in the enlarged operation display. Click the [Set Peripheral parameters] button with the main button of the control pen. As shown in Figure 3-20.

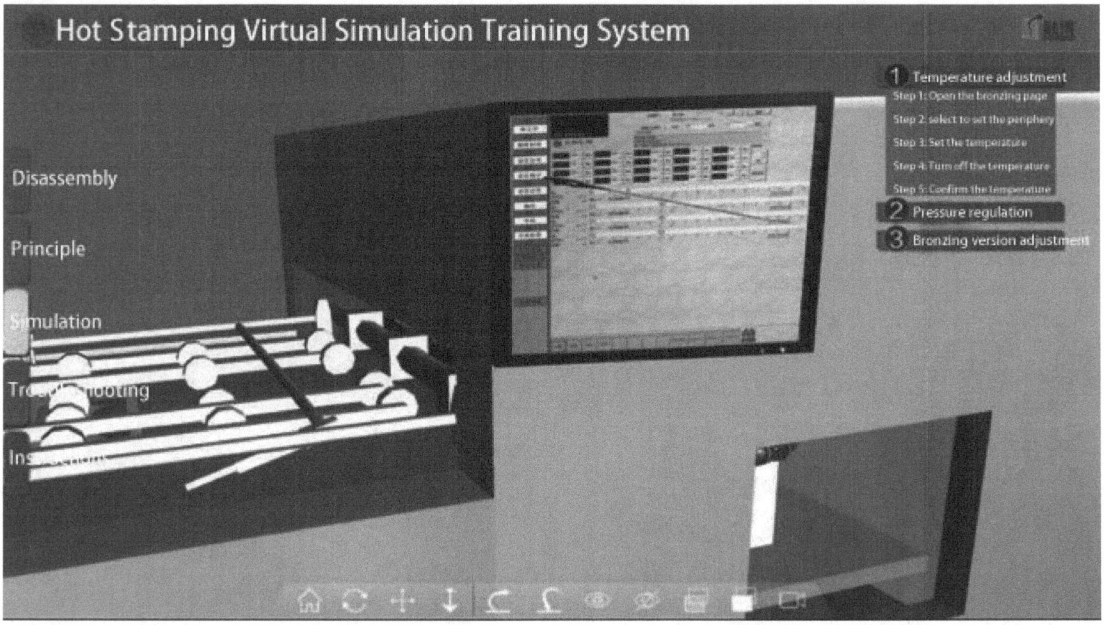

Figure 3–20 The "Set Peripheral Parameters" button

(III) Setting the temperature in the [Set Peripheral Parameters] Option. Click the input box next to [Set All Temperatures] button, and enter the temperature value (default is '120'). As shown in Figure 3-21.

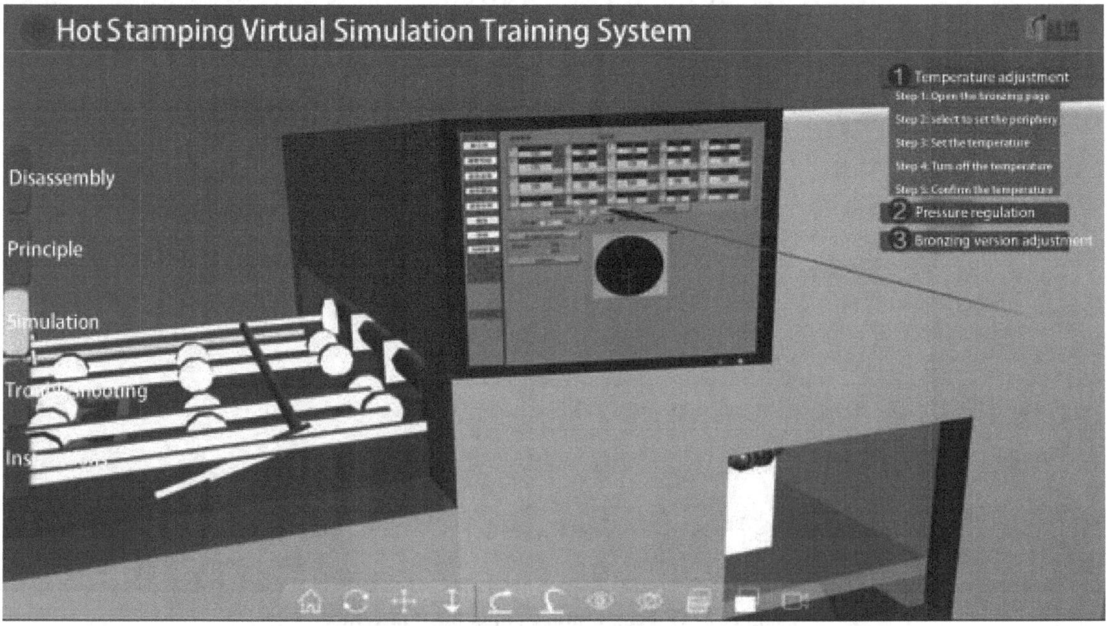

Figure 3–21 Input the temperature value

(IV) Turn off the temperature. After inputting the temperature value, click the [Close Temperature] button to turn off the temperature adjustment. At this time, the temperature input box is closed, as shown in Figure 3-22.

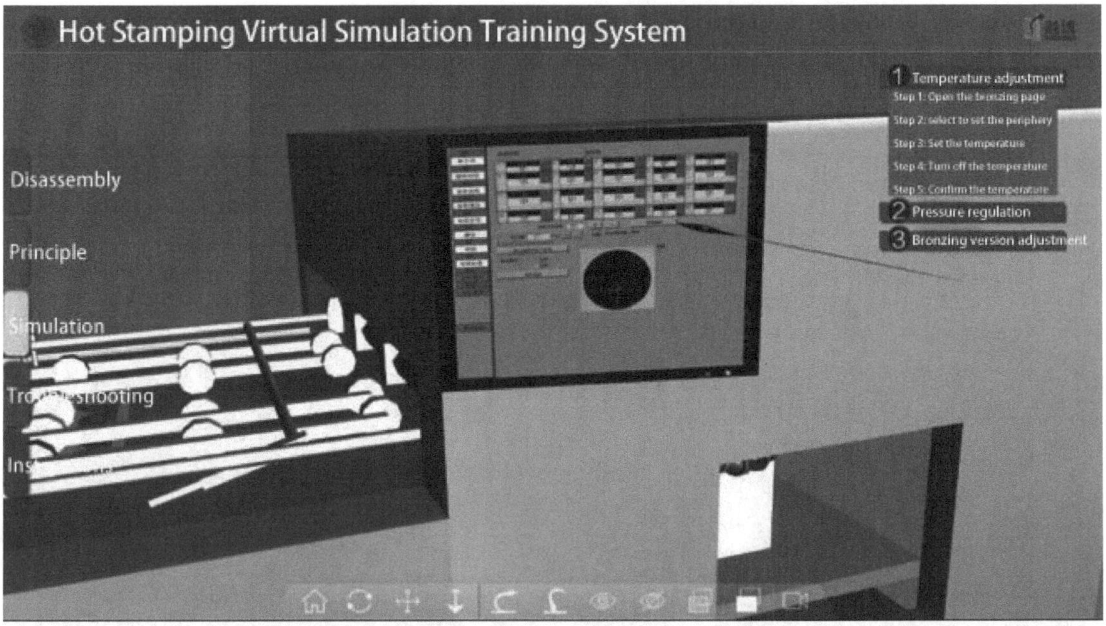

Figure 3–22 Turn off the temperature setting

（V）Confirm the temperature. After turning off the temperature setting, click the [Confirm temperature and pressure setting] button to save the temperature input value and the temperature adjustment operation is completed. As shown in Figure 3-23.

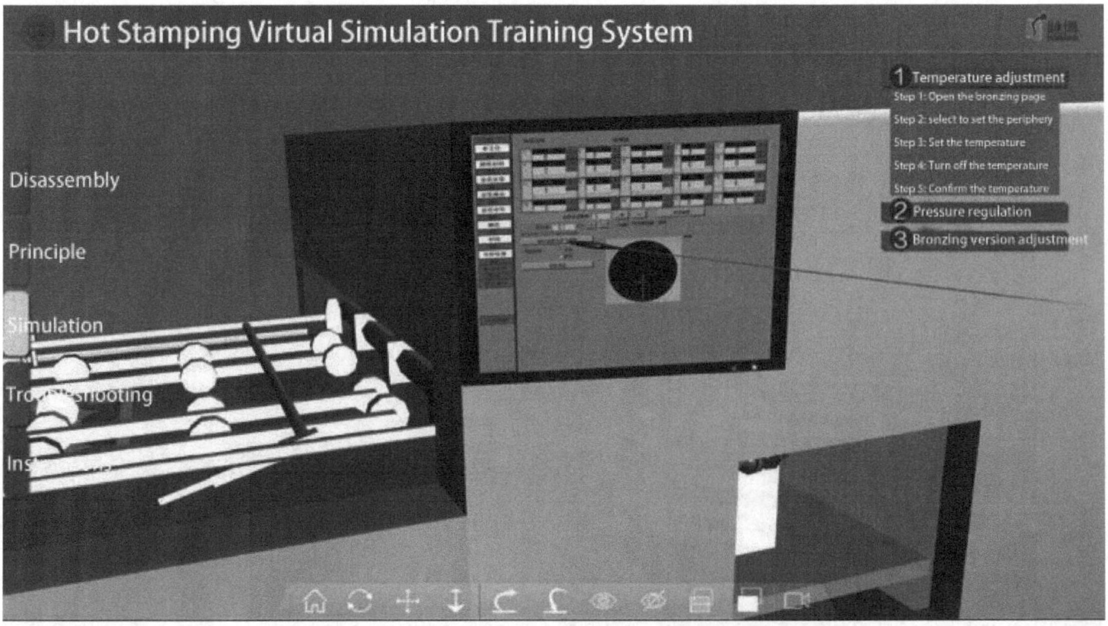

Figure 3–23 Confirm temperature and pressure

3. Pressure regulation's simulated operation

（I）Open the hot stamping interface. Firstly, click the operation[pressure regulation], the

screen display is shown in Figure 3-24. Secondly, click [step 1: open thebronzinginterface]. Thirdly, click the operate monitor of hot stamping machine to enlarge the display screen. As shown in Figure 3-25.

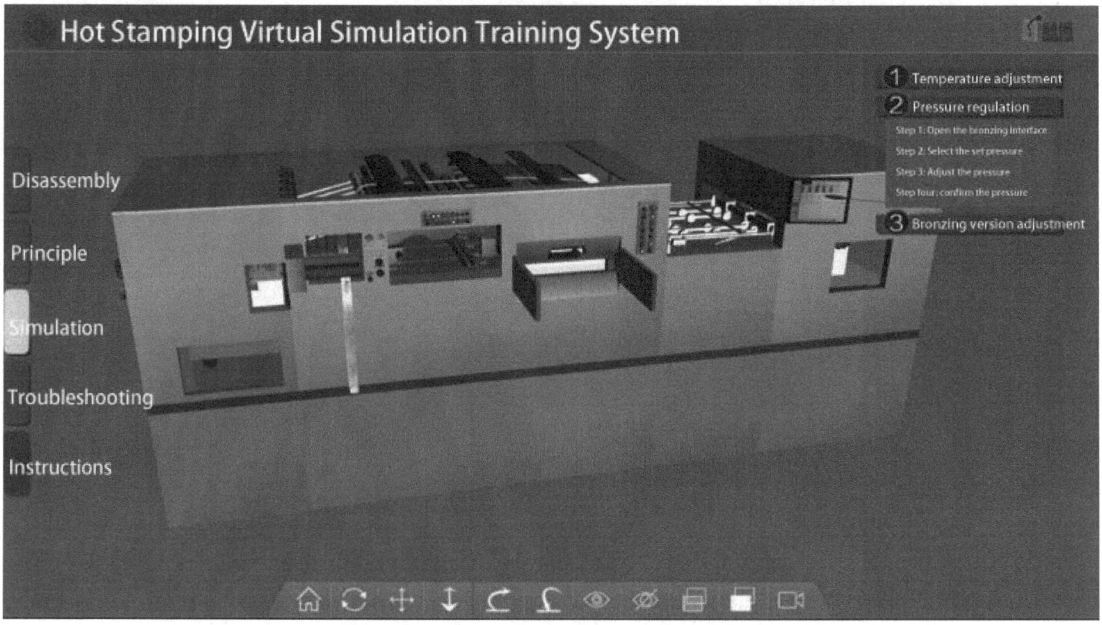

Figure 3–24 Pressure adjustment interface

(II) Selecting the "setting periphery parameters" in the enlarged operation display: Clicking the [Set Periphery parameters] button on the left side of the screen. As shown in Figure 3-25.

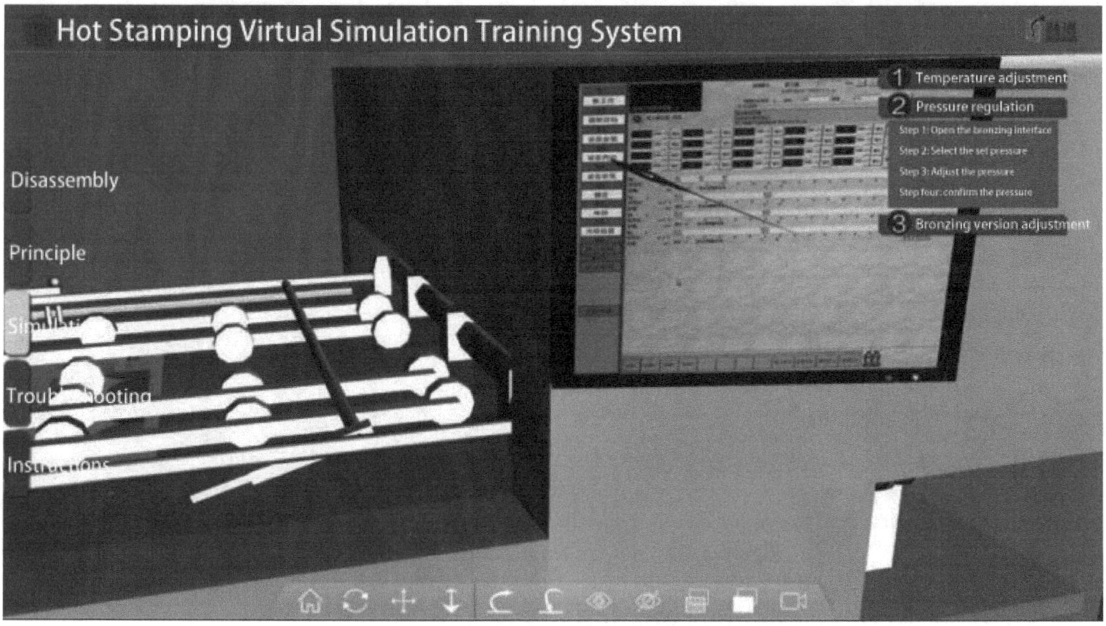

Figure 3–25 Select the "setting periphery parameters" button

(III) Adjust the pressure. Move the control pen to the set peripheral option box, and click

the input box next to [Pressure Axis] button, and input the value (default is 0.1). As shown in Figure 3-26.

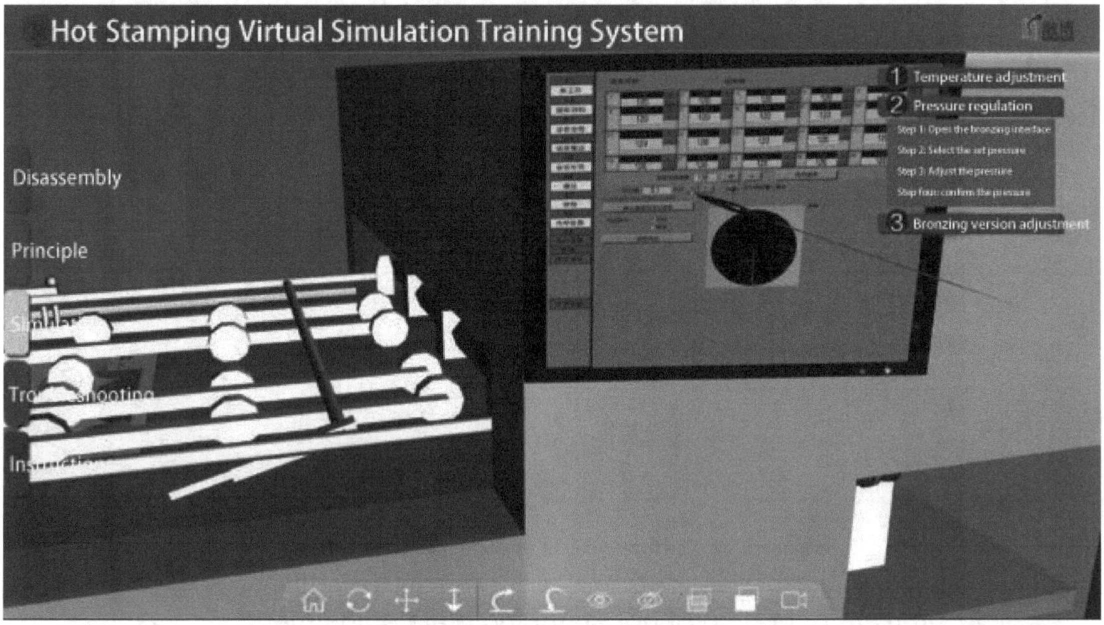

Figure 3–26 Input pressure value

(IV) Confirm the pressure: After inputting the pressure value, click the [Confirm Temperature and Pressure Settings] button to complete pressure input. As shown in Figure 3-27.

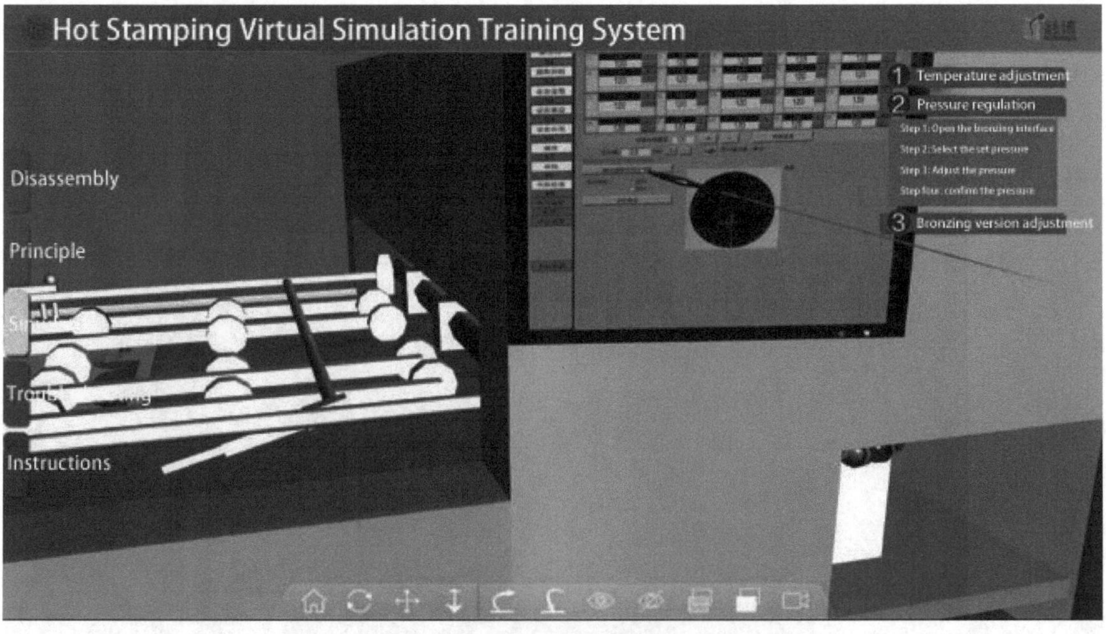

Figure 3–27 Confirm temperature and pressure settings

(V) After confirmed the pressure value, the font color of the step operation is all blue, and the pressure adjustment operation is completed. As shown in Figure 3-28.

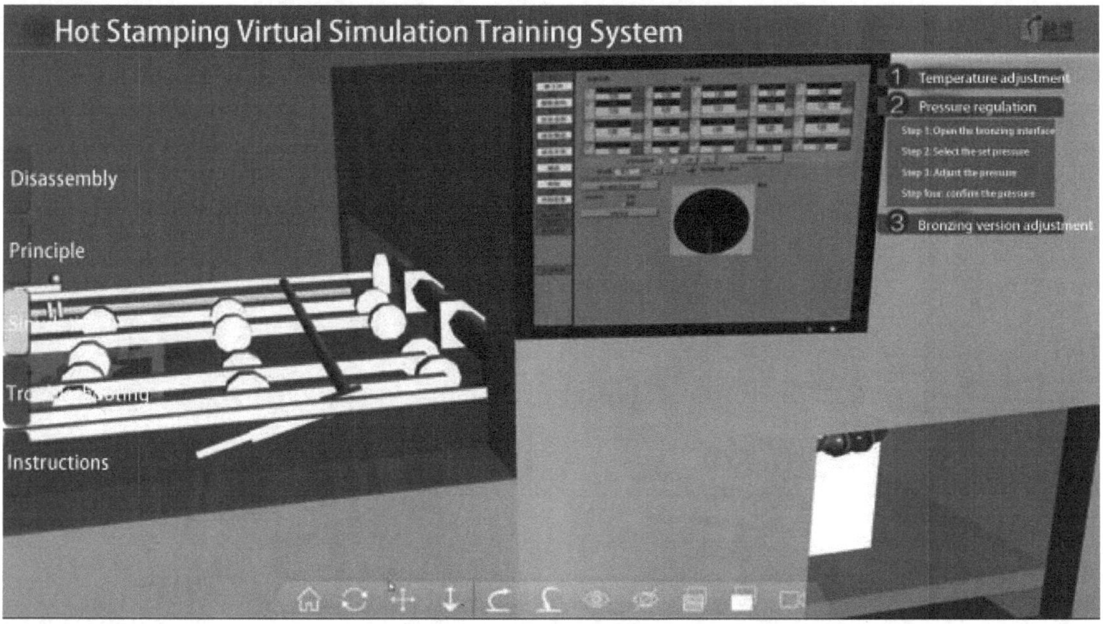

Figure 3–28 The font color of operation steps turns blue

4. The simulate operation of hot stamping plate adjustment

(I) Open the hot stamping interface. Firstly, use the main key of control pen to click the operation[hot stamping plate adjustment]. Secondly, use the main key of control pen to click [step 1 view the hot stamping proofs], and click the "magnifying glass" tool at the bottom of the toolbar to observe the proof, as shown in Figure 3-29.

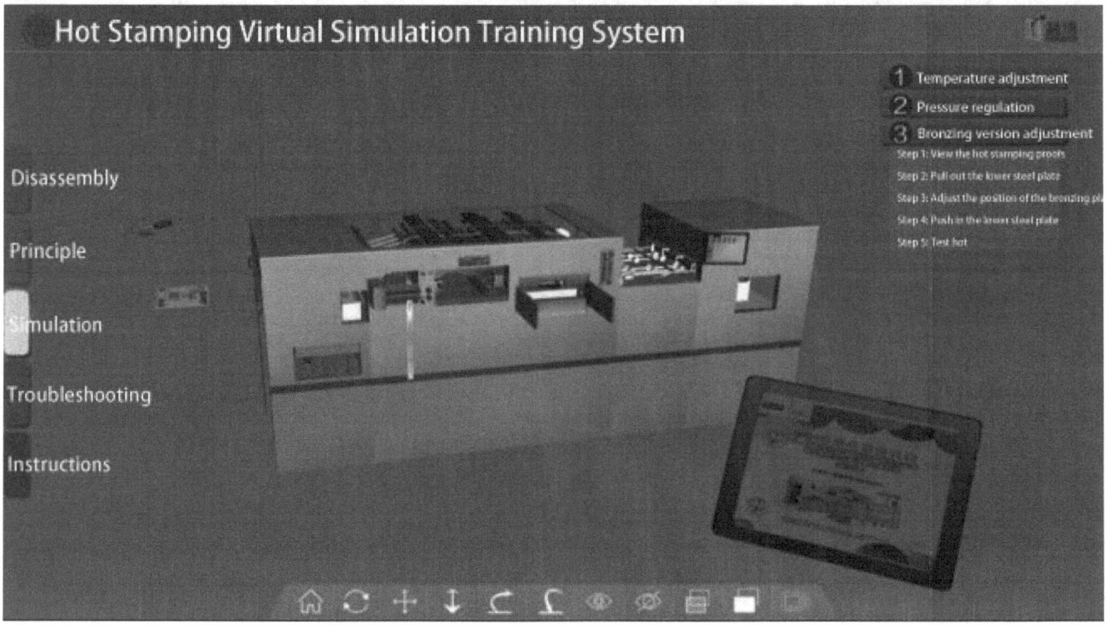

Figure 3–29 Observe the hot stamping proofs

(II) [Step 2: Pull out the lower steel plate]. Move the control pen, and click the steel plate model to play the pull-out steel plate animation. As shown in Figure 3-30.

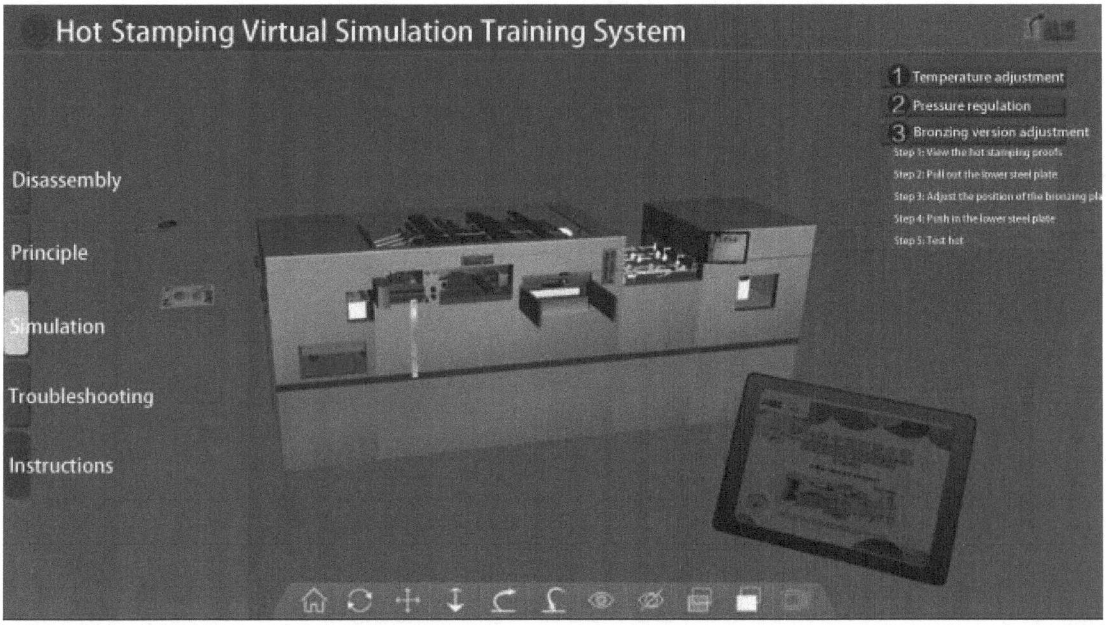

Figure 3–30 Pull out the lower steel plate

(III) [Step 3: Adjust the position of the bronzing plate]. Moving the control pen, click the hot stamping plate model with using the main button of control pen, and play the animation of adjustment. As shown in Figure 3-31.

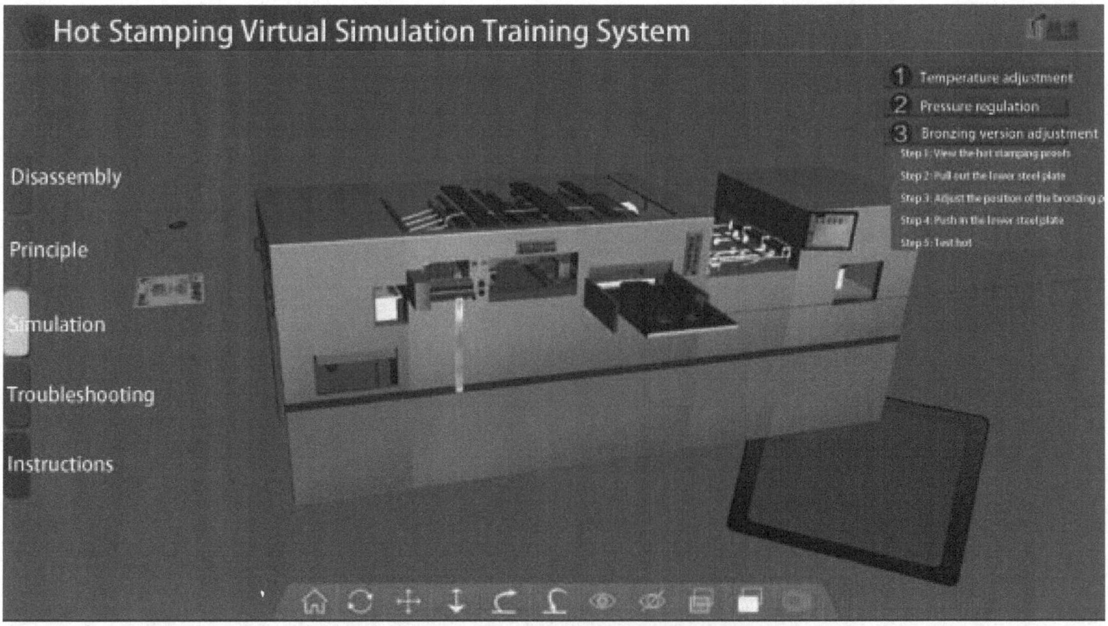

Figure 3–31 Adjusting the bronzing position

(IV) [Step 4: Push in the lower steel plate]. Move the control pen, and click the steel

plate model using the main key, and play the animation of operation step. Then the steel plate is installed to the working position. As shown in Figure 3-32.

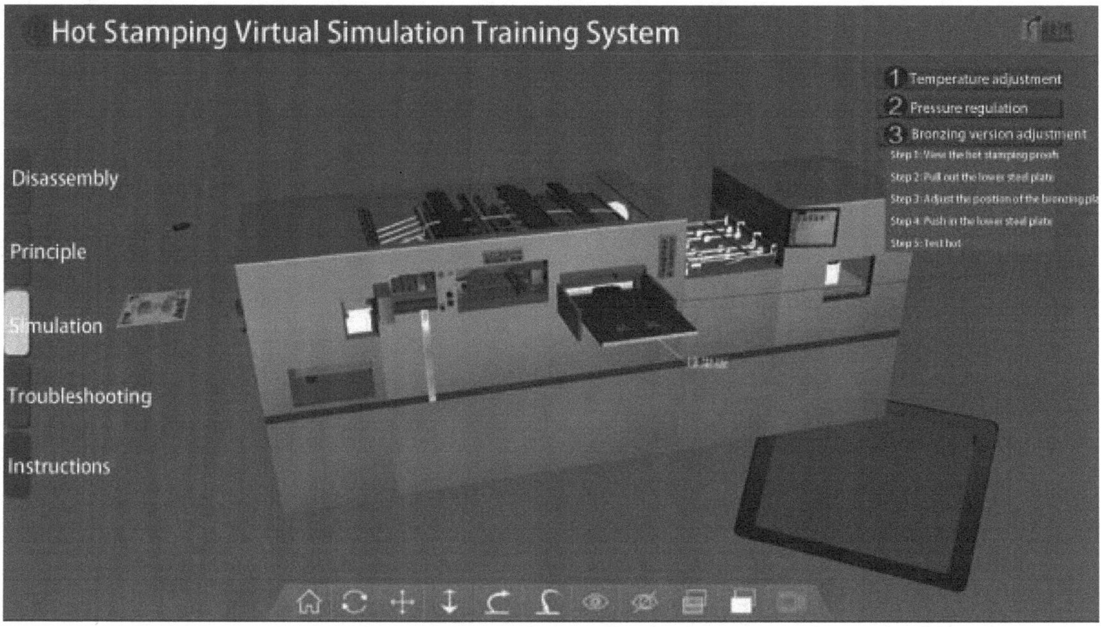

Figure 3–32 Pushing in the lower steel plate

（V）[Step 5: Test hot stamping]. Move the control pen, and use the main key to click the step five to start hot stamping. It shows normal. At this time, the font color is all blue, and the hot stamping adjustment operation is completed, as shown in Figure 3-33.

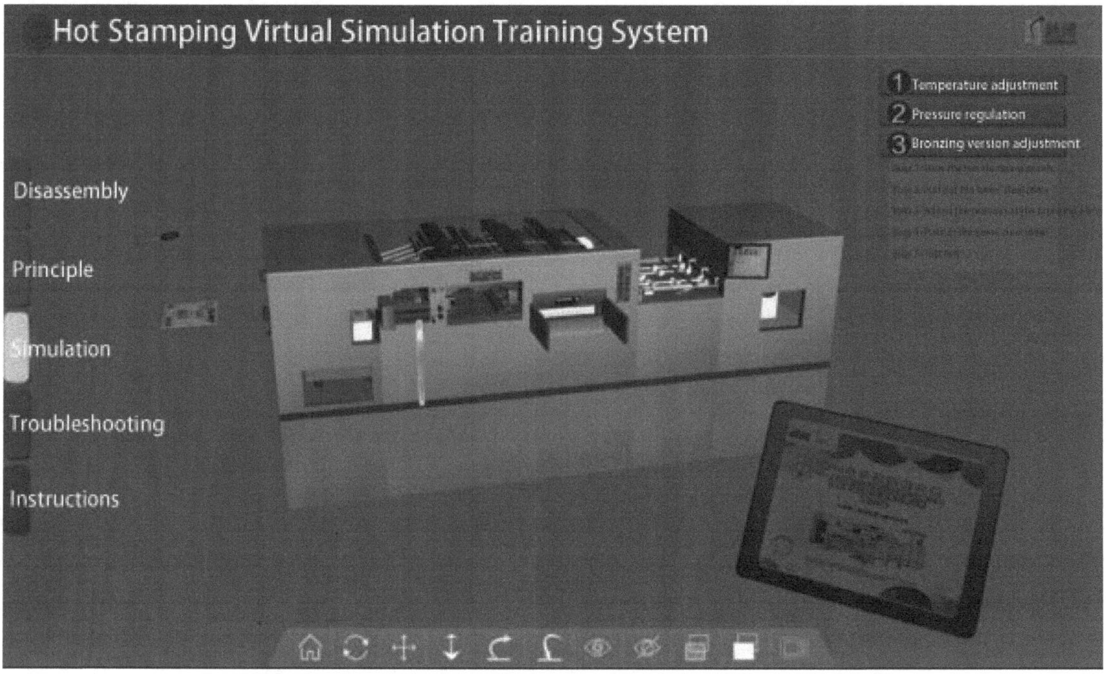

Figure 3–33 The operation steps are completed and the font color turns blue

Task 4: Learning the troubleshooting simulation operations of hot stamping machine

In the hot stamping process, the common quality faults include: unstable hot stamping patterns; blurred graphic; ink is reversely stuck by the hot stamping foil; the hot stamping picture is illegible; the picture and text imprint are irregular, the hot stamping handwriting and pattern lose the original metallic luster and so on. This chapter gives a brief introduction to the example of unstable hot stamping patterns and the hot stamping picture is illegible.

1. The troubleshooting simulation operations of unstable hot stamping patterns

1.1 The causes and solutions of unstable hot stamping patterns

(I) Cause

The reason of unstable hot stamping pattern is that the hot stamping foil cannot be ideally transferred to the surface of the substrate or the hot stamping foil cannot adhere well to the substrate. It is one of the most common faults in the hot stamping process.

The main reasons for the unstable hot stamping pattern are as follows: the base ink of printed products contains waxes; the base ink layer of the printed product is too thick; the base ink layer of the printed product is crystallized; the surface of the printed product is covered with too much powder; the type of hot stamping foil is selected improperly or with poor quality; insufficient hot stamping temperature or insufficient hot stamping pressure, and so on.

① The base ink layer of printed product contains waxes

When the base ink layer of printed product contains a waxy substance, the hot melt adhesive in the hot stamping foil has poor adhesion to the waxy in the ink, which is causing the unstable hot stamping patterns.

② The base ink layer of the substrate is too thick

Practice has shown that it is easier to finish the hot stamping with thin ink layers, and it is difficult to finish the hot stamping with thick ink layers. Because the thick base ink layer on the substrate will close the capillary pores of the paper fiber, and hindering the adsorption of the hot stamping foil and the paper. The adhesion of the hot stamping foil is weakening, then the hot stamping foil cannot be stamped.

③ The base ink layer of substrate is crystallized

During the printing process, a hard film is formed on the surface of the paper, and it is dropped by gently wiping. This phenomenon is called “crystallization”. The crystallization on the surface of the ink layer is caused by excessive addition of dry oil during printing. Crystallization of the ink layer surface will cause the ink layer surface to be smooth, so that the hot stamping foil cannot be adhered to it, and therefore the hot stamping patterns are unstable.

④ Hot stamping temperature is not enough

When the hot stamping temperature is not enough, the separation layer on the hot stamping

foil is not completely separated, and the adhesive layer has insufficient adhesion, which may easily lead to the occurrence of lacking pattern or uneven edges of the text pattern during hot stamping.

(II) Solution

When the hot stamping patterns is unstable, you should find the reason first, analyze the main factors that cause the hot stamping patterns unstable, and eliminate the fault one by one.

① The base ink layer of substrate contains waxy

When the trouble of unstable hot stamping patterns is caused by wax substances in the base ink layer, you should avoid printing with inks containing waxy in the additive, and adjust the viscosity of the ink by adding a release agent or high boiling point kerosene. If you need to increase the gloss, you can use 19 # resin instead of bright paste.

② The base ink layer of the substrate is too thick

When the fault of unstable hot stamping patterns is caused by the base ink layer of substrate is too thick, the hot stamping part should try to avoid the overprinting of the ink, and the three-layer ink overprinting especially. For dark and large-area field prints, the method of dark ink and thin printing can be adopted. That is, when color matching is happening, the ink color of picture should be slightly darker than the ink color on the proof, and the ink layer can be printed thinner during printing. For dark and large-area field prints, we can also use thin ink printing twice. This cannot only achieve the required hue, but also meet the needs of hot stamping.

③ The base ink layer of substrate is crystallized

When the unstable hot stamping patterns were caused by the crystallization of the base ink layer on the substrate, the red dry oil should be avoided in the ink, and the amount must less than 0.5% when it is used.

④ Hot stamping temperature and pressure are not enough

When the unstable hot stamping patterns were caused by the hot stamping temperature and pressure are not enough, we need adjust the temperature of electric heating bottom plate until qualified product are produced. When the impression mark is too light, we should increase the pressure of hot stamping until the hot stamping foil can be transferred smoothly to the substrate.

1.2 The troubleshooting simulation operations of unstable hot stamping patterns

(I) Firstly, entering the hot stamping virtual training system according to the operation method in task one. Secondly, moving the control pen to the function module area on the left side of the interface. Thirdly, clicking the [troubleshooting] button in the left function module area, the initial state of the screen is displayed as shown in Figure 3-34. At this time, we can start the troubleshooting simulation operations.

(II) Move the control pen, and click the fault: [hot stamping failure] on the right side of the screen, then the font color of fault menu turns yellow. Then clicking the fault prompt, the red prompt message pops up in the fault prompt box in the lower left corner. The prompt is "increase the pressure and temperature". The operation result is shown in Figure 3-35.

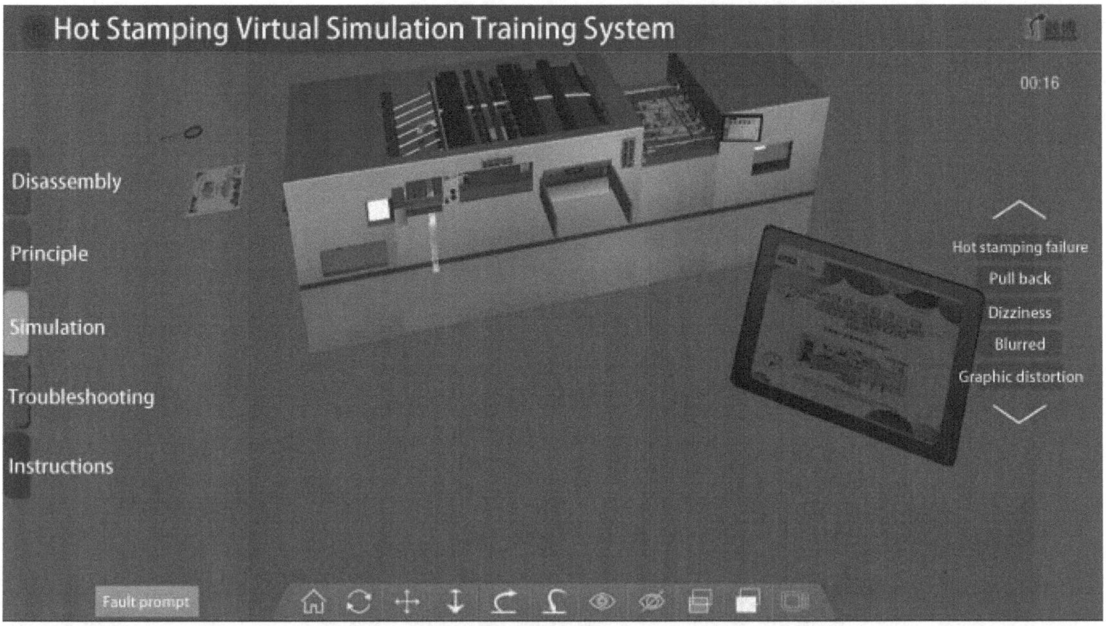

Figure 3–34 Troubleshooting interface

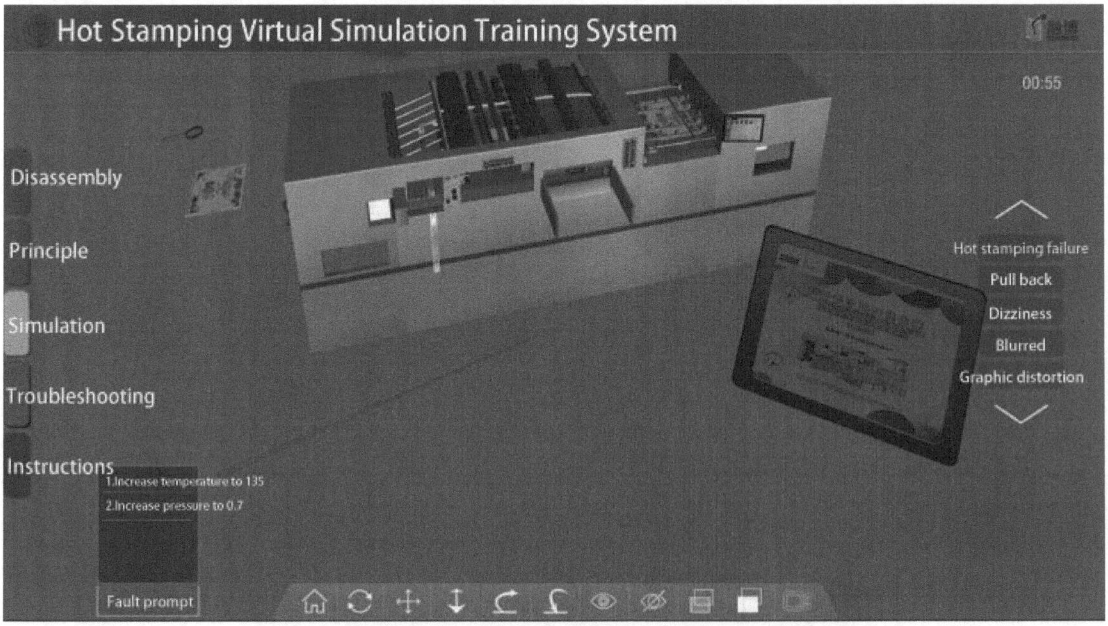

Figure 3–35 Troubleshooting tips

(III) Move the control pen, and click the camera to enlarged sample, you can see that the red circle on the sample is not fully stamping, as shown in Figure 3-36.

(IV) Move the control pen, and double-click the control display screen of hot stamping device, and the display will be enlarged, as shown in Figure 3-37. The enlarged display makes it easier to adjust temperature and pressure later.

Figure 3–36 The proof of unstable hot stamping patterns

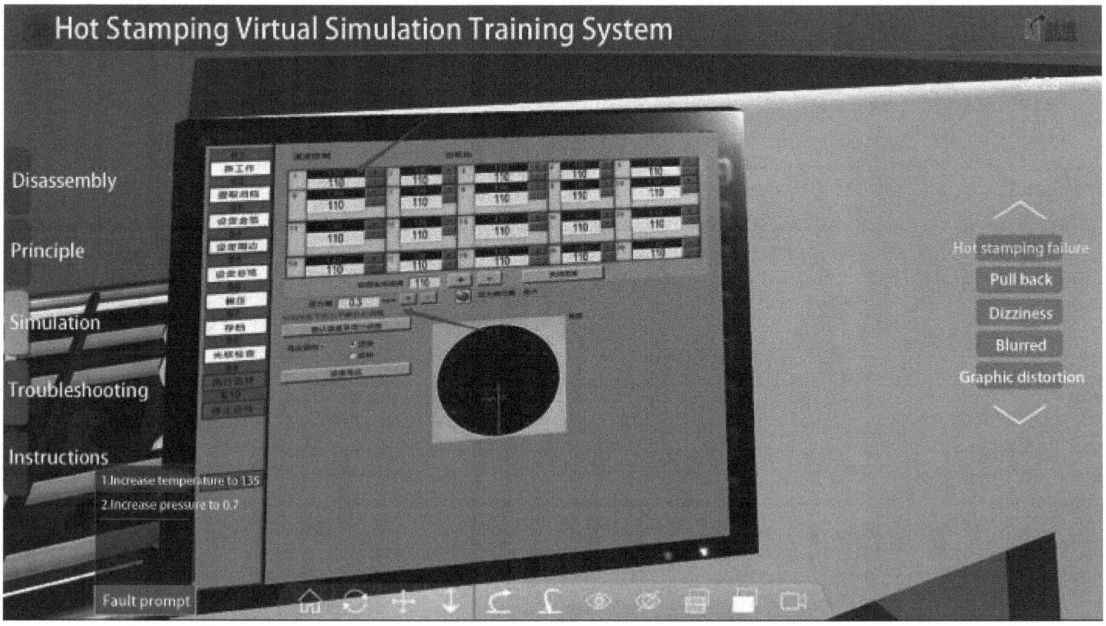

Figure 3–37 Enlarged control display screen

（V）Move the control pen, and click the [set periphery parameters] button on the left side of the control screen, then set the temperature parameters to 130 on the right side of the text box, as shown in Figure 3-38.

（VI）After inputting the temperature value, click the close temperature set button to [turn off the temperature] and the confirm temperature button to confirm the temperature. Then Left-click the [execution operation] button on the left side of the monitor, as shown in Figure 3-39.

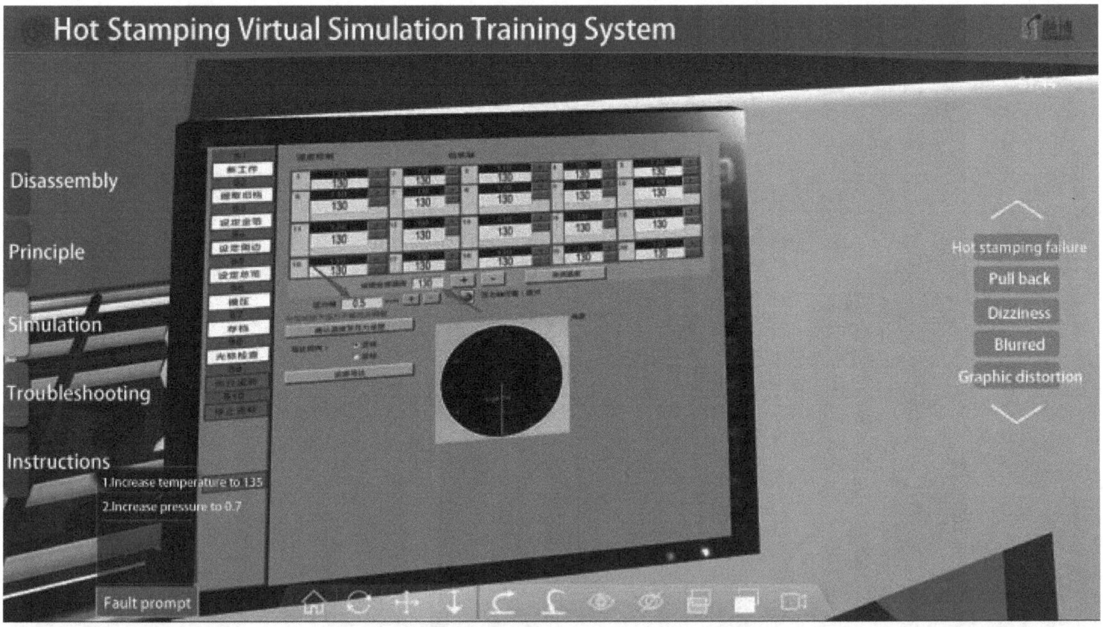

Figure 3–38 Input the temperature value

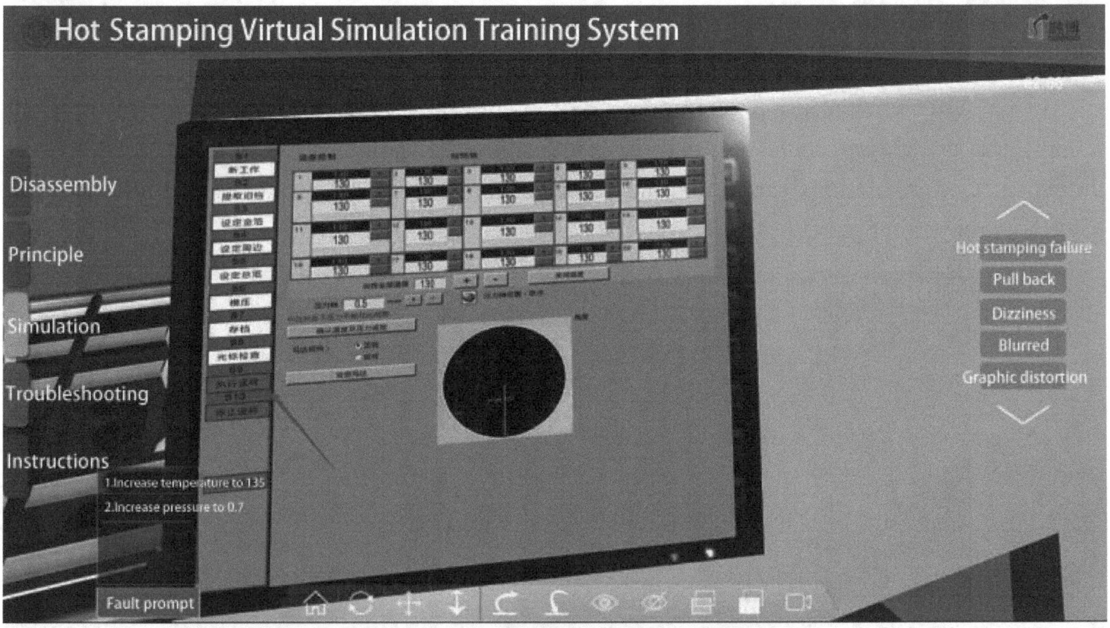

Figure 3–39 Determine the temperature value

(VII) After finished the temperature setting, the font of "Improve Temperature to 130" in the fault prompt turns gray, indicates that the operation has been finished, and it starts to adjustment the hot stamping pressure.

(VIII) The pressure adjustment step is similar to the temperature adjustment. Firstly, left-clicking the [set periphery parameters] button on the left side of the display screen. Secondly, inputting the pressure value 0.3 in the pressure value text box on the right side. Thirdly, after

inputting the pressure value, click the pressure confirm button to confirm the stamping pressure. Finally, clicking the execution button on the left, as shown in Figure 3-40.

Figure 3–40 Determine the pressure value

(IX) After clicked the [execution operation] button , the two prompt fonts in the fault prompt area are grayed, indicating that the troubleshooting operation has finished. At this time, the word "Congratulations" appear in the center of the screen, which means that all faults are solved, as shown in Figure 3- 41.

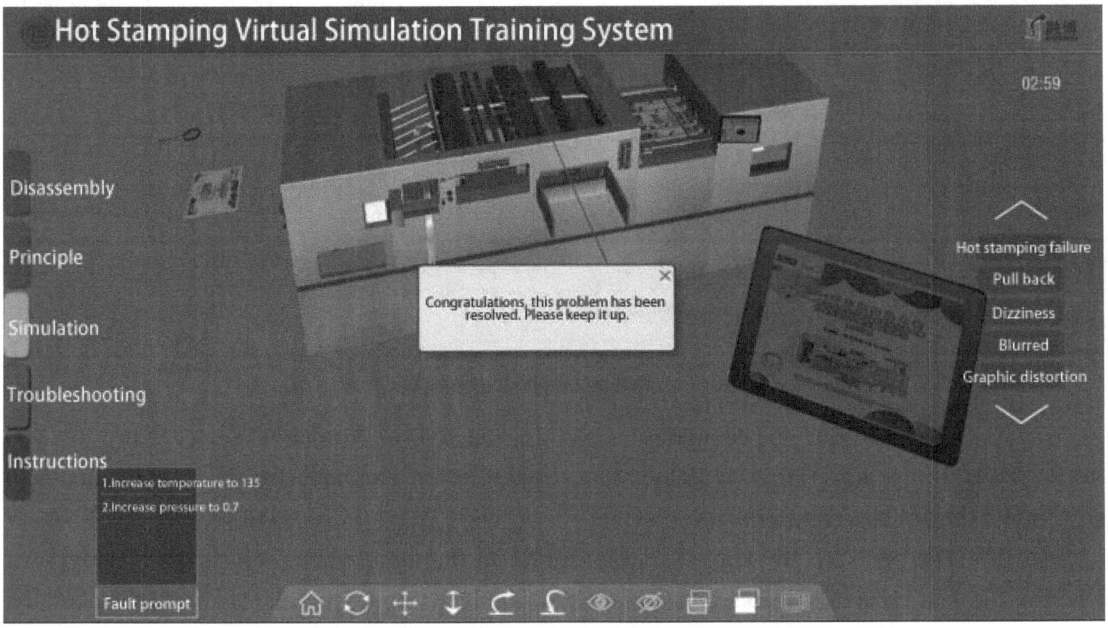

Figure 3–41 The fault of unstable hot stamping patterns is eliminated

(X) After completed the troubleshooting, click the sample to see that the hot stamping part is intact, as shown in Figure 3-42.

Figure 3–42 Hot stamping proof after troubleshooting

2. The troubleshooting simulation operations of illegible stamping pictures and texts

2.1 Causes and solutions for the fault of illegible stamping pictures and texts

(I) Cause

The reasons why the hot stamping products are illegible is that the hot stamping temperature are too high, or the downtime is too long, which causes the hot stamping foil to burn. When the hot stamping temperature is too high, the hot stamping foil exceeds the limit that can withstand, which causes the adhesive layer of the hot stamping foil to diffuse to the surroundings during hot stamping, resulting in illegible stamping pictures and texts. In addition, if the machine is stopped for a long time during the hot stamping process, a certain part of the hot stamping foil will contact the hot stamping plate for a long time to cause the illegible stamping pictures and texts.

(II) Solution

When the illegible stamping pictures and texts were caused by the over high temperature of hot stamping plate, we should find the best stamping temperature range according to the characteristics of hot stamping foil, and adjust the temperature of stamping plate to the best temperature range.

When the illegible stamping pictures and texts were caused by the over long shutdown time of hot stamping device, we should reduce the temperature of stamping plate, or remove the hot stamping foil, or put a thick paper on the stamping plate to isolate the hot stamping foil, during the shutdown process.

2.2 The troubleshooting simulate operations of illegible stamping pictures and texts

(I) Firstly, entering the hot stamping virtual training system according to the operation method in task one. Secondly, moving the control pen to the function module area on the left side of the interface. Thirdly, clicking the [Troubleshooting] button in the left function module area,

the initial state of the screen is displayed as shown in Figure 3-34. At this point, you can start the troubleshooting simulation operation.

(II) Move the control pen, and click the fault: [Dizziness] in the fault menu bar on the right side of the screen, then the font color of fault turns yellow, and the operation result is shown in Figure 3-43.

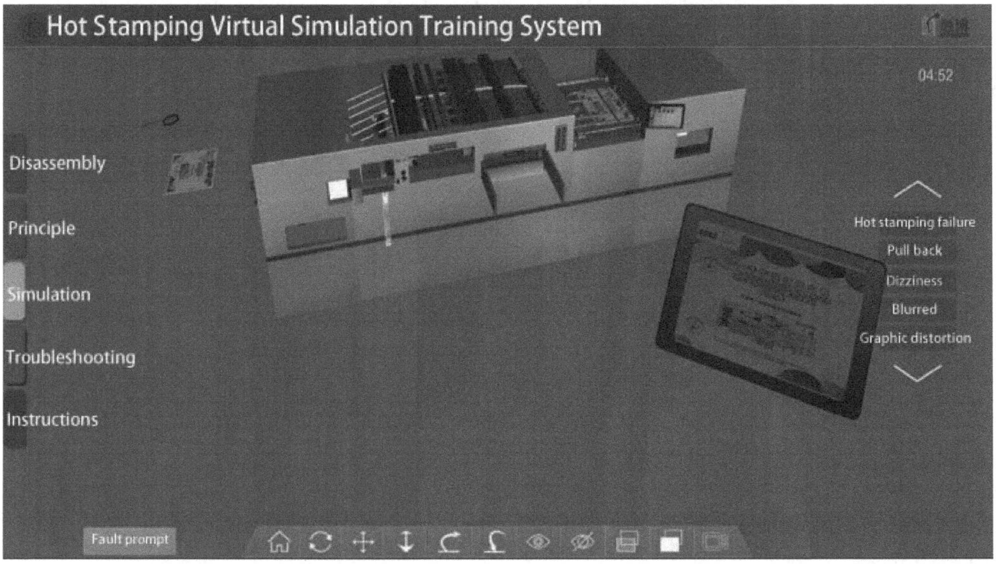

Figure 3–43 The fault: Dizziness or illegible stamping picture and text

(III) After clicking the fault: [Dizziness], the troubleshooting prompt appears in the lower left corner of the screen, then click the fault prompt, and the red font fault prompt content will pop up. The fault prompts to increase the temperature to 135° and the operation result is shown in Figure 3-44.

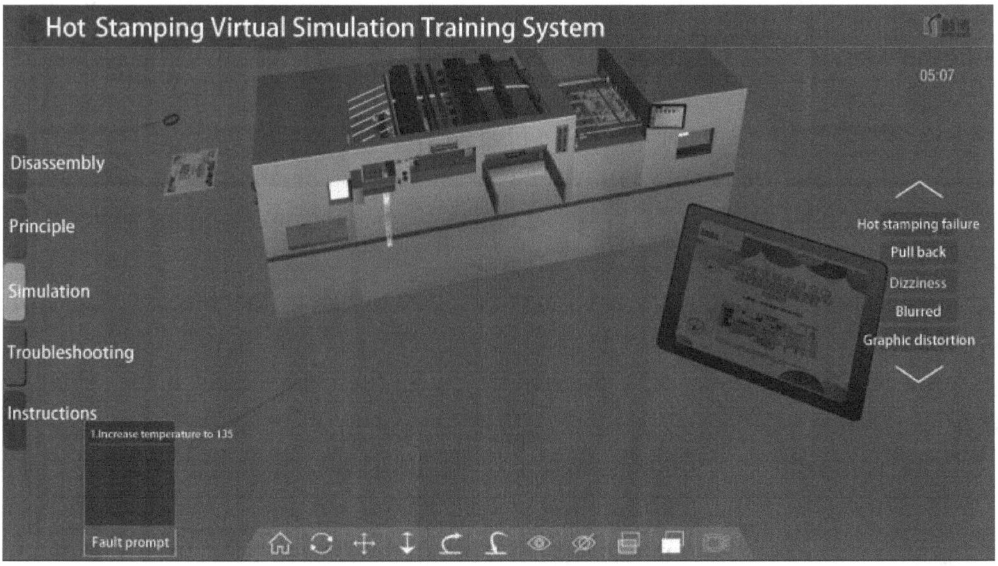

Figure 3–44 Fault prompt

(IV) Move the control pen, and click the control display screen of the hot stamping device, then the display screen is enlarged. The purpose of display magnification is to facilitate the temperature and pressure adjustment on the display screen at a later stage.

(V) Move the control pen, and click the [setting peripheral parameter] button on the left side of the control screen, then set the temperature to 135° at the temperature text box on the right side of the control screen, as shown in Figure 3-45.

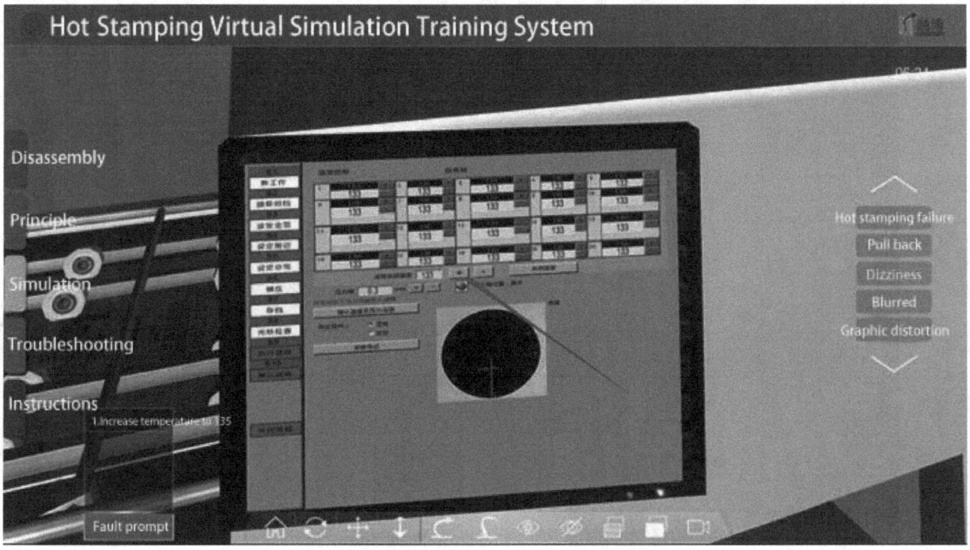

Figure 3–45 Input the temperature value

(VI) After inputting the temperature value, click the [turn off the temperature] button, then click [confirm the temperature and pressure setting] button to confirm the temperature. Finally, click the [executive operation] button on the left side of the display screen, as shown in Figure 3-46.

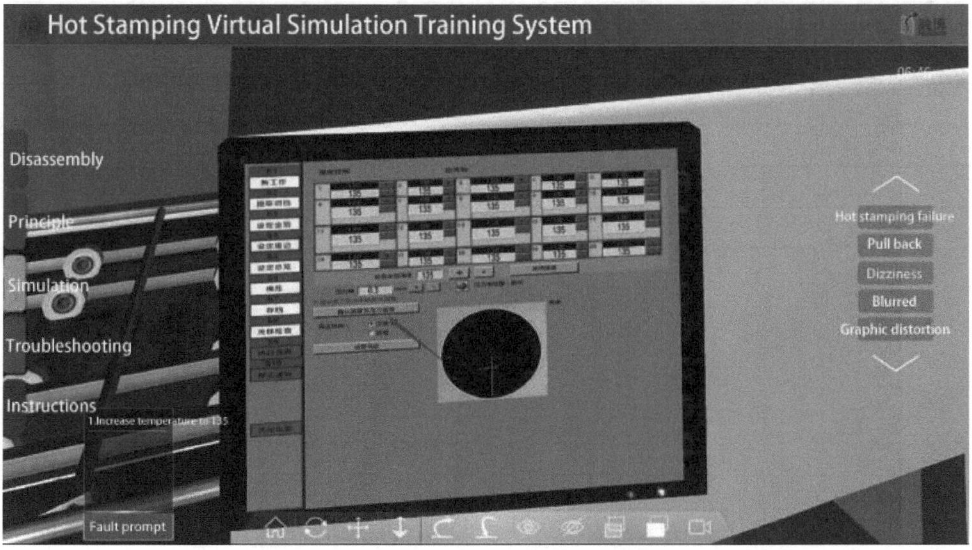

Figure 3–46 Determine the temperature value

(VII) After clicked the [executive operation] button, the font of fault prompt: "Improve the temperature to 135" turns gray, which indicates that the troubleshooting operation has ended. At this time, the word "Congratulations" appear in the center of the plane, which means all faults are completed, as shown in the Figure 3-47.

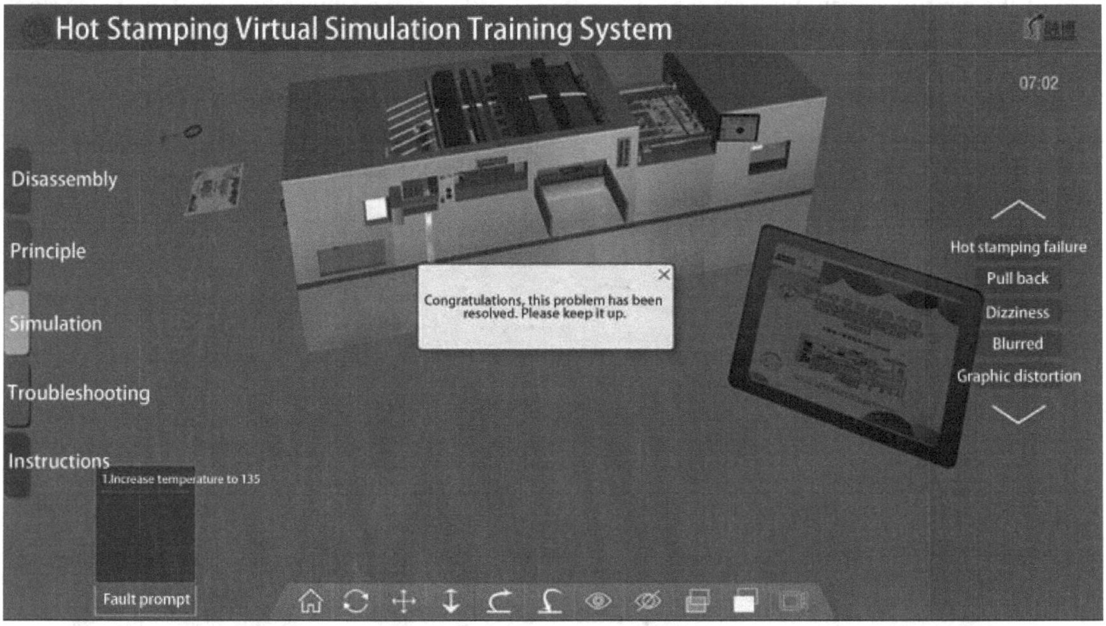

Figure 3–47 Troubleshooting Done

Project section

Project 4 Laminating virtual simulation training

Teaching objectives

Through the study of this project, students need to master the basic components of the laminating equipment, be familiar with the working principle and structural disassembly method of the laminating equipment, and learn the simulation operation and troubleshooting methods of the laminating equipment.

Ability Goal

1. Understand the basic composition of laminating equipment
2. Be able to disassemble the laminating equipment
3. Be able to complete the simulation operations of the laminating equipment
4. Be able to eliminate the most of quality defects in the laminating production process

Knowledge Goal

1. Be able to understand the basic composition and function of virtual simulation equipment
2. Be able to know how the laminating equipment works
3. Understand the causes and troubleshooting method of laminating failure

Task 1: Learning the working principles and main structure of the laminating equipment

1. Learning the type and main structure of the laminating equipment

Laminating is a processing technology that covers a plastic film on the surface of a printed product to form a paper-plastic product. It is widely used in boxes, shopping bags, book covers, posters and other occasions. The laminating process is to cover the surface of printed product with a plastic film, coated with an adhesive, and make the printed product and the plastic film tightly together under the influence of temperature and pressure.

The laminating process can be divided into wet laminating process, dry laminating process, and pre-coated laminating process according to the materials and equipment used. The wet lamination process is a lamination process in which the adhesive is coated on the surface of a plastic film, and the film is bonded to the substrate (printed product) by a pressure roller, and then wind up directly. The dry lamination process is a lamination process in which the adhesive is coated on a plastic film and it is dried initially after drying, and then the film and the substrate are bonded together. The pre-coated laminating is a laminating process in which the adhesive is coated on the surface of the plastic film and dried for later use. When laminating is required, the pre-coated film is bonded to the substrate by heating and pressing. The dry laminating process and the wet laminating process can also be referred to as the instant coating laminating process. This section briefly introduces the working principle and main structure of the instant coating laminating and the pre-coated laminating.

1.1 The working principle and main structure of instant coating laminating machine

(I) The working principle of instant coating laminating machine

The instant coating laminating machine is mainly composed of five parts: unwinding, gluing, drying, compounding and winding, as well as auxiliary devices such as mechanical transmission, automatic tension control, unwinding automatic adjustment, etc., as shown in Figure 4-1. The plastic film is set on the unwinding frame, the tension is automatically controlled to maintain a smooth output of the film. The coating device uniformly coats the adhesive on the surface of the film and the coated film is dried through a drying tunnel, and then the film and the printed substrate are pressed together, which will be into a paper-plastic composite product under a certain temperature and pressure.

(II) Main structure

① Unwinding unit

The unwinding operation of the plastic film requires that the film always maintain a constant tension. If the tension is too much, the film is easy to produce longitudinal wrinkles. On the contrary, if the tension is too small, the film is easy to produce wrinkles, which are not conducive to the coating of the adhesive and the compound with the printed substrate. In order to maintain

proper tension, the unwinding portion is generally provided with a tension control device.

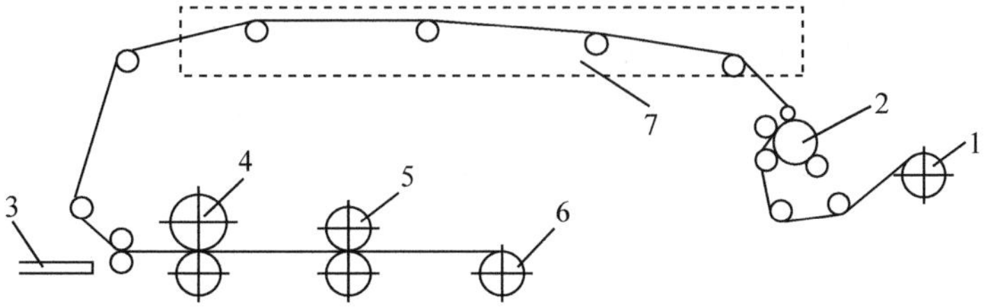

Figure 4–1 Schematic diagram of the instant coating laminating machine

1-unwinding part; 2-coating part; 3-substrate input station; 4-composite part; 5-auxiliary laminating part; 6-winding part; 7-drying channel

② Gluing unit

After unwound the film, it passes through the coating roller and enters the gluing unit. The coating methods for gluing unit are: roller reverse coating, anilox roll coating, blade coating, cavity coating and etc. Roller reverse coating is a coating method that has been commonly used in the past. The anilox roll coating is relatively uniform and suitable for coating with high speed and higher quality requirements. The blade coating is a coating method with a simple structure and a wide range of applications. The cavity coating is a new coating method, and has the characteristic that saves resources, uniform coating and better coating quality.

③ Dry unit

The adhesive coating applied to the surface of the plastic film contains a large amount of solvent, which has a certain fluidity, and must be dried before being compounded. The drying unit is mostly tunnel type, and the length of the drying path varies from 1.5 to 5.5 m depending on the equipment model. According to the solvent evaporation mechanism, the drying channel is designed into three zones:

• Evaporation zone:

This zone should form turbulent wind on the surface of the film as far as possible to facilitate the evaporation of the solvent.

• Maturation zone:

This zone is set according to the properties of film and adhesive. The temperature is generally controlled at 50~80℃ . The heating method includes infrared heating, electric heating tube heating, etc. The automatic temperature control is achieved by thermally sensitive elements installed in the ripening area.

• Solvent exclusion zone:

In order to eliminate the solvent volatilized when the adhesive dries in time and reduce the vapor pressure in the drying channel, the zone is designed with an exhaust air extraction device, generally a fan or an induced draft fan.

④ Composite unit

The composite unit is mainly composed of a metal hot pressing roller, a rubber pressure roller and a pressure adjusting device.

• Hot pressing roller

The hot press roller is a hollow roller with an electric heating device inside. The temperature of the roller is controlled by sensor and instrumentation of the console. The surface state and thermal power density of the hot press roll have a great influence on the quality of the product. Generally, the laminating process requires a hot-pressing temperature of 60 to 80 ℃ and an area heat flux of 2.5 to 4.5 W/ cm^2

• Rubber pressure roller

The function of the rubber pressure roller is to press the laminating product to the hot press roller under a certain pressure to make the adhesive penetrate paper and film. The contact pressure during compounding is closely related to the adhesive strength and the appearance quality is generally from 15.0 to 25.0 MPa.

• Pressure adjustment mechanism

The pressure adjustment mechanism is used to adjust the pressure between the hot press roller and the rubber pressure roller. The pressure adjusting mechanism can adopt a simple eccentric mechanism, an eccentric cam mechanism, a liquid (gas) pressure type pressure adjusting mechanism.

⑤ Substrate input unit

The delivery of substrate is either manual or automatic. The automatic delivery mode is divided into two types: pneumatic and friction. The pneumatic type is to install a row of nozzles at the front or the end of the substrate, and relying on the "sucking", "putting" and "moving" of the nozzle to separate and deliver the printed product. The friction type mainly relies on the friction head to reciprocate or rotate to produce friction with the substrate, separating the substrate from the paper pile and conveying it forward.

⑥ Winding unit

The laminating machine generally adopts an automatic winding mechanism, and the reel can automatically collect the composite product into a roll shape. In order to ensure the tightness of the winding, the reel velocity and the composite linear velocity must be synchronized.The tension should be kept constant during winding. As the winding diameter increases, the edge linear velocity of the roll must be synchronized with the composite linear velocity.

1.2 Working principle and main structure of pre–coated laminating machine

(I) Working principle

Pre-coated laminating machine mainly consists of pre-coated plastic film unwinding, substrate input, hot-pressing compounding, automatic winding, as well as mechanical transmission, pre-coated plastic film flattening, vertical and horizontal slitting, computer control system and other auxiliary devices. Figure 4-2 shows the working principle of the pre-coated laminator.

Placing the pre-coated plastic film on a reel, and guiding the pre-coated film into the composite mechanism through the adjustment roller and the guide roller before starting up. At the same time, the substrate enters the composite mechanism from the feed device, and the hot press

roller and rubber pressure roller of the composite mechanism press the substrate and the film together. Finally, the laminated product is rolled up by a winding shaft.

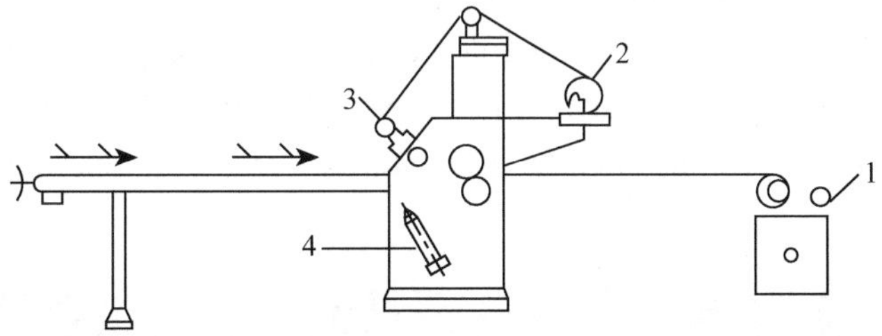

Figure 4–2 Working principle of pre–coated laminating machine

1-winding; 2-pre-coated film; 3-pressing; 4-hydraulic handle

（II）Main structure

① Unwinding unit

The unwinding unit is mainly composed of a plastic film, support frame and a film tension control system. The pre-coated film is placed on the support frame of the unwinding mechanism and supported by the film feed shaft. The pre-coated film must maintain a constant tension during the work process. If the tension is too large or too small, the laminating quality will be affected.

② Substrate input unit

The main function of the input unit of the substrate is to separate and transport the substrate without overlapping, generally by pneumatic or frictional method, and the main composition of substrate input unit is the same as the instant coated laminating machine.

③ Composite unit

The composite unit is composed of a heating pressure roller and a silicone pressure roller. The heat pressure roller is a hollow roller with a heating device inside. The surface of heat pressure roller is plated with a chrome, and the chromium layer must be polished and ground. The silicone pressure roller is a solid roller, and the middle part is a metal roller. The main function of the silicone pressure roller is to press together with the hot pressure roller to generate pressure so that the adhesive can fully penetrate into the paper and film.

④ Transmission system

The transmission system is driven by a computer-controlled high-power stepping motor. After decelerated, the primary gear drives the movement of the paper feeding mechanism and the rotation of the compound part through the chain transmission.

⑤ Computer control system

The computer control system which adopts a microprocessor, is composed of a motherboard, a digital keypad, an optical isolation board, a power supply board, a stepping motor power driving board, etc.

1.3 Learn the laminating device using a virtual simulation system

After entering the post-press processing virtual simulation training system, press and hold the main key on the control pen, move to select the corresponding system module, also you can

press and hold the left or right keys on the control pen to select the laminating module of the training system. When you select the laminating device module, you need to move the control line cursor to the triangle shape control button in the lower right corner of the module. If the triangle shape control button is light, the module has been selected, and then click the main key of control pen, the screen displays "Starting, please wait." in the middle, which means that you are entering the laminating training module. The interface of the laminating training module is shown in Figure 4-3.

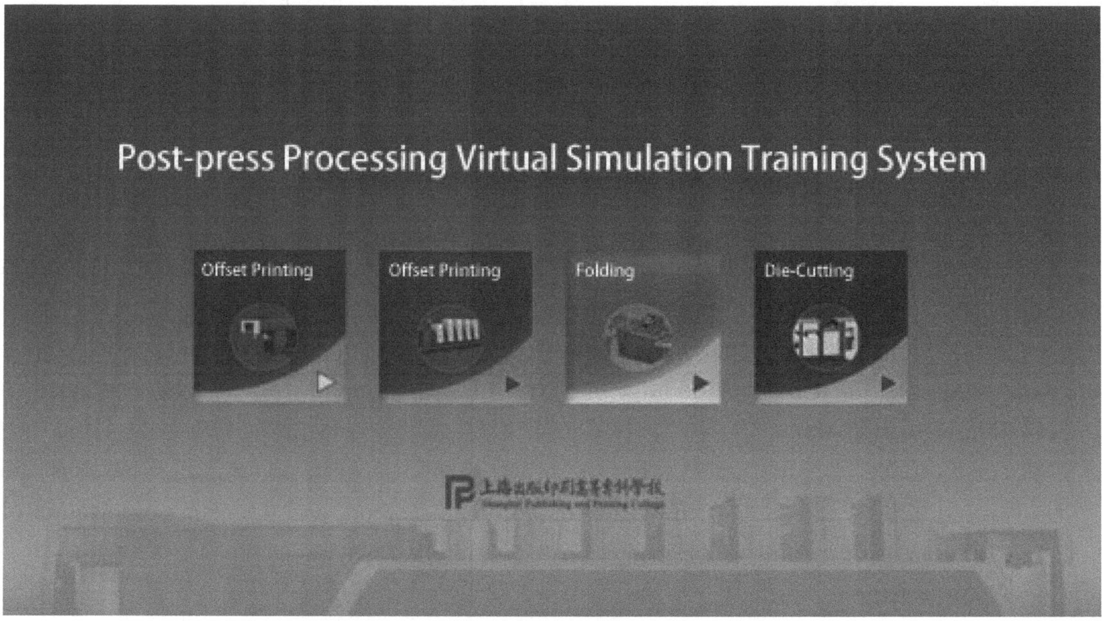

Figure 4–3 Starting the laminating training module

Move the control pen, and click the [Structure Disassembly] button in the left selection area using the main button of the control pen, then the operation module area displays the structural composition of the laminating device. There are two option boxes on the left side of the screen: the instant coated laminating and the pre-coated laminating. Moving the control pen and selecting one of the laminating methods, the operation module area will display the corresponding laminating device. When the control pen is placed on the components of laminating device, the name of the component is displayed above the component. After clicking the hidden tool button under the toolbar using the control pen, we can selectively hide the component using the control pen. The operator can choose whether it's need to hide the components according to the learning requirements. The structure of the laminating machine behind the cover is shown in Figure 4-4.

Moving the control pen and placing the control pen over the component, then left-click on the component to remove the part. The disassembled component can be moved to the periphery of the laminating machine for easy observation of the component's structure and shape. At the same time, it is also convenient to view the internal mechanism of the laminating machine and disassemble the internal structure of the laminating machine, as shown in Figure 4-5. After all components of the laminator have been disassembled, left-click on the installation button in the

function button area below the module, and the disassembled parts will be returned or installed in the order of disassembly.

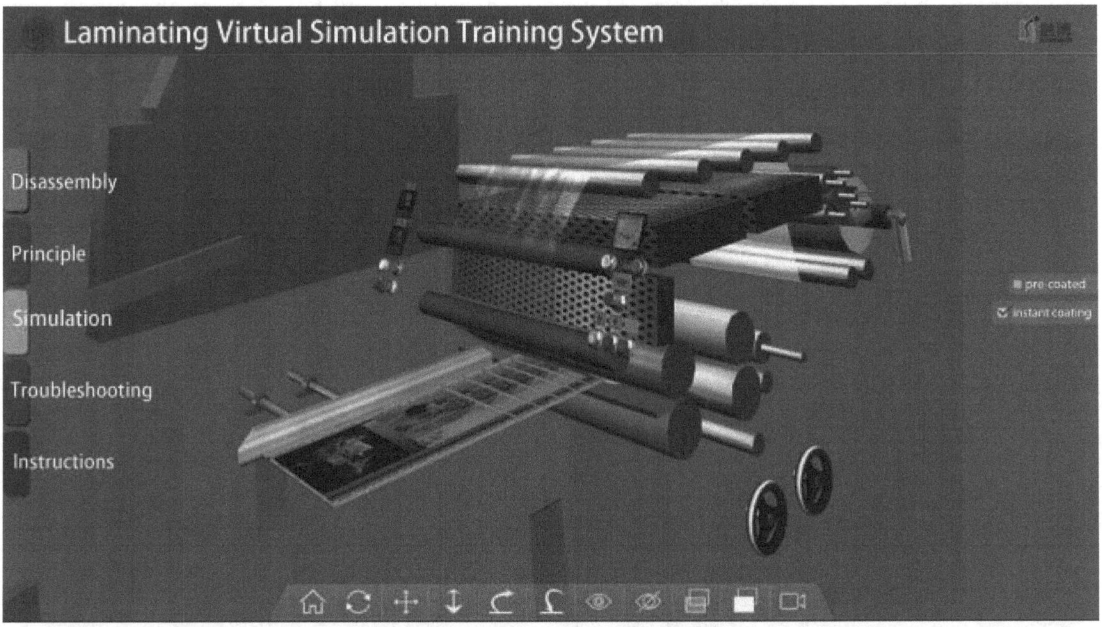

Figure 4–4 Laminator structure behind the cover

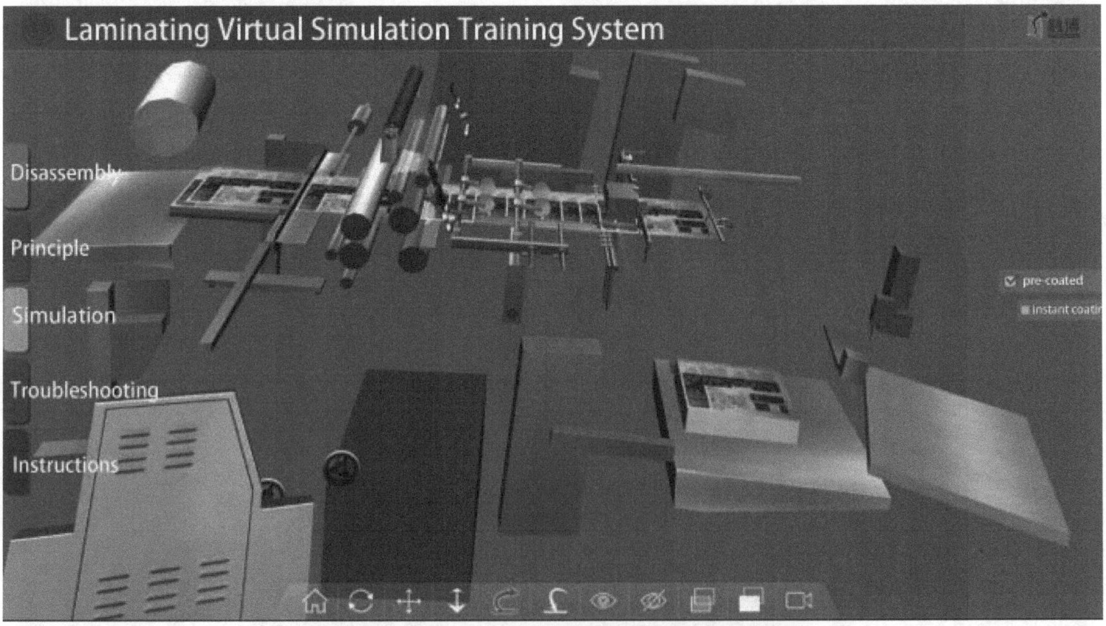

Figure 4–5 3D drawing of the laminating machine

2. Learning the working principles of laminating device

Move the sensor control pen (stylus) and click the [Principle] button in the selection area on the left side of the module to enter the working principle interface. The interface displays the

entire workflow of the laminating in the form of animation. The cover of the laminating device will be hidden by default. At the same time, the operation process of each component inside the hot stamping device can be clearly seen. Move the control pen and left click on the option box: "instant coating laminating" on the left side of the screen, the working principle of the coated laminating is shown in Figure 4-6.

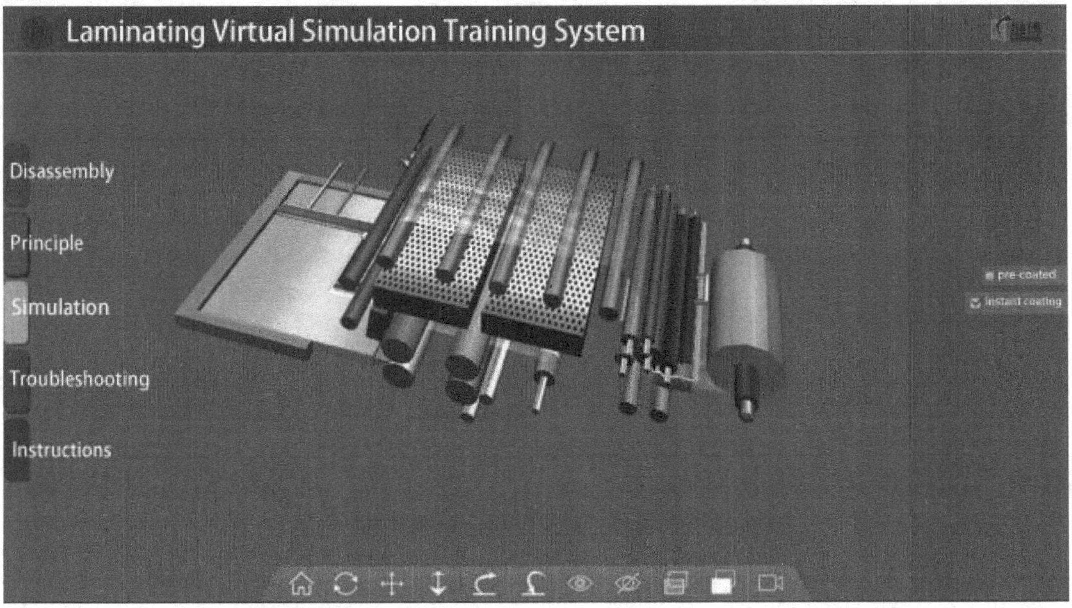

Figure 4–6 The working principle of instant coated laminating equipment

Move the control pen, and left click on the option box[pre-coated] on the left side of the screen to get the working principle of the pre-coated laminating as shown in Figure 4-7.

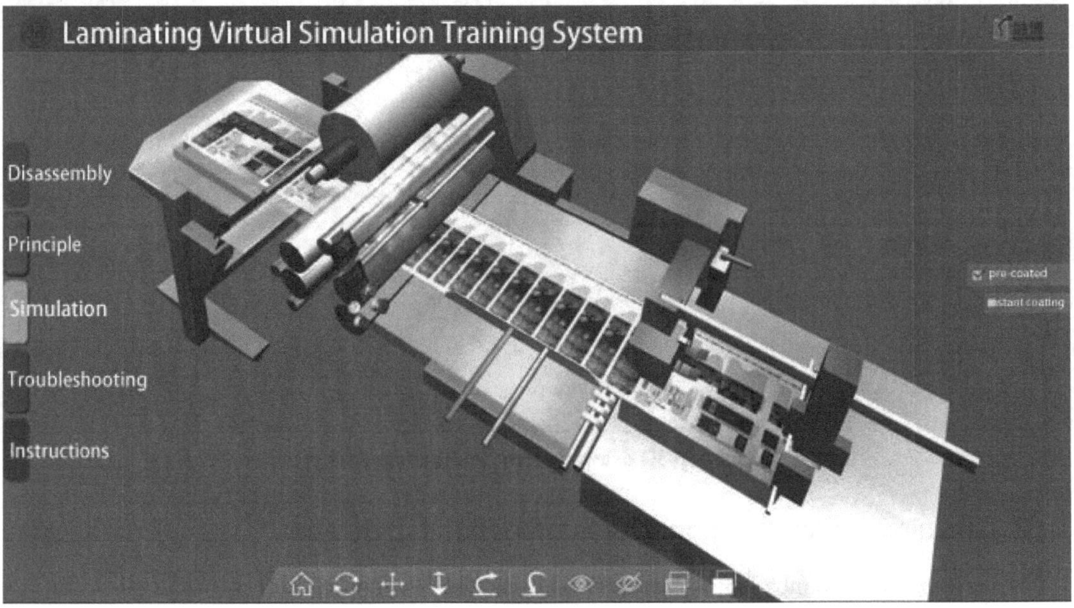

Figure 4–7 The working principle of pre–coated laminating equipment

After the laminating equipment starts working, the paper separating nozzle on the feeding device sucks the first sheet of paper on the stack and separates it. The paper is delivered to the paper pick-up wheel, and the paper pick-up roller that transfers paper to the paper conveying table and paper is positioned on the side gauge on the paper conveying table, the positioned paper is conveyed to the laminating device. At the same time, the film unwinding shaft is used for unwind, and the coating device coats the film. The coated film is laminated with the paper at the pressing device, and finally rewinds. The animation of the whole laminating process is shown in Figure 4-6 and Figure 4-7. After watching the working principle animation, students can cooperate with the tool buttons to carry out internal observation and detailed investigation of the laminating process.

Task 2: Learning the simulation disassembly of laminating equipment

1. The simulation disassembly of instant coating laminating machine

The steps for disassembling and assembling the instant laminating equipment are as follows:

(I) Firstly, enter the instant laminating virtual training system according to the operation method in task one. Secondly, move the control pen to the function module area on the left side of the interface, and select the [Disassembly] button. Thirdly, click the main button to enter the structure disassembly and assembly simulation operation interface, as shown in Figure 4-8.

Figure 4–8 The simulation operation interface of component disassembly and assembly

(II) Move the sensor control pen, and click the left button to select the [instant coating] option on the right side of the screen. The simulation operation area is displayed as shown in Figure 4-9. Then the instant coating laminating machine can be disassembled.

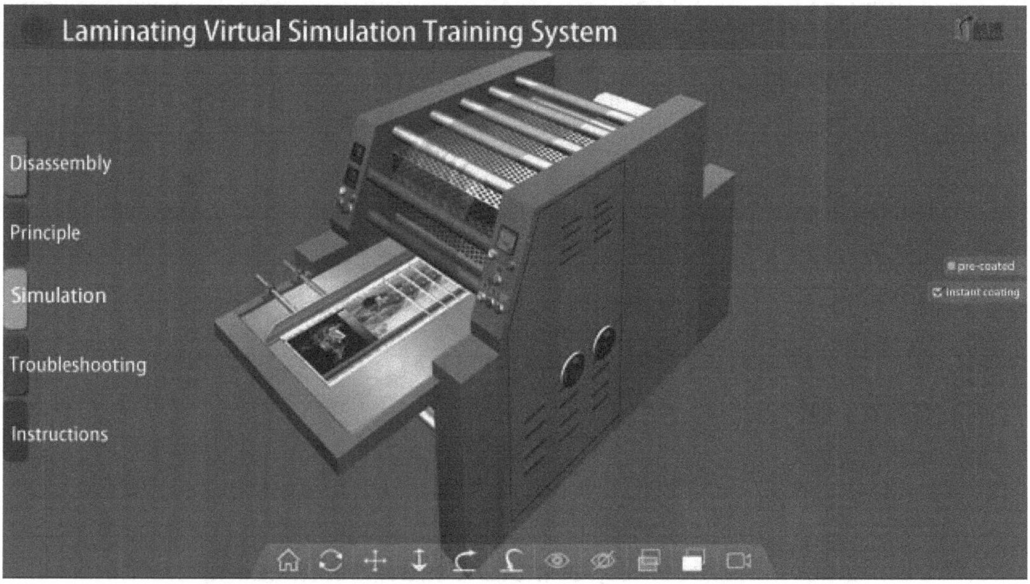

Figure 4–9 Selecting the instant coating laminating machine

(III) Disassembly of the case. Firstly, use the control pen to select the disassembly button under the toolbar. Secondly, use the control pen to select the outer box to be removed. Thirdly, press the main button for a long time to move the outer casing to the appropriate position. According to the movement line of the belt, disassemble the machine casing one by one, as shown in Figure 4-10.

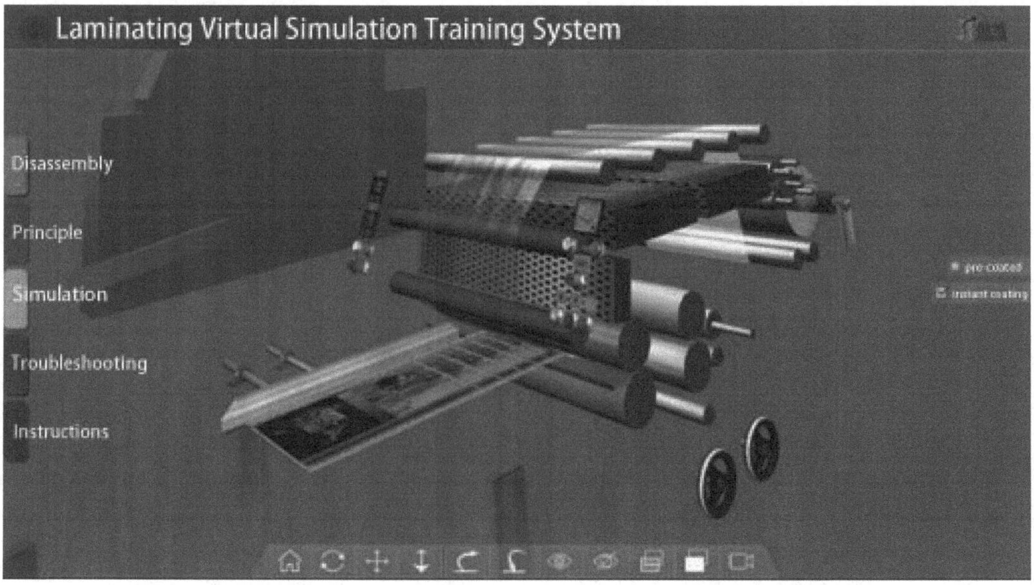

Figure 4–10 Laminating equipment after removing the outer casing

(IV) Disassembly of the coating unit. Firstly, using the control pen to select the disassembly button under the toolbar. Secondly, using the control pen to select the coating device. Thirdly, pressing the main button for a long time to move the parts of the coating device to the appropriate position. As shown in Figure 4-11.

Figure 4–11 Disassembly of the coating unit

(V) Disassembly of composite unit. Firstly, using the control pen to select the disassembly button below the toolbar. Secondly, using the control pen to select the composite unit to be disassembled. Thirdly, pressing the main button for a long time to move the composite unit component to the appropriate position. The disassembly process of the composite unit is shown in Figure 4-12.

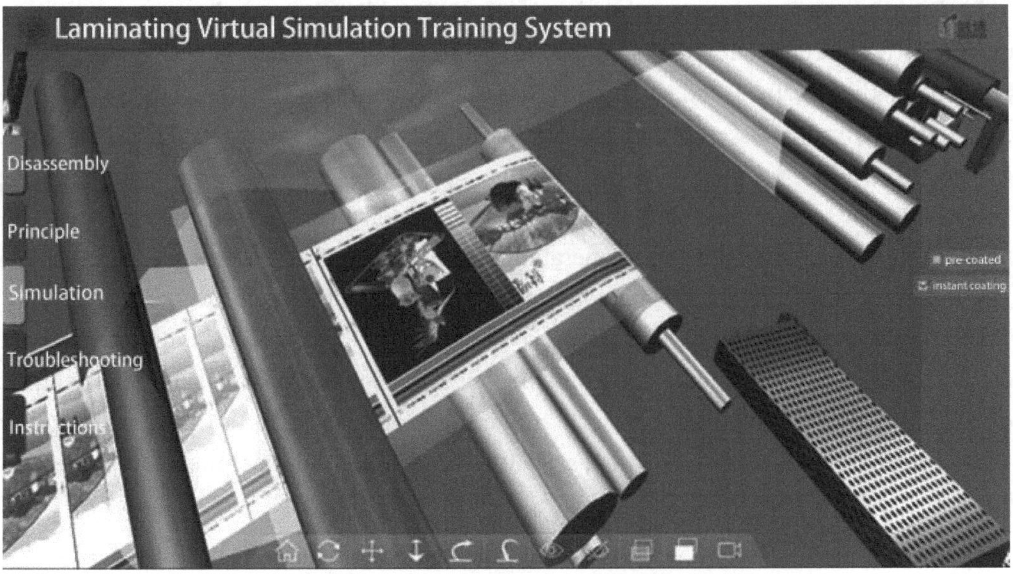

Figure 4–12 Disassembly of the composite unit

(VI) Disassembly of the paper guide unit. Firstly, using the control pen to select the disassembly button under the toolbar. Secondly, using the control pen to select the paper guide unit to be removed. Thirdly, pressing the main button to move the paper guide unit to the appropriate position. The paper guide unit is removed as shown in Figure 4-13.

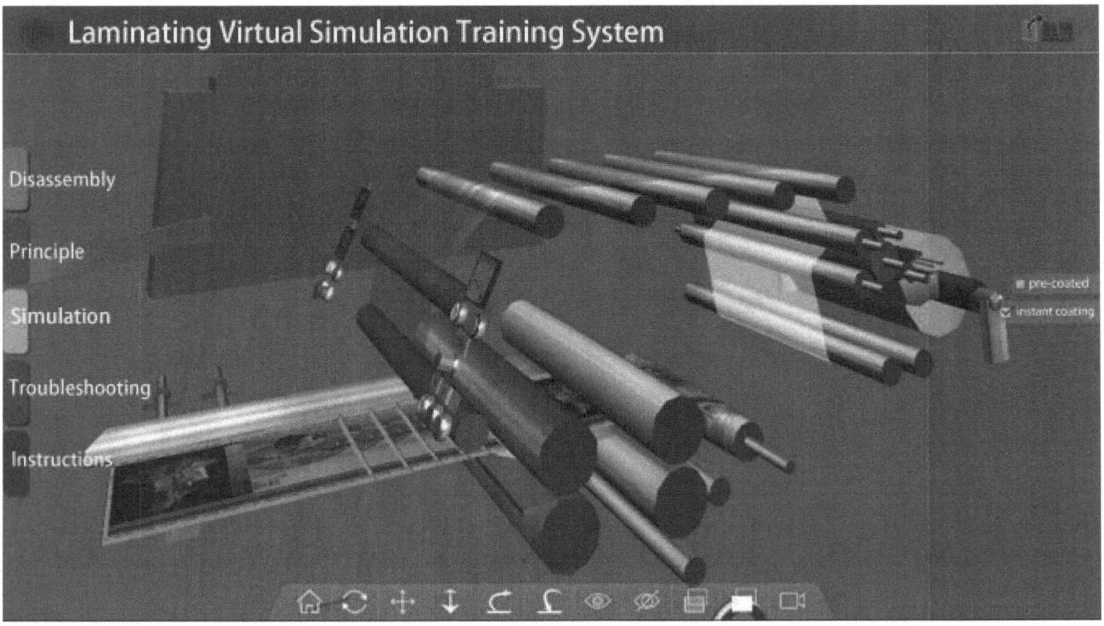

Figure 4–13 Disassembly of the paper guide unit

2. Pre-coated laminating machine disassembly simulation

The steps for disassembling and assembling the pro-coating laminating equipment are as follows:

(I) Firstly, enter the pro-coating laminating virtual training system according to the operation method in task one. Secondly, move the control pen to the function module area on the left side of the interface, and select the [Disassembly] button. Thirdly, click the main button to enter the structure disassembly and assembly simulation operation interface, as shown in Figure 4-8.

(II) Move the control pen, and click the left button to select the [pre-coated] option on the right side of the screen. The simulation operation area is displayed as shown in Figure 4-14. After that, the structure of the pre-coated laminating machine can be disassembled.

(III) Disassembly of the case. Firstly, use the control pen to select the disassembly button under the toolbar. Secondly, use the control pen to select the outer casing that should be removed. Thirdly, press the main button to move the outer casing to the appropriate position. According to the movement line of the paper to disassemble the machine casing one by one, as shown in Figure 4-15.

Figure 4–14 The operation interface of pro–coated laminating machine

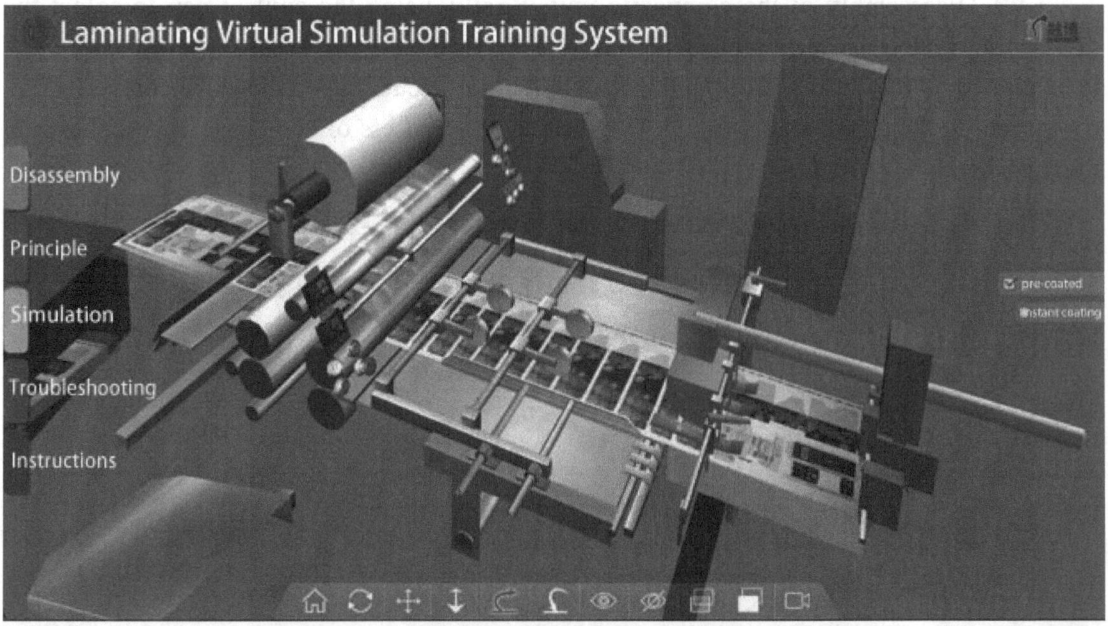

Figure 4–15 Laminating equipment after removing the outer casing

(IV) Disassembly of the paper feed unit. Firstly, using the control pen to select the disassembly button under the toolbar. Secondly, using the control pen to select the paper feed unit to be disassembled. Thirdly, pressing the main button for a long time to move the parts of the paper feed unit to the appropriate position, as shown in Figure 4-16.

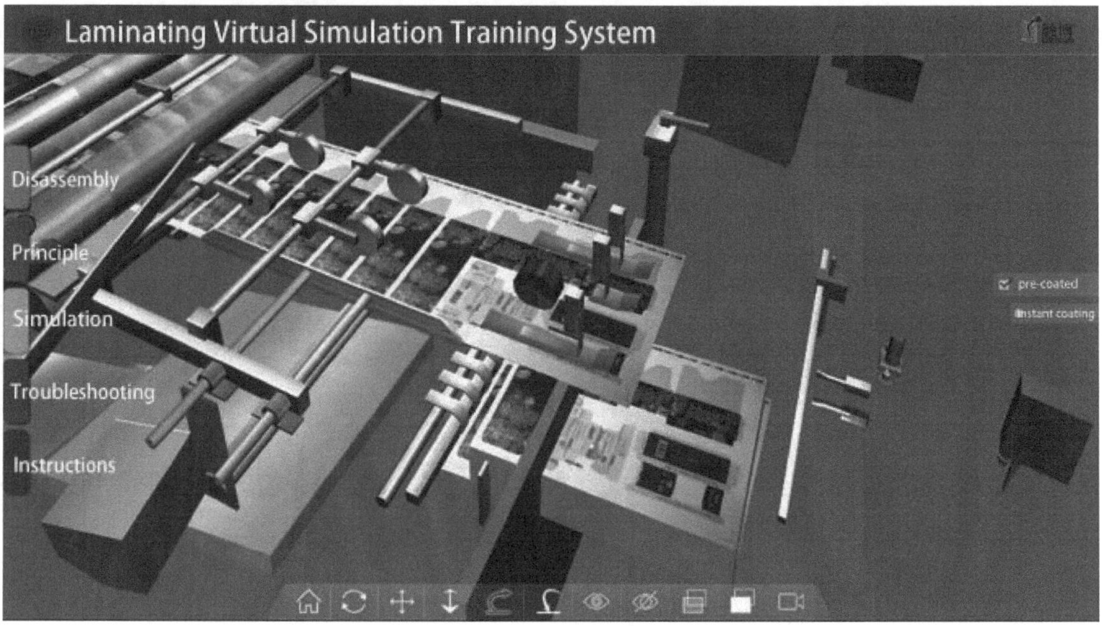

Figure 4–16 Disassembly of the paper feed unit

(V) Disassembly of the composite unit. Firstly, using the control pen to select the disassembly button below the toolbar. Secondly, using the control pen to select the composite unit to be disassembled. Thirdly, pressing the main button for a long time to move the composite unit component to the appropriate position. The disassembly process of composite unit is shown in Figure 4-17.

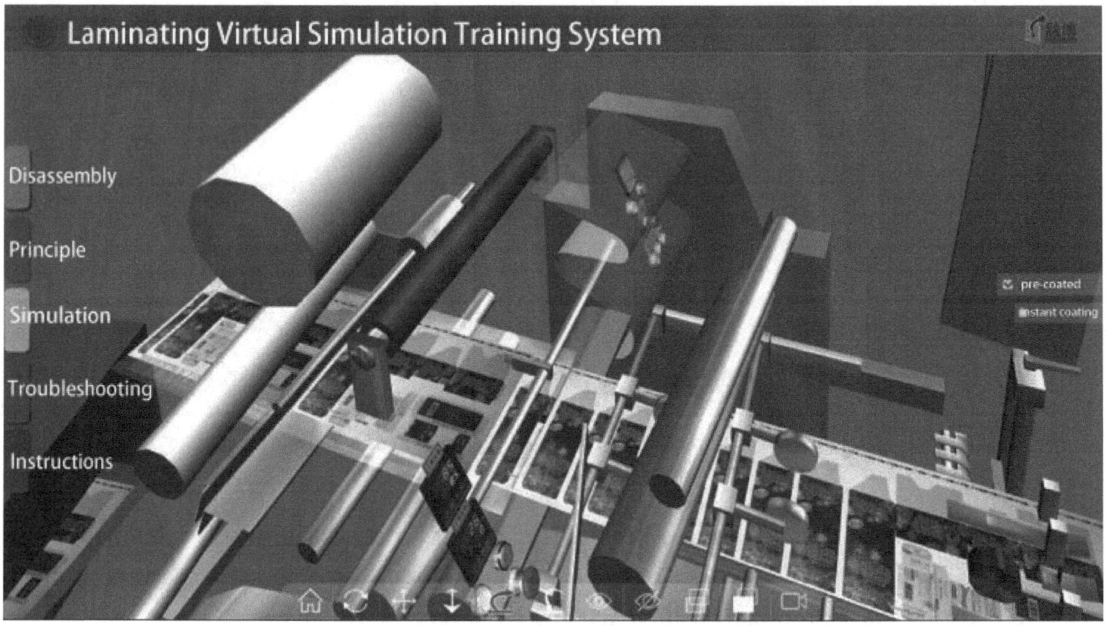

Figure 4–17 Disassembly of the composite unit

(VI) Disassembly of the delivery unit. Firstly, using the control pen to select the

disassembly button below the toolbar. Secondly, using the control pen to select the delivery unit to be removed. Thirdly, pressing the main key to move the delivery unit to the appropriate position. The disassembly process of delivery unit is shown in Figure 4-18.

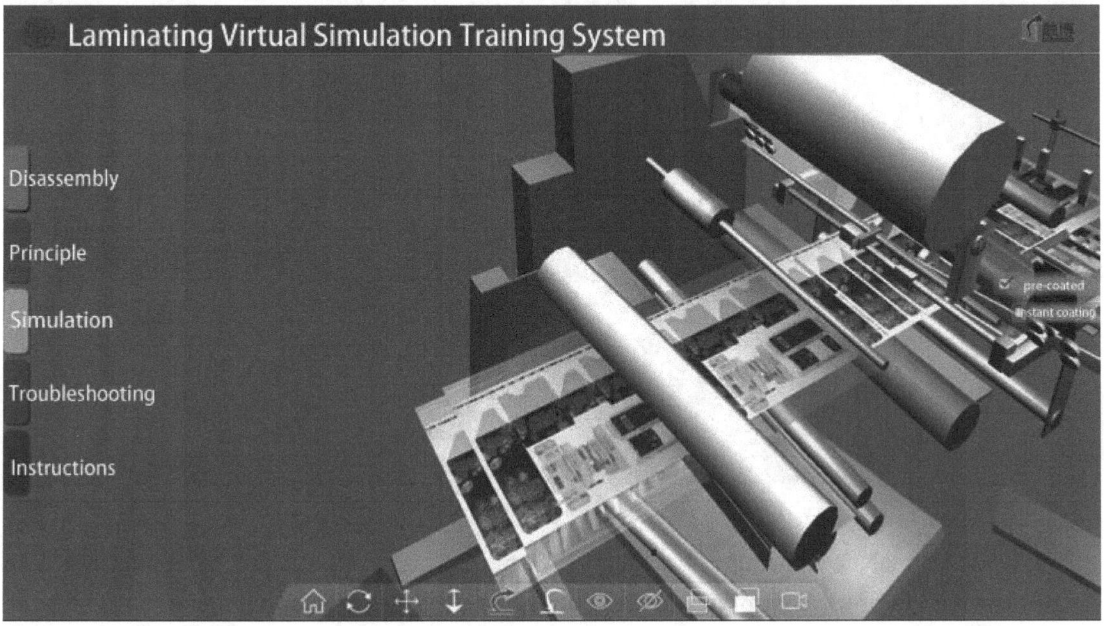

Figure 4–18 Disassembly of the delivery unit

(VII) Laminating equipment assembly. After disassembled all the components, use the control pen to select the installation button below the toolbar, and click the right button of control pen. The components had been disassembled will be installed back to the laminator model immediately. The effect after installation is shown in Figure 4-14.

Task 3: Learning the simulate operation of laminating process

1. Familiarity to the operation interface

(I) Firstly, entering the laminating virtual training system according to the operation method in task one. Secondly, moving the control pen to the function module area on the left side of the interface. Thirdly, selecting the [Simulation] button, and clicking the main button of control pen to enter the simulation operation interface, as shown in Figure 4-19.

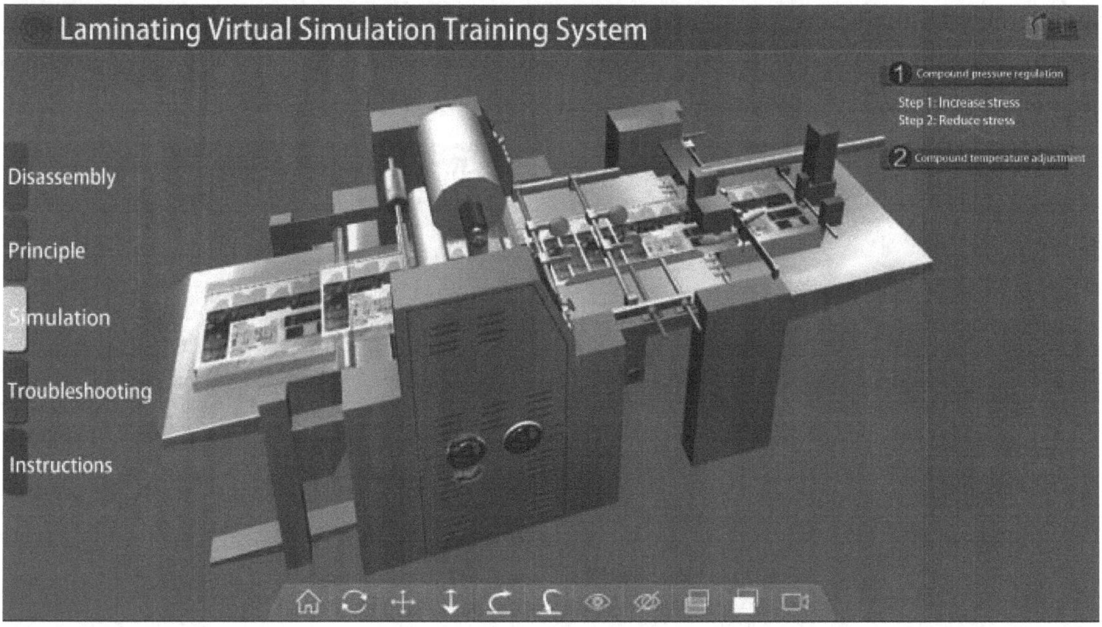

Figure 4–19 The simulation operation interface

(II) The simulation operation list menu is displayed on the right side of the interface. Use the primary button of the control pen to click on the menu bar and open the menu. Use the main button of the control pen to click the simulation operation menu bar, and the operation steps will pop up, as shown in Figure 4-20.

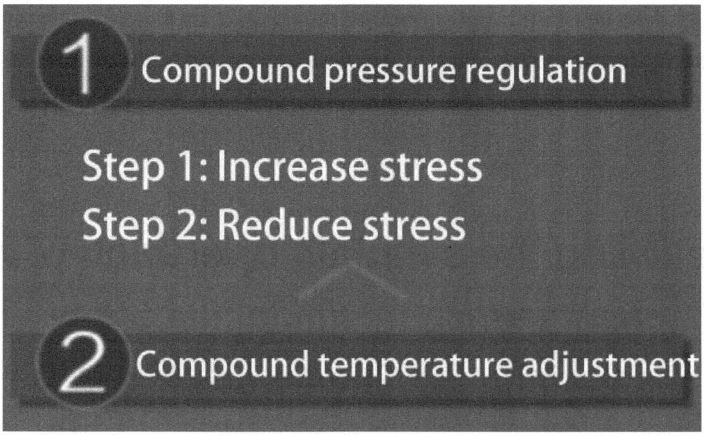

Figure 4–20 Operation step menu

(III) By default, the screen shows the entire laminator model. Move the control pen, and click the first simulation operation task [Compound pressure regulation] in the right operation list. The operation steps of the compound pressure regulation are listed under the task list: Increase stress and Reduce stress, as shown in Figure 4-20.

(IV) Move the control pen and follow the adjustment steps on the right. After completed the operation, the corresponding step text on the right menu bar will be displayed in blue, as shown in Figure 4-21.

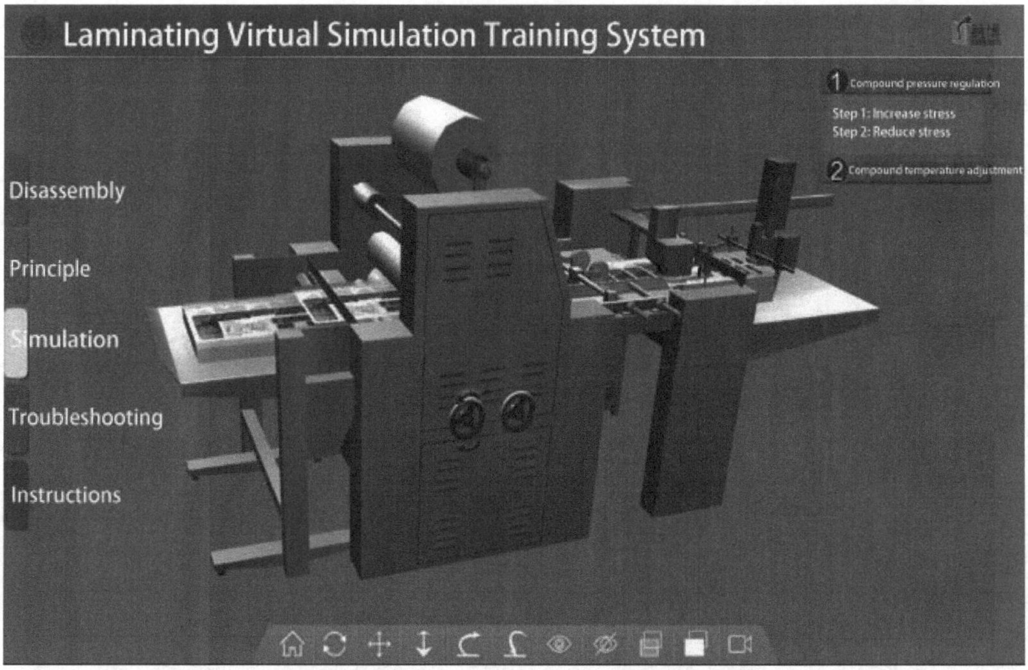

Figure 4–21 Font color changed after the operation step was completed

2. The simulate operations of composite pressure regulation

(I) Firstly, clicking the simulation operation menu of laminating machine to enter the simulation operation. Secondly, clicking the operation one: [Compound pressure regulation], the screen display is shown in Figure 4-20. Thirdly, clicking [step 1: Increase stress]. At this time, a rotation arrow appears on both sides of pressure rotation handle, and the pressure is increased by adjusting the rotation handle, as shown in Figure 4-22.

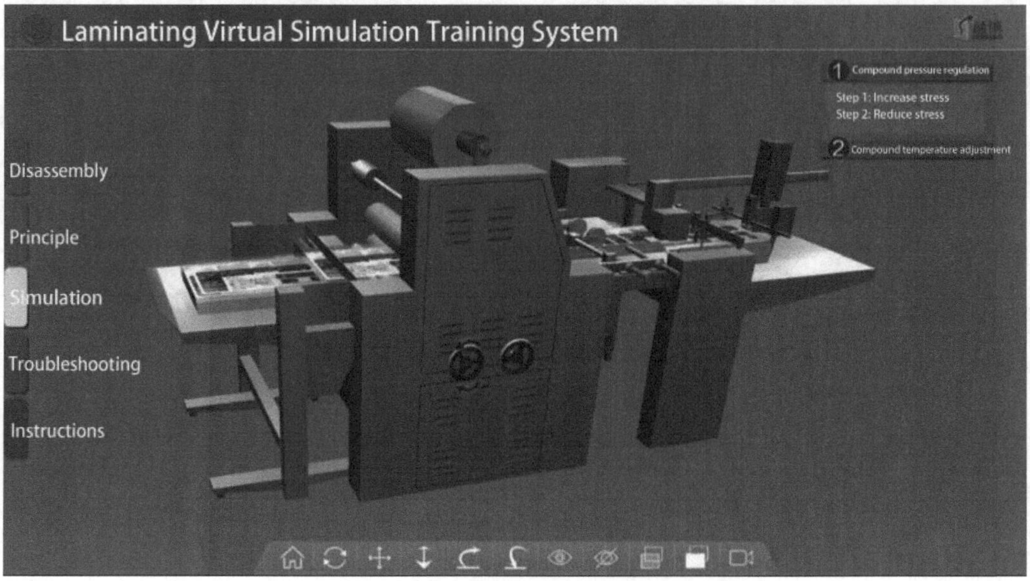

Figure 4–22 Increase stress

(II) Move the control pen and click the clockwise arrow on the pressure rotation handle, the pressure has been increased. At the same time, the font of the step tip turns blue, as shown in Figure 4-23.

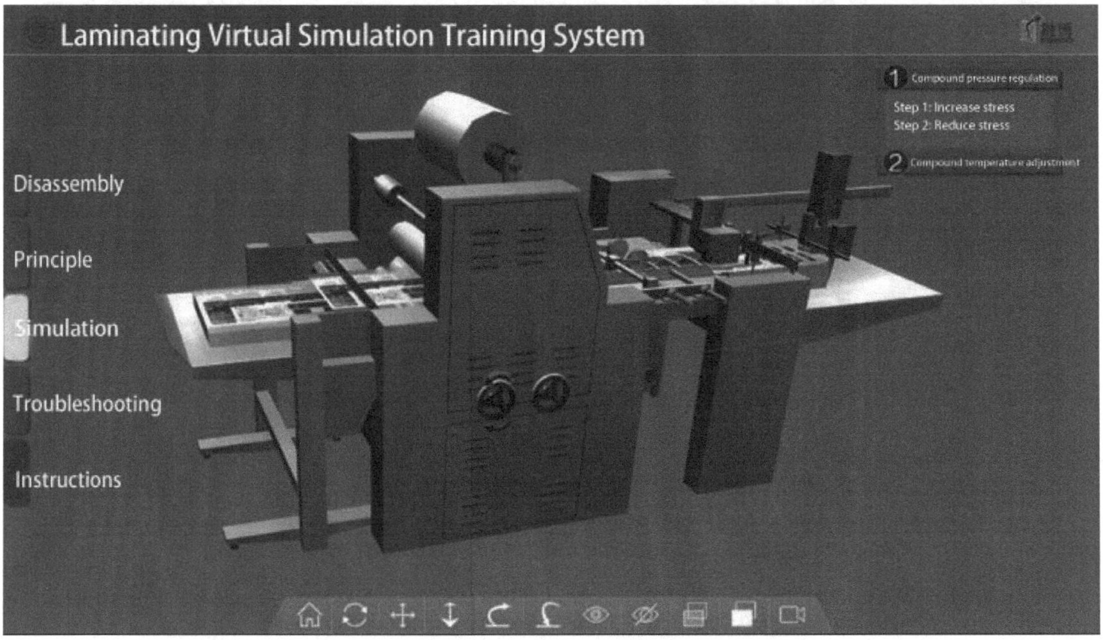

Figure 4–23 Pressure adjustment completed

(III) Move the control pen and click the counter clockwise arrow on the pressure rotation handle to decrease the pressure. At the same time, the font of step tips turns blue, as shown in Figure 4-24.

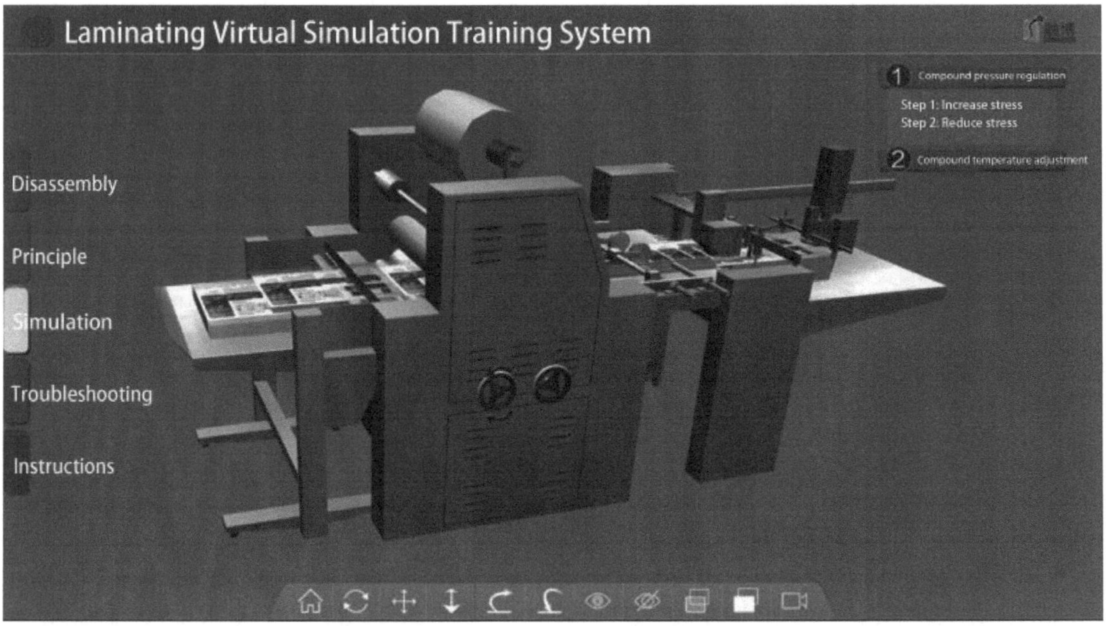

Figure 4–24 Reduce the pressure adjustment

3. The simulate operations of temperature adjustment

(I) Firstly, clicking the laminating machine simulation operation menu to enter the simulation operation. Secondly, clicking the operation [Compound temperature adjustment], and the screen display is as shown in Figure 4-20. Thirdly, moving the control pen to click the control panel on the left side of the laminating device to enlarge the control panel, as shown in Figure 4-25.

Figure 4–25 Enlarge the control panel

(II) Turn on the temperature setting. Move the control pen, and use the main button of the control pen to click the [SET] button on the left side of the control panel to activate the preset temperature adjustment, as shown in Figure 4-26.

Figure 4–26 Turn on the temperature setting

(III) Adjust temperature. Move the control pen to adjust the temperature to 87℃ by clicking the "increase" button on the right side of the control panel and the "decrease" button in the center of the control panel with the main key of the control pen, as shown in Figure 4-27.

Figure 4–27 Adjusting the temperature value

(IV) Turn off the temperature setting. Move the control pen, and click the [SET] button on the left side of the control panel with the main key of the control pen to turn off the temperature adjustment, as shown in Figure 4-28. At the time, the font color of the operation step turns blue, which means the composite temperature adjustment operation is completed.

Figure 4–28 Turn off the preset temperature adjustment

Task 4: Learning the laminating troubleshooting simulate operation

The laminating process protects and beautifies the product. The laminated product is generally processed by folding, scraping, pasting, baking, die cutting, indentation, etc. The laminated product is subject to various physical and chemical effects. Under these conditions, laminated products may have some quality problems.

The common laminating quality faults: plastic film breakage, paper wrinkle, plastic film wrinkling, product surface blistering, paper and film are wrinkled together, product curl, uneven glue coating, poor product protection and beautification, etc. This chapter briefly analyzes the causes and solutions for major failures in the laminating process, as well as the two disadvantages: uneven coating paper and plastic film wrinkling.

1. The causes of the coating technology's main quality disadvantages and the solutions

1.1 Paper wrinkling

(I) Causes

① The paper is damp. ② The workshop temperature is too high. ③ Roller pressure is uneven. ④ The gap between the guide rollers is not equal. ⑤ The paper advance direction is not perpendicular to the guide roller.

(II) Solutions

① When the paper is wrinkled due to wet paper and high workshop temperature, the deformed paper needs to be smoothed. ② Adjusting the gap between the pressure roller and the guide roller, and check whether the roller bearing is damaged. ③ Adjusting the guide roller. ④ Adjusting conveyor belts and rules.

1.2. Plastic film wrinkling

(I) Causes

① The coated adhesive is too thick and not dry. ② The laminating pressing temperature and the drying tunnel temperature are too high. ③ The gap between the guiding rubber roller and the metal guide roller is too small, and the pressure is too large, or dirt exists between the guiding rollers. ④ The laminating speed is too fast. ⑤ The compound pressure is large.

(II) Solutions

① Adjust the thickness of adhesive coating, drying tunnel temperature and vehicle speed, and ensure that the adhesive meets the drying requirements. ② The pressing temperature and the drying tunnel temperature are high; the film softens and deforms; the plastic film is easy to wrinkle under the pressure of the hot pressing roller. Therefore, the temperature of the hot-pressing roller should be lowered to meet the requirements of laminating. ③ Adjust the gap of the guiding rubber rollers, and wipe the metal guide roller with a clean cloth. ④ Loosen the film pressure and adjust the tension roller to flatten the film before pressing.

1.3 Product surface bubbling

(I) Causes

① The paper have a high humidity. ② Powder falls on the surface of the paper. ③ Ink is too thick or not dry. ④ Ink has too many anti-adhesive agent and quick-drying agent. ⑤ Glue layers is too thin or too thick. ⑥ Glue is too thick or too thin. ⑦ Uneven coating or adhesive deterioration. ⑧ Dusty surface of the film.

(II) Solutions

① Dry the paper, and adjust the humidity of the workshop. ② Remove dust from the paper surface. ③ Adjust the adhesive process, electrochemical treatment of plastic film, and use bright paste for printing, dry the ink when it is uneven. ④ Adjust the thickness of the adhesive layer and the gap between the rollers. ⑤ Adjust the glue concentration. ⑥ Adjust the gap between the two rubber rollers to make them consistent. ⑦ Adjust the scraper, remove debris and replace expired glue. ⑧ Remove the dust impurities on the surface of the plastic film.

1.4 Wrinkled paper and film

(I) Causes

① The pressure between the hot pressing rubber roller and the hot pressing metal roller is inconsistent, and the paper on the stressed side is easy to wrinkle. ② The surface of the hot pressing metal roller or the hot pressing rubber roller has debris. ③ The gap of the guiding roller is too large or the bearing is damaged.

(II) Solutions

① Adjust the pressure between the hot-pressing rubber roller and the hot-pressing metal roller to keep it consistent. ② Remove debris, repair or replace the damaged part. ③ Adjust the pressure of the rubber roller and adjust the gap between the guide rollers.

1.5 Product curl

(I) Causes

① Paper is deformed by moisture. ② Humid climate. ③ The tension of film is too tight. ④ The surface temperature of the hot-pressed metal roller is high and the tremendous pressure.

(II) Solution

① The product should be stored for 6 to 24 hours after being laminated, and then cut. The product should be stacked facing each other (that is, several films should be stacked up and several films should be stacked downward). ② Control the temperature of the workshop. ③ Adjust the traction of film. ④ Appropriately reduce the temperature and pressure of the roller to prevent product deformation.

1.6 Poor product transparency

(I) Causes

① The adhesive is not pure. ② The humidity in the workshop is large and the paper is wet.

(II) Solutions

① Use the pure adhesive. ② Dry the paper and workshop to remove the steam between the film and the paper.

2. The simulate operations of uneven coating troubleshooting

(I) Firstly, entering the laminating virtual training system according to the operation method in task one. Secondly, moving the control pen to the function module area on the left side of the interface.Thirdly, clicking the [Troubleshooting] button in the function block area on the left side, the initial state of the screen is displayed as shown in Figure 4-29. At this time, you can enter into the troubleshooting simulation operation.

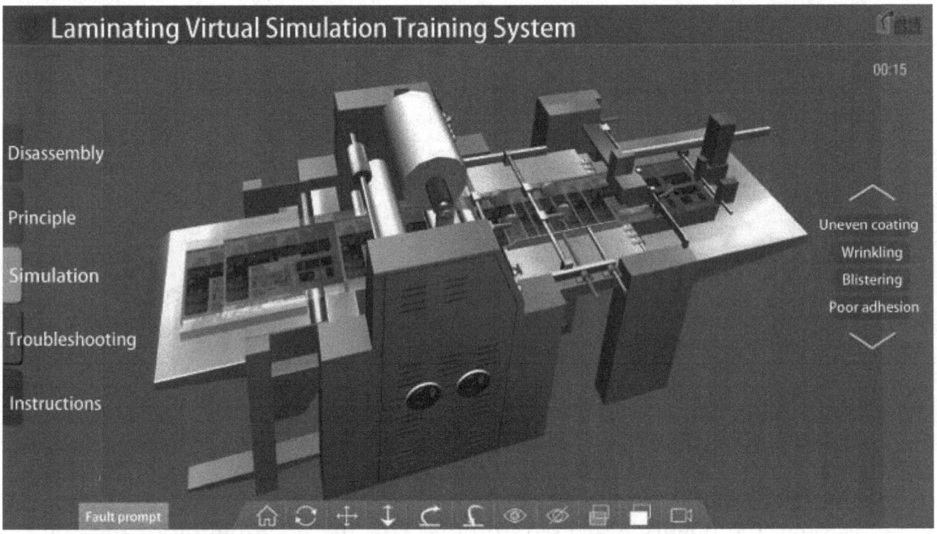

Figure 4–29 The initial state of troubleshooting

(II) Using the main button of the control pen to click the fault: [Uneven Coating] is on the right side of the screen, then the fault button is activated and the color of fault font turns yellow. Then, the fault diagnosis and troubleshooting can be performed in the model operation area, as shown in Figure 4-30.

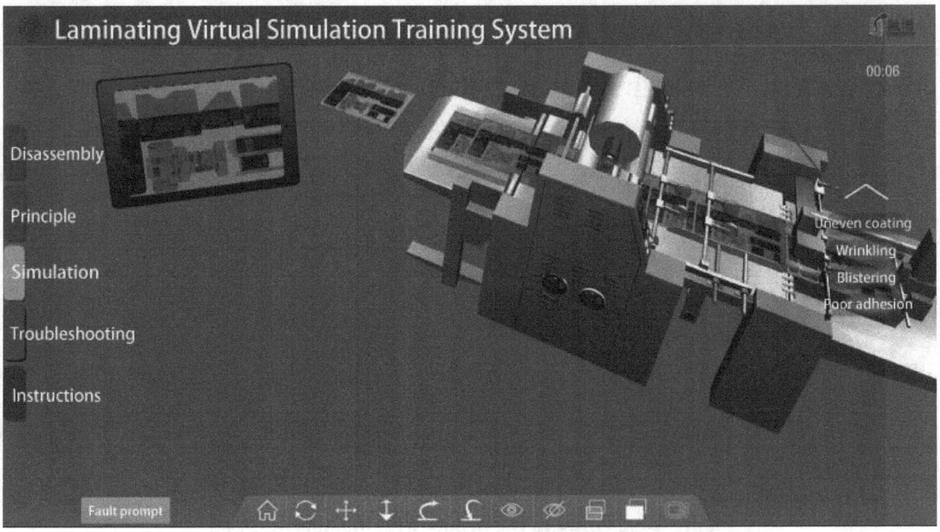

Figure 4–30 Fault button is activated

（III）Move the control pen, and click the fault prompt button on the lower left of the screen and it will pop-up a red font fault prompt content. The fault prompts us to increase the compound pressure. The operation result is shown in Figure 4-31.

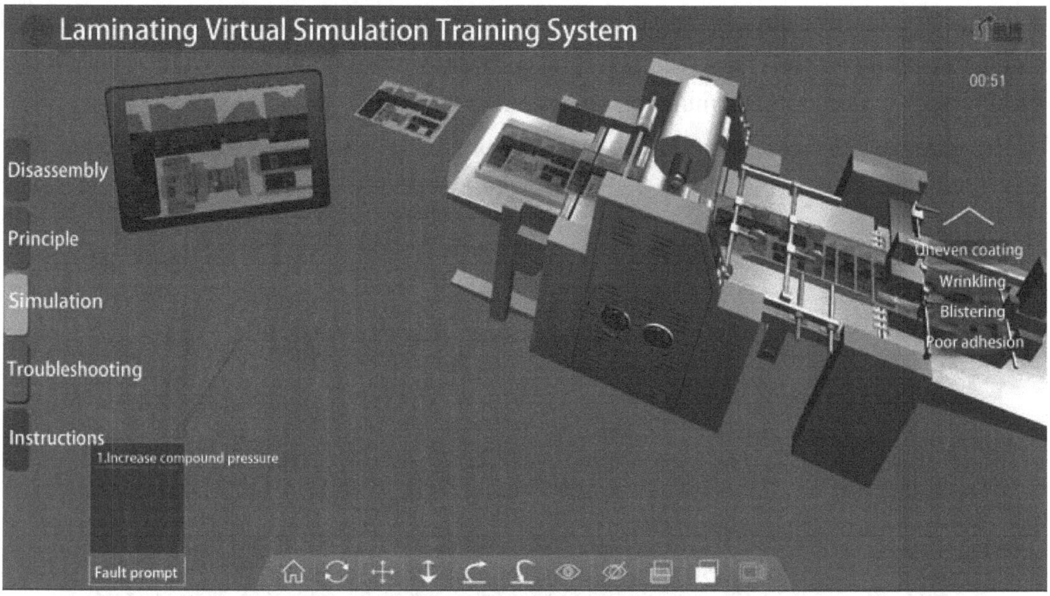

Figure 4–31 Fault prompt

（IV）Observing the quality defects on proofs. Use the main button of the control pen to click and drag the magnifying glass model in the scene to observe the uneven quality defects of the proofs, as shown in Figure 4-32.

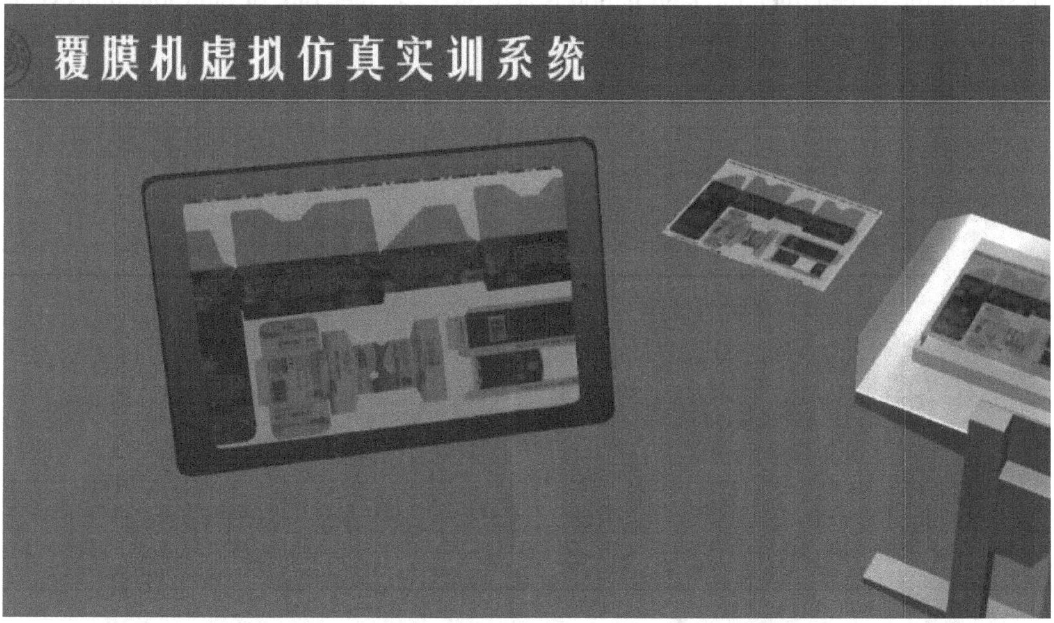

Figure 4–32 Observe the proofs with magnifying glass

（V）Move the control pen, and use the main key to click then drag the laminating device to

the central of screen. It can be seen that there are two rotating handles on the operating panel wall of the laminator, and the left rotating handle is pressure adjusting. There are clockwise and counter clockwise arrows above the pressure adjustment handle. Turn the rotation handle clockwise to increase the pressure, and turn it counter clockwise to decrease the pressure, as shown in Figure 4-33.

Figure 4–33 Rotating the handle to adjust the pressure

（VI）Move the control pen, and use the main button of the sensor control pen to click the clockwise pressure adjustment handle, then turn the adjustment handle half clockwise and the fault is eliminated. At this time, the screen displays "Congratulations, the problem has been resolved", as shown in Figure 4-34.

Figure 4–34 Tips for troubleshooting success

3. The troubleshooting simulate operations of wrinkled paper and film

(I) Move the control pen, and use the main key to click the [Troubleshooting] button in the function block area on the left side of the screen, then the state of the screen is displayed as shown in Figure 4-29. At this point, you can start troubleshooting simulation operation.

(II) Move the control pen, and use the main key to clicks the quality fault: [Wrinkling] in the fault menu bar, then the fault button is activated and the color of font turns yellow. At this time, you can perform troubleshooting in the model operation area, as shown in Figure 4-35.

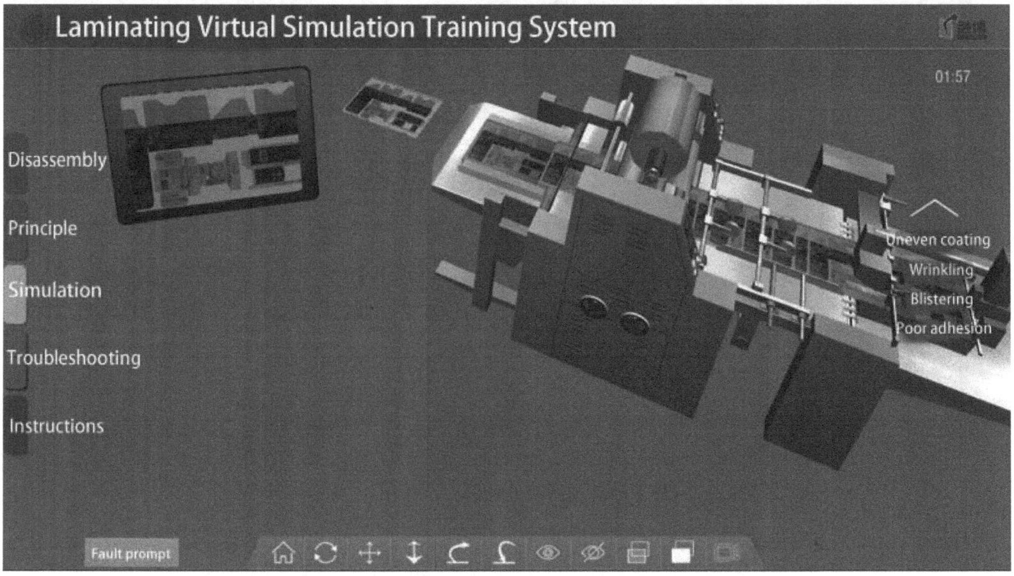

Figure 4–35 Activating the troubleshooting button

(III) Observing the quality defects of proofs. Use the main button of the control pen to click and drag the magnifying glass model in the scene to observe the "wrinkled paper and film" defects of proofs, as shown in Figure 4-36.

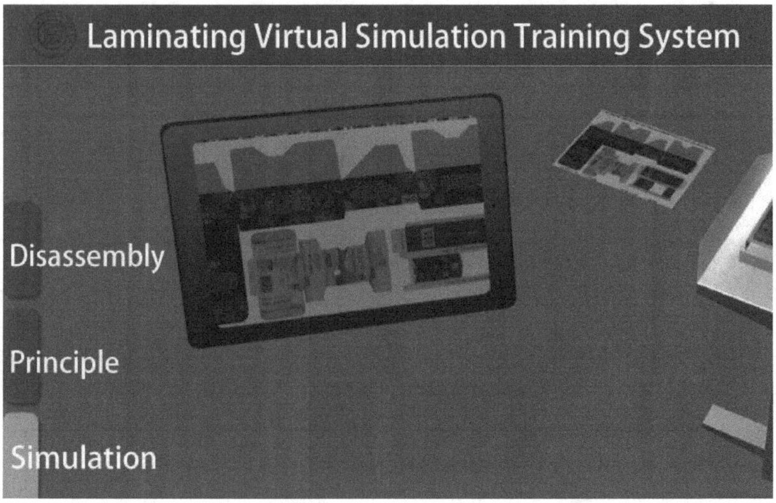

Figure 4–36 Observing the proofs

(IV) Move the control pen, and click the fault button on the bottom of the screen. At this time, the fault prompt content in red font pops up, and the fault message is: "Increase compound temperature", as shown in Figure 4-37.

Figure 4–37 The fault prompt of paper and film wrinkling together

(V) Move the control pen and use the main button of the control pen to click, then drag the laminating device to the central of screen. Moreover, use the main button of the control pen to click the temperature [SET] button on the left side of the control panel, as shown in Figure 4-38.

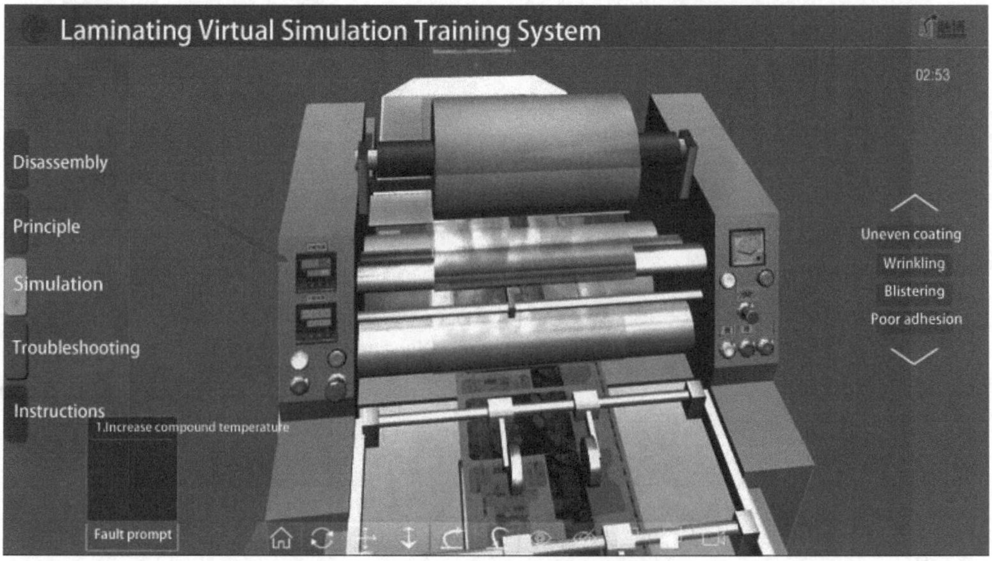

Figure 4–38 Temperature setting

(VI) Move the control pen, and use the "Increase" button on the right side of the control panel and the "Decrease" button in the middle of the control panel to adjust the temperature to 87℃, as shown in Figure 4-39.

Figure 4–39 Adjusting the temperature of the laminator

(VII) Move the control pen, and click the [SET] button on the left side of the control panel then turn off the preset temperature adjustment. After the click completed, a typeface of "Congratulations, the problem has been resolved" is displayed in the center of the screen, as shown in Figure 4-40.

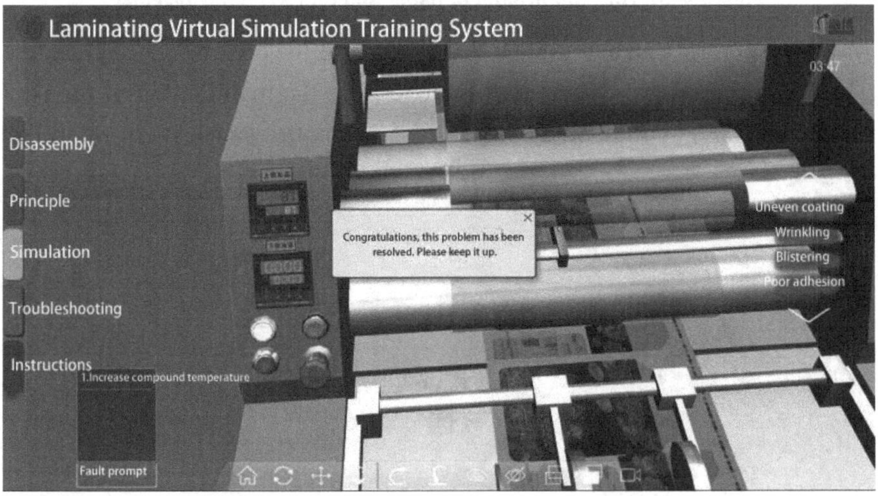

Figure 4–40 Tips for troubleshooting success

Project section